高职高专自动化类专业规划教材

ZIDONG JIANCE YU ZHUANHUAN JISHU

自动检测与转换技术

沈洁 谢飞 主编

U0229189

化学工业出版社

·北京·

内容提要

本书对传感器的基本原理、结构、性能、用途及基本测量电路进行了介绍。本书共分 12 章。主要内容有：传感器技术的基础知识；一些常用物理量的检测，包括温度、压力、流量、物位、厚度、位移、速度、磁场、气体成分等的检测；抗干扰技术；传感器实训；传感器的应用。每章后都附有一定量的思考题与习题，同时，设置了"知识拓展"，扫描每章后的二维码可查看相应内容。

本书可作为电气工程与自动化、机械设计制造及生产过程自动化、电子信息工程等专业的教材，也可供其他专业学生和有关技术人员参考，或作为自学用书。

图书在版编目（CIP）数据

自动检测与转换技术/沈洁，谢飞主编. —北京：化学
工业出版社，2020.10
ISBN 978-7-122-37401-1

Ⅰ.①自… Ⅱ.①沈…②谢… Ⅲ.①自动检测-教材
②传感器-教材 Ⅳ.①TP274②TP212

中国版本图书馆 CIP 数据核字（2020）第 126050 号

责任编辑：刘 哲 葛瑞祎　　　　　　　　装帧设计：韩 飞
责任校对：宋 夏

出版发行：化学工业出版社（北京市东城区青年湖南街 13 号　邮政编码 100011）
印　　装：三河市延风印装有限公司
787mm×1092mm　1/16　印张 15½　字数 399 千字　2020 年 10 月北京第 1 版第 1 次印刷

购书咨询：010-64518888　　　　　　　售后服务：010-64518899
网　　址：http://www.cip.com.cn
凡购买本书，如有缺损质量问题，本社销售中心负责调换。

定　价：39.00 元

随着现代工业的发展，生产过程自动化已成为必不可少的重要部分，其中，温度、压力、物位、位移、液位等物理参数是实现生产过程自动化的基础。各种常见物理量的检测方法是自动化类专业学生必须掌握的一项专业技能，在此背景下，目前各个高职院校电气自动化和机电一体化专业都开始把检测技术作为其专业基础课。编者根据高职高专自动化类专业的培养目标和要求，结合多年的教学经验和工作经验，编写了本书，旨在满足当前高职教育的需要，以适应自动化类专业对信号检测和转换技能的新要求，满足高素质、强能力的技能人才培养的需要。

传感器的应用极其广泛，且其种类繁多，涉及的学科也很多。为便于读者对传感器进行类比、选型，本书立足基本理论，面向应用技术，本着"必需、够用"的原则，对传感器的基本原理、结构、性能、用途及基本测量电路进行了介绍，给出了其物理概念、规律及必要的公式，并结合传感器的应用实例进行讲解，引导读者学习自动检测技术。

本教材从内容安排上，保证学生有较坚实的基础，满足教学的基本要求，使学生日后具有较强的发展后劲。同时突出特色，强化应用。围绕培养目标，以技能应用为背景，通过理论与工作实际相结合，构建职业教育系列教材特色。本教材的内容、结构遵循九字方针：知识新、结构新、重应用。教材内容的要求概括为"精""新""广""用"。

本书共分12章。第1章是传感器技术的基础知识；第2~9章为一些常用物理量的检测，包括温度、压力、流量、物位、厚度、位移、速度、磁场、气体成分等的检测；第10章介绍抗干扰技术；第11章为实训内容；第12章为传感器的应用。每章后都附有一定量的思考题与习题，同时，设置了"知识拓展"，扫描每章后的二维码可查看相应内容。

本书可作为电气工程与自动化、机械设计制造及生产过程自动化、电子信息工程等专业的教材，也可供其他专业学生和有关技术人员参考，或作为自学用书。

本书由沈洁、谢飞任主编，于玲、王欣、余海晨任副主编，其中第1、4、8章由谢飞、余海晨编写，第2、6、10章由沈洁编写，第3、7章由于玲、刘砚编写，第5、9章由李娜编写，王欣、孙艳编写了第11章，赵洪洁、刘元才编写了第12章，王长青参与整理书稿。

本书涉及的学科众多，编者学识有限，书中难免存在疏漏和不妥之处，恳请读者批评指正。

编　者

CONTENTS 目录

第3章 压力及力检测 `33`

第4章 流量检测 `77`

⇥ 第12章　传感器的应用　　　　　　　　　　　　　205

⇥ 参考文献　　　　　　　　　　　　　238

第 **1** 章

传感器技术基础

学习目标

- 认识身边的传感器。
- 掌握测量的基本方法。
- 分析测量误差的来源和误差的分类。
- 了解传感器的基本特性。

1.1 认识身边的传感器

1.1.1 自动检测与传感器

自动检测是任何一个自动控制系统都必不可少的环节，它的任务是寻找与自然信息有对应关系的各种表现形式的信号，以及确定两者间的定性、定量关系；从反映某一信息的多种表现信号中挑选出在所处条件下最合适的表现形式，并寻求最佳的采集、变换、处理、传输、存储、显示等的方法和设备。也就是说检测技术需要完成信息提取、信息转换和信息处理的任务。传感器则是实现自动检测和自动控制的首要环节。

人通过五官（视、听、嗅、味、触）接收外界的信息，经过大脑的思考（信息处理），做出相应的动作。若用计算机控制的自动化装置来代替人的劳动，则可以说电子计算机（一般俗称电脑）相当于人的大脑，而传感器（"电五官"）相当于人的五官部分，它是获取自然领域中信息的主要途径与手段，如图 1-1 所示为人脑与计算机的信息处理流程。

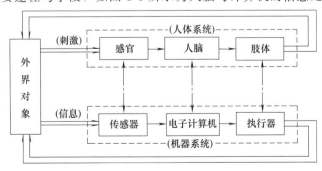

图 1-1　人脑与计算机的信息处理流程

　　传感器的种类繁多，功能各不相同，它们在工业自动化、军事国防、以宇宙开发和海洋开发为代表的尖端科学与工程等重要领域有广泛应用，同时，它们也正以自己的巨大潜力，向着与人们生活密切相关的方面渗透。生物工程、医疗卫生、环境保护、安全防范、家用电器、网络家居等领域的传感器层出不穷，并在日新月异地发展着。

　　根据国家标准 GB/T 7665—2005 对传感器的定义："**能感受被测量并按照一定的规律转换成可用输出信号的器件或装置，通常由敏感元件和转换元件组成。**"传感器是一种检测装置，能感受到被测量的信息，并能将检测到的信息，按一定规律变换成电信号或其他所需形式的信息输出，以满足信息的传输、处理、存储、显示、记录和控制等要求。

　　上面的定义包含以下几个方面。

　　① 传感器是测量装置，能完成检测任务。

　　② 它的输入量是某一被测量，可能是物理量，也可能是化学量、生物量等。

　　③ 输出量是某种物理量，这种量要便于传输、转换、处理、显示等，可以是气、光、电，但主要是电量。

　　④ 输入与输出有对应关系，且应有一定的精确度。

1.1.2　传感器的组成

　　传感器一般由敏感元件、转换元件、转换电路三部分组成，如图 1-2 所示。

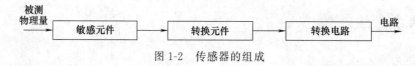

图 1-2　传感器的组成

　　① **敏感元件**　直接感受被测量，并输出与被测量成确定关系的某一物理量的元件。

　　② **转换元件**　以敏感元件的输出为输入，把输入转换成电路参数。

　　③ **转换电路**　将转换电路参数接入转换电路，便可转换成电量输出。

　　实际应用中，有些传感器非常简单，可能仅由一个敏感元件（兼作转换元件）组成，它感受被测量时直接输出电量，如热电偶；也有些传感器由敏感元件和转换元件组成，没有转换电路；还有些传感器，转换元件不止一个，要经过若干次转换。

1.1.3　传感器的分类

　　目前传感器常用的分类有两种：根据被测量来分类和根据传感器的原理来分类。

　　（1）按被测量来分类

　　按被测量的分类见表 1-1。

表 1-1　按被测量分类表

传感器类别	被测量物理量
热工量	温度、热量、比热容；压力、压差、真空度；流量、流速、风速
机械量	位移（线位移、角位移）、尺寸、形状；力、力矩、应力；重量、质量；转速、线速度；振动幅度、频率、加速度、噪声
物性和成分量	气体化学成分、液体化学成分；酸碱度（pH 值）、盐度、浓度、黏度；密度
状态量	颜色、透明度、磨损量、材料内部裂缝或缺陷、气体泄漏、表面质量

（2）按原理来分类

按传感器原理可分为电阻式、光电式（红外式、光导纤维式）、电感式、谐振式、电容式、霍尔式（磁式）、阻抗式（电涡流式）、超声式、磁电式、同位素式、热电式、电化学式、压电式、微波式。

1.2　测量的基本方法

测量是生产和科学研究工作中不可缺少的一个环节。其主要运用在工程研究、产品开发、质量监控、性能试验等方面。测量技术的发展经历了一个漫长的过程，并已逐步成为一门完整、独立的学科。随着科学技术的进步，测量技术向着测试自动化、测量元件微型化、测量参数的先进化、测量高精度化的方向发展。

测量是人类对自然界中的客观事物取得数量观念的一种认识过程。它用特定的工具和方法，通过试验将被测量与单位同类量相比较，在比较中确定出两者的比值。

在具体的测量中，被测的物理量的性质往往是不同的，而且测量的目的和要求也不同，所以测量方法和所用的仪器也各异。常用的测量方法有直接测量、间接测量、组合测量。

1.2.1　直接测量

直接测量就是用"量具"直接与被测量进行比对，从而直接（不通过计算等过程）从测量过程中或从"量具"（仪器、仪表等）上获得被测量的数据的测量技术；也就是不必测量与被测量有函数关系的其他量，就能直接得到被测量值的测量方法。例如，用量筒测量液体容积，用等臂天平测量物体质量等。其特点是，如果量具的准确度能得以保证时，其测量的精确度很高。

1.2.2　间接测量

间接测量技术是指测量时不是用量具直接与被测量进行比对，而是利用量具在比对过程中获得与被测量有确定函数关系的其他量，然后再利用这些量通过函数关系式计算后，获得被测量的测量技术；即通过测量与被测量有函数关系的其他量，才能得到被测量值的测量方法。例如，通过测量长度确定矩形面积；通过测量导体电阻、长度和截面积确定电阻率。其特点是，测量的不确定度不仅取决于各种量具、仪器仪表等的确定度，而且还取决于线路的连接方式以及计算公式的科学性。所以要尽量使用直接测量方法，只有在没办法直接测量的地方，才考虑使用间接测量方法。

1.2.3　组合测量

测量中使各个未知量以不同的组合形式出现（或改变测量条件以获得不同的组合），根据直接测量或间接测量所得数据，通过求解联立方程组求得未知量数值。

1.3 测量误差的来源及分类

1.3.1 测量误差的表示方法

每一个物理量都是客观存在的，在一定的条件下具有不以人的意志为转移的客观大小，人们将它称为该物理量的真值，进行测量是想要获得待测量物理量的真值。然而测量要依据一定的理论或方法，使用一定的仪器，在一定的环境中，由具体的人进行。由于实验理论上存在着近似性，方法上难以很完善，实验仪器灵敏度和分辨能力有局限性，周围环境不稳定等因素的影响，待测量的真值是不可能测得的，测量结果和被测量真值之间总会存在或多或少的偏差，这种偏差就叫作测量值的误差。

测量误差有绝对误差和相对误差两种表示方法。

① 绝对误差（δ_x） 是指被测量的测量值与其真值之差。即 $\delta_x = x - x_0$，其中 x 为测量值，x_0 为真值。与绝对误差的大小相等，但符号相反的量值称为修正值。绝对误差只能说明测量结果偏离实际值的情况，不能确切反映测量的准确程度。

② 相对误差（E_x） 是指绝对误差与被测量的真值之比：

$$E_x = \frac{\delta_x}{x_0} \times 100\% \tag{1.1}$$

相对误差常用百分比表示。它表示绝对误差在整个物理量中所占的比重，是一个无量纲的数。

测量中常用绝对误差与仪器的满刻度值之比来表示相对误差，称为引用相对误差或引用误差。测量仪器使用最大引用相对误差表示它的准确度，它反映了仪器综合误差的大小：

引用误差＝绝对误差/（测量范围上限－测量范围下限）

电工仪表一般分为 7 级：0.1，0.2，0.5，1.0，1.5，2.5，5.0。0.1 级表示仪表的最大绝对误差不超过该表量程的 0.1%；1.5 级表示仪表的最大绝对误差不超过该表量程的 1.5%。

1.3.2 测量误差的来源

① 仪器误差 是指测量仪器本身及其附件引入的误差，如仪器的零点漂移、刻度不准确等引起的误差。

② 影响误差 是指由于温度、湿度、振动、电源电压、电磁场等环境因素和仪表要求条件不一致而引起的误差。

③ 方法误差 是指由于测量方法不合理而造成的误差。

④ 人身误差 是指测量人员由于分辨力、视力疲劳、不良习惯或缺乏责任心引起的误差，如读错数字、操作不当等引起的误差。

⑤ 测量对象变化误差 是指由于测量过程中测量对象的变化使得测量值不准确而引起的误差。

1.3.3 测量误差的分类

测量误差按性质可分为三类：系统误差、随机误差、粗大误差。

① 系统误差 是指在确定的测试条件下，误差的数值（大小和符号）保持恒定或在条

件改变时按一定规律变化的误差，也叫确定性误差。系统误差常用来表示测量的正确度。系统误差越小，则正确度越高。

②随机误差　是指在相同测试条件下多次测量同一量值时，绝对值和符号都以不可预知的方式变化的误差，也叫偶然误差。它是由一些对测量值影响较微小，又互不相关的多种因素共同造成的。随机误差是没有规律的、不可预知不能控制的，也无法用实验的方法加以消除。

随机误差反映了测量结果的精密度，随机误差越小，测量精密度越高。系统误差和随机误差的综合影响决定了测量结果的准确度，准确度越高，表示正确度和精密度越高，即系统误差和随机误差越小。

③粗大误差　是指在一定的测量条件下，测量值明显偏离实际值所造成的测量误差。也称为坏值，应剔除。

1.4　传感器的基本特性

1.4.1　静态特性

（1）精确度

精确度是对测量结果是否接近真实值的综合评价。它包括精密度和准确度两个指标。

①精密度　测量的精密度是指在进行某一量（同一被测对象）的测量时，各次测量的数据大小彼此接近的程度，它是偶然误差的反映。测量精密度高，说明各测量数据比较接近和集中。但由于系统误差情况不确定，故测量精密度高不一定测量准确度就高。

②准确度　测量的准确度是指测量数据的平均值偏离真实值的程度，它是系统误差的反映。测量的准确度高，说明测量的平均值与真实值偏离较小。但由于偶然误差情况不确定，即数据不一定都集中于真实值附近，可能是分散的，故测量准确度高不一定测量精密度高。

（2）稳定性

稳定性一般包括稳定度和环境影响量两个方面。

①稳定度　指传感器在任何条件均保持恒定不变的情况下，输出信号稳定时间的长短，其值越大说明稳定度越高。

②环境影响量　指由于外界环境变化，如工况温度、湿度变化而引起的传感器输出信号的变化。一般来讲，组成传感器的元器件品质特性不良或材质选择不当均会引起信号变化。

（3）静态输入-输出特性

传感器的静态特性是指对静态的输入信号，传感器的输出量与输入量之间所具有的相互关系，因为这时输入量和输出量都和时间无关，所以它们之间的关系可以用一个与时间无关的代数式或曲线来表示。表征传感器静态特性的主要参数有线性度、灵敏度、迟滞、重复性、漂移等。

①线性度　指传感器输出量与输入量之间的实际关系曲线偏离拟合直线的程度。定义为在全量程范围内实际特性曲线与拟合直线之间的最大偏差值与满量程输出值之比：

$$\gamma = \frac{\Delta L_{\max}}{\gamma_{\max} - \gamma_{\min}} \times 100\% \tag{1.2}$$

式中　　γ——线性度；

$\Delta L_{\max}$——最大相对偏差；

$\gamma_{\max} - \gamma_{\min}$——传感器信号输出范围。

线性度解释如图 1-3 所示。

对于设计者和使用者来说，$\Delta L_{\max}$ 值越小越接近拟合直线，其线性度越好。

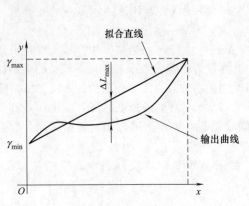

图 1-3 线性度解释

图 1-4 灵敏度解释

② 灵敏度 灵敏度是传感器静态特性的一个重要指标，其定义为输出量的增量与引起该增量的相应输入量增量之比。其表达式为

$$K = \frac{\Delta y}{\Delta x} = \frac{\mathrm{d}y}{\mathrm{d}x}$$

(1.3)

式中 Δy——输出信号变化量；

Δx——输入信号变化量。

灵敏度解释如图 1-4 所示。

从数学角度看，输出信号曲线越陡，$\Delta y / \Delta x$ 的数值越大，其灵敏度越高。

③ 迟滞 传感器在输入量由小到大（正行程）及输入量由大到小（反行程）变化期间其输入/输出特性曲线不重合的现象称为迟滞。对于同一大小的输入信号，传感器的正反行程输出信号大小不相等，这个差值称为迟滞差值。

④ 重复性 重复性是指传感器在输入量按同一方向做全量程连续多次变化时，所得特性曲线不一致的程度。

⑤ 漂移 传感器的漂移是指在输入量不变的情况下，传感器输出量随着时间变化，此现象称为漂移。产生漂移的原因有两个：一是传感器自身的结构参数；二是周围环境（如温度、湿度等）影响。

1.4.2 动态特性

所谓动态特性，是指传感器在输入变化时，它的输出随输入变化的特性。在实际工作中，传感器的动态特性常用它对某些标准输入信号的响应来表示。这是因为传感器对标准输入信号的响应容易用实验方法求得，并且它对标准输入信号的响应与它对任意输入信号的响应之间存在一定的关系，往往知道了前者就能推定后者。最常用的标准输入信号有阶跃信号和正弦信号两种，所以传感器的动态特性也常用阶跃响应和频率响应来表示。

【思考题与习题 1】　　　　【扩展知识 1】

第2章

常用温度传感器

 学习目标

- 学习温标的概念，并了解温度检测的测量方法。
- 了解热膨胀式温度传感器的原理及应用。
- 掌握热电阻传感器的原理及应用。
- 掌握热敏电阻传感器的原理及应用。
- 掌握热电偶温度传感器的原理及应用。

2.1 温标及温度测量方法

2.1.1 温度的概念

温度是描述热平衡系统冷热程度的物理量。从分子物理学角度看，温度反映了物体内部分子无规则运动的剧烈程度。

2.1.2 经验温标

（1）华氏温标

华伦海特（G. D. Fahrenheit）最初是在北爱尔兰最冷的某个冬日制作的水银温度计，他把水银柱降到最低的高度定为零度，把他妻子的体温定为100度，然后再把这段区间的长度均分为100份，每一份叫1度。这就是最初的华氏温标。

之后，华伦海特改进了他创立的温标，把冰、水、氯化铵和氯化钠的混合物的熔点定为零度，以 0°F 表示，把冰的熔点定为32°F，把水的沸点定为212°F，并将32到212的间隔均分为180份。这样，参考点就有了较为准确的客观依据。

（2）列氏温度计

在华氏温度计出现的同时，法国人列奥缪尔（1683—1757）也设计制造了一种温度计。他认为水银的膨胀系数太小，不宜作测温物质，他专心研究用酒精作为测温物质的优点，并反复实践发现，含有1/5水的酒精，在水的结冰温度和沸腾温度之间，其体积的膨胀是从1000个体积单位增大到1080个体积单位。因此他把冰点和沸点之间分成80份，定为自己温度计的温度分度，这就是列氏温度计。

（3）摄氏温标

华氏温度计发明 30 年后，摄耳修斯改进了它的刻度，他也用水银作测温物质，以冰的熔点为零度（标为 0℃），以水的沸点为 100 度（标为 100℃）。他认定水银柱的长度随温度作线性变化，把 0℃ 和 100℃ 之间均分成 100 份，每一份也就是每一个单位，叫 1℃。

2.1.3 热力学温标

在压力一定时，温度每升高 1℃，一定量理想气体的体积的增加值（膨胀率）是一个定值，体积膨胀率与温度呈线性关系，精确的实验证明 273 应该是 273.15，即压强等于零时的温度应该是 −273.15℃。

1948 年威廉·汤姆逊创立了把 −273.15℃ 作为零度的温标，叫作热力学温标或绝对温标，用热力学温标表示的温度叫热力学温度或绝对温度。

2.1.4 国际实用温标

为解决国际上温度标准的统一及实用问题，国际上协商决定，建立一种体现热力学温度（即能保证一定的准确度）、使用方便、容易实现的温标，即国际实用温标。

1968 年国际实用温标规定热力学温度是基本温度，用 T 表示，其单位是开尔文，符号为 K。1K 定义为水的三相点热力学温度的 1/273.16，水的三相点是指纯水在固态、液态及气态三相平衡时的温度，热力学温标规定三相点温度为 273.16K，这是建立温标的唯一基准点。

摄氏温度与开氏温度的换算：

$$t(℃) = T - T_0$$

摄氏温度的分度值与开氏温度的分度值相同，即温度间隔 1K＝1℃，T_0 是在标准大气压下冰的融化温度，$T_0 = 273.15K$。水的三相点温度比冰点高出 0.01K。

表 2-1 为温标间的转换关系。

表 2-1 温标间的转换关系

单位	开尔文	摄氏度	华氏度	兰氏度
K	1	$T-273.15$	$(T-273.15)\times 1.8+32$	$1.8T$
℃	$t+273.15$	1	$1.8t+32$	$(t+273.15)\times 1.8$
℉	$(\theta-32)/1.8+273.15$	$(\theta-32)/1.8$	1	$\theta+459.67$

2.2 热膨胀式温度传感器的原理及应用

热膨胀式温度传感器的原理简单，它利用液体、气体或固体热胀冷缩的性质，利用测温敏感元件在受热后尺寸或体积发生变化的现象，根据尺寸或体积的变化值得到温度的变化值。

热膨胀式温度传感器分为固体膨胀式温度计、液体膨胀式温度计和气体膨胀式温度计。

2.2.1 固体膨胀式温度计——双金属温度计

（1）双金属温度计的原理

双金属温度计是一种测量中低温度的现场检测仪表，可以直接测量各种生产过程中的-80～+500℃范围内液体蒸汽和气体介质的温度。工业用双金属温度计主要的元件是一个用两种或多种金属片叠压在一起组成的多层金属片，利用两种不同金属在温度改变时膨胀程度不同的原理工作，其敏感元件如图2-1所示。

工业用双金属温度计如图2-2所示。为提高测温灵敏度，通常将金属片制成螺旋卷形状。当多层金属片的温度改变时，各层金属的膨胀或收缩量不等，使得螺旋卷卷起或松开。由于螺旋卷的一端固定，而另一端和可以自由转动的指针相连，两种金属在温度变化时体积变化量不一样，因此会发生弯曲。将其一端固定，则另一端会随温度变化而发生位移，位移量与气温接近线性关系。

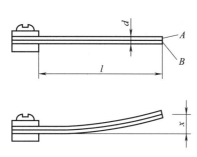

图 2-1　双金属温度计敏感元件

图 2-2　双金属温度计

（2）双金属温度计的应用

热膨胀式温度传感器是一种适合测量中低温的现场检测仪表，可用来直接测量气体、液体和蒸汽的温度。该温度计从设计原理及结构上具有防水、防腐蚀、隔爆、耐震动、直观、易读数、无汞害、坚固耐用等特点，可取代其他形式的测量仪表，广泛应用于石油、化工、机械、船舶、发电、纺织、印染等工业和科研部门。

① 双金属温度传感器在纺织印染汽蒸箱上的应用　如图2-3所示，用绝缘材料制成恒温箱，在底板左方立一个支架，支架右边安装上双金属片和触头。触头下面安装定触点，定触点的左端连接导线接指示灯，通过装于箱外的开关引到箱外，接电源的一个极。用耐热材料做一个绕线架，绕上电热丝作为电热器。用合适的铜丝弯两个"一"字形，将它们插入电热器内，插入上边的横头短些，插入下边的横头长些，它们在电热器内互不接触，电热丝的两端线头分别焊接在它们上面。下面铜丝的左端固定在支架上，再通过导线引出箱外，接电源的另一个极，上面铜丝的另一端与定触点相平。

当恒温箱内的温度超过所要求的数值时，双金属片向上弯曲，触头分开，电路切断，指示灯熄灭，电阻线圈不发热，恒温箱内温度随之下降，当温度降到低于所要求的数值时，双金属片平直的触头将接触到定触点，电路被接通，箱内温度随之升高。这样，使恒温箱内的温度保持恒定。

② 双金属温度传感器在日光灯启辉器上的应用　当开关接通的时候，电源电压立即通

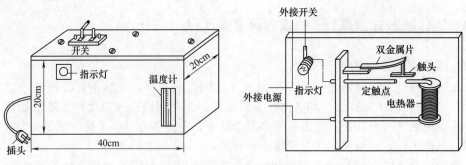

图 2-3　汽蒸箱工作原理

过镇流器和灯管灯丝加到启辉器（图 2-4）的两极，其内部结构如图 2-5 所示。220V 的电压立即使启辉器的惰性气体电离，产生辉光放电。辉光放电的热量使双金属片受热膨胀，两极接触。电流通过镇流器、启辉器触极和两端灯丝构成通路。灯丝很快被电流加热，发射出大量电子。这时，由于启辉器两极闭合，两极间电压为零，辉光放电消失，管内温度降低，双金属片自动复位，两极断开。在两极断开的瞬间，电路电流突然切断，镇流器产生很大的自感电动势，与电源电压叠加后作用于灯管两端。灯丝受热时发射出来的大量电子，在灯管两端高电压作用下，以极大的速度由低电势端向高电势端运动。在加速运动的过程中，碰撞管内氩气分子，使之迅速电离；氩气电离生热，热量使水银产生蒸汽，随之水银蒸汽也被电离，并发出强烈的紫外线；在紫外线的激发下，管壁内的荧光粉发出近乎白色的可见光。日光灯正常发光后，由于交流电不断通过镇流器的线圈，线圈中产生自感电动势，自感电动势阻碍线圈中的电流变化，这时镇流器起降压限流的作用，使电流稳定在灯管的额定电流范围内，灯管两端电压也稳定在额定工作电压范围内。由于这个电压低于启辉器的电离电压，所以并联在两端的启辉器也就不再起作用了。

图 2-4　启辉器外观图

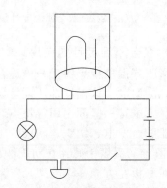

图 2-5　启辉器内部结构

（3）双金属温度计的选用

① 双金属温度计的分类

a. 可调角形双金属温度计　双金属温度计如图 2-6 所示，可调角形双金属温度计是在直型双金属温度计的基础上改进的产品，其主要特点是可以实现仪表表盘与检测元件轴线之间的角度从 0°到 90°范围的调节。

b. 耐震电接点双金属温度计（图 2-7）　耐震电接点双金属温度计在仪表内部充耐震油，可有效克服机械振动带来的指针抖动，广泛应用于石油、化工、机械、船舶、发电、纺织、印染等工业和科研部门。

图 2-6 可调角形双金属温度计　　　　图 2-7 耐震电接点双金属温度计

为防止震动，可以在双金属温度计内部充装硅油，或者将双金属温度计的显示部分与测量部分分离以达到耐震的效果。耐震双金属温度计有一体式耐震电接点双金属温度计和分离式耐震电接点双金属温度计两种。

② 双金属温度计的技术参数

a. 执行标准 JB/T 8803—1998　GB 3836—83。

b. 标度盘公称直径（mm）　60，100，150。

c. 精度等级　（1.0），1.5。

d. 热响应时间　≤40s。

e. 防护等级　IP55。

f. 角度调整误差　角度调整误差应不超过其量程的 1.0%。

g. 回差　双金属温度计回差应不大于基本误差限的绝对值。

h. 重复性　双金属温度计的重复性极限范围应不大于基本误差限绝对值的 1/2。

不同场所中温度与相对湿度条件见表 2-2。

表 2-2　不同场所中温度与相对湿度条件

工作场所	温度/℃	相对湿度/%
掩蔽场所	−25～25	5～100
户外场所	−40～85	5～100

(4) 双金属温度计的安装要求

对双金属温度计的安装，应以有利于测温准确，安全可靠及维修方便，而且不影响设备运行和生产操作为原则。要满足以上要求，在选择对热电阻的安装部位和插入深度时要注意以下方面。

① 为了使热电阻的测量端与被测介质之间有充分的热交换，应合理选择测点位置，尽量避免在阀门、弯头及管道和设备的死角附近装设热电阻。

② 带有保护套管的热电阻有传热和散热损失。为了减少测量误差，热电偶和热电阻应该有足够的插入深度。

a. 对于测量管道中心流体温度的热电阻，一般都应将其测量端插入管道中心处（垂直安装或倾斜安装）。如果被测流体的管道直径是 200mm，那么热电阻插入深度应选择 100mm。

b. 对于高温高压和高速流体的温度测量（如主蒸汽温度），为了减小保护套对流体的阻力和防止保护套在流体作用下发生断裂，可采取保护管浅插方式或采用热套式热电阻。浅插式的热电阻保护套管，其插入主蒸汽管道的深度应不小于 75mm，热套式热电阻的标准插入深度为100mm。

c.假如需要测量烟道内烟气的温度，尽管烟道的直径为4m，但热电阻的插入深度为1m即可。

d.当测量元件的插入深度超过1m时，应尽可能垂直安装，或加装支撑架和保护套管。

(5) 双金属温度计的使用和维护

① 双金属温度计在保管、安装、使用及运输过程中，应尽量避免碰撞，对于双金属温度计保护管，切勿使保护管弯曲、变形。安装时，严禁扭动仪表外壳。

② 仪表应在-30~80℃的环境温度内正常工作。

③ 仪表经常工作的温度最好能在刻度范围的1/2~3/4处，双金属温度计的温度范围为-80~600℃。

2.2.2 气体、液体膨胀式温度计——压力式温度计

(1) 基本原理

该温度计的原理是基于密闭测温系统内蒸发液体的饱和蒸汽压力和温度之间的变化关系而进行温度测量的。当温包感受到温度变化时，密闭系统内饱和蒸汽产生相应的压力，引起弹性元件曲率的变化，使其自由端产生位移，再由齿轮放大机构把位移变为指示值。

气体膨胀式温度计的外形及结构如图2-8所示。

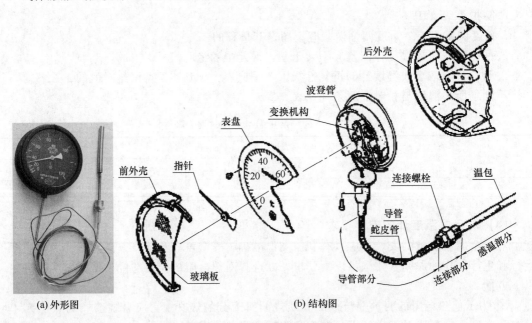

(a) 外形图   (b) 结构图

图2-8 气体膨胀式温度计

压力式温度计是利用封闭容器内的液体、气体或饱和蒸汽受热后产生体积膨胀或压力变化作为测量信号来检测温度的传感器。它的基本结构由温包、毛细管和指示表三部分组成。它是最早应用于生产过程温度控制的方法之一。压力式测温系统现在仍然是就地指示和控制温度中应用十分广泛的测量方法。压力式温度计的优点是：结构简单，机械强度高，不怕震动，价格低廉，不需要外部能源。缺点是：测温范围有限制，一般在-80~400℃；热损失大、响应时间较慢；仪表密封系统（温包、毛细管和弹簧管）如果损坏则难以修理，必

须更换；测量精度受环境温度、温包安装位置影响较大，精度相对较低；毛细管传送距离有限制。

压力温度计经常的工作范围应在测量范围的 1/2～3/4 处，并要尽可能地使显示表与温包处于水平位置。其安装用的温包安装螺栓会使温度流失而导致温度不准确，安装时应进行保温处理，并尽量使温包工作在没有震动的环境中。

（2）压力式温度计的应用

压力式温度计用于较远距离的液体或气体的温度测量，适用于无法近距离读数或有振动的场合，如露天设备或交通工具的机械温度指示等。

（3）压力式温度计的选用

① 分类 主要分为普通型和防腐型两种，测量对铜合金有腐蚀性的液体、蒸汽或气体的温度时，选用不锈钢温包的温度计。

② 技术指标 压力式温度计的常见技术参数有表面直径、视向、安装方式、附加功能等，如表 2-3 所示。

表 2-3 压力式温度计的技术参数

表面直径/mm	视 向	代 号	安装方式	附加功能	代 号
63	轴向	0	直接式	电接点	X
80	径向	1	嵌装式	远传型(Pt;100)	Y
100	万向	3	挂装式	防震型	Z
150				防腐型	F

a. 测量范围（℃） －60～600。

b. 表面直径（mm） $\phi50$（嵌装）、$\phi63$、$\phi80$、$\phi105$、$\phi150$。

c. 插入深度（mm） $L=60～2000$（直连式）。

d. 尾长（m） 1～15。

e. 温包尺寸（mm） $\phi8$、$\phi10$、$\phi12$。

f. $L=60$，120，150。

g. 表壳材料 塑壳、铝壳、不锈钢表壳。

h. 技术参数（精度等级） $\pm1.5\%$，$\pm2.5\%$。

i. 触头容量 220V/1A（无感负载 10V/1A）。

j. 安装方式 无固定装置，可动外螺纹，可动内螺纹，固定外螺纹，上下套安装螺纹，卡套螺纹。

2.3 热电阻温度传感器的原理及应用

2.3.1 热电阻温度传感器的原理

热电阻温度传感器是利用导体的电阻值随温度变化而变化的特性制成的，可以将温度变化转换为元件的电阻变化，主要用于检测温度和与温度有关的参数。

热电阻的结构比较简单，如图 2-9 所示，一般将电阻丝绕在云母、石英、陶瓷、塑料等绝缘骨架上，经过固定，外面再加上保护套管即可完成。但骨架性能的好坏，影响其测量精度、体积大小和使用寿命。

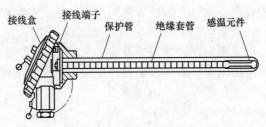

图 2-9　热电阻传感器的结构

2.3.2　热电阻温度传感器的应用

热电阻温度传感器适用于各种伴有高温、腐蚀性场合的生产过程中，如石油化工、冶炼玻璃及陶瓷工业测温、制冷机组、加热装置、烤箱、熔炉等，可以直接测量－200～1600℃范围内的液体、蒸汽和气体介质以及固体表面温度。下面介绍热电阻温度传感器——铂热电阻传感器的三个典型应用。

（1）铂热电阻传感器在柴油机排气测温系统中的应用

一般来说柴油机的排气温度为 400℃，排气温度能反映机器的工作状态及其工作效率，排气温度越低，说明热效率高，或说明热能损失少。一般是在排气口安装铂热电阻来监测柴油机的排气温度，如图 2-10 所示。

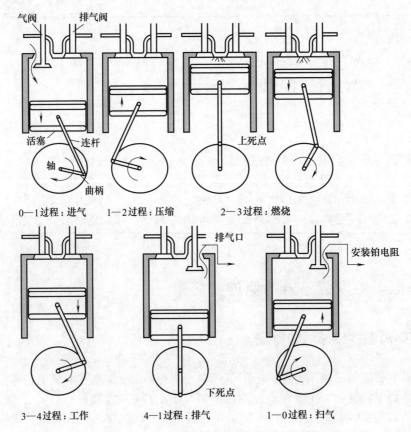

图 2-10　铂热电阻测量柴油机的排气温度

（2）铂热电阻传感器在管道流量测量中的应用

图 2-11 所示是采用铂热电阻测量气体或液体管道中流量的原理图。铂热电阻 R_{T1} 放在气体或液体的实测流路中，另一个铂热电阻 R_{T2} 放在温度与被测介质相同的管道内，但不受介质流速影响的连通室内。实验证明，当密度、黏度等参数一定时，热传导系数与平均流速有关，由此可以通过铂热电阻的热耗散系数获得管道气体或液体的流量。

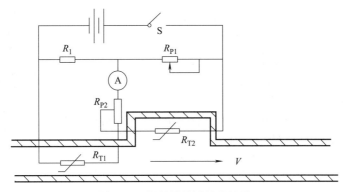

图 2-11 测量管道流量的原理

电阻 R_{T1}、R_{T2}、R_{P1}、R_{P2} 组成一个电桥，电桥在流体静止时处于平衡状态，电流表中无电流指示；当介质流动时，液体或气体会带走热量，从而使热电阻片 R_{T1} 和 R_{T2} 的散热情况出现差异，R_{T1} 的温度下降，会使电桥电路失去平衡，产生一个与介质流量变化对应的电流，通过事先对电流表在平均流量时进行标定，则从电流表的刻度上就可以知道气体和液体流量的大小。

（3）铂热电阻传感器在涡街流量计中的应用

涡街流量计的流量信号是由旋涡的频率反映的，涡街频率如何检出是涡街流量计研制的一个重要课题。检测产生旋涡后在旋涡发生体附近的流动变化频率，可以通过热敏元件铂电阻来完成。

以圆柱形旋涡发生体热线式为例，其原理如图 2-12 所示。圆柱体表面开有导压孔，与圆柱体内部空腔相通。空腔由隔墙分成两部分，在隔墙的中央部分有一小孔，在小孔中装有检测流体流动的铂电阻丝。

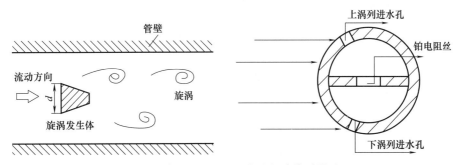

图 2-12 旋涡的发生及涡街流量计检测器原理

当旋涡在圆柱体下游侧产生时，由于升力的作用，使得圆柱体下方的压力比上方高一些。圆柱体下方的流体在上下压力差的作用下，从圆柱体下方导压孔进入空腔，通过隔墙中央部分的小孔，流过铂电阻丝，从上方导压孔流出。如果将铂电阻丝加热到高于流体温度的某温度值，则当流体流过铂电阻丝时，就会带走热量，改变其温度，也即改变其电阻值。当圆柱体上方产生一个旋涡时，则流体从上导压孔进入，由下导压孔流出，又一次通过铂电阻丝，再改变一次它的电阻值。由此可知：电阻值变化与流动变化相对应，也就与旋涡的频率相对应。所以，可由检测铂电阻丝电阻变化频率得到涡街频率，进而得到流量值。涡街流量传感器实物如图 2-13 所示。

2.3.3 热电阻温度计的选用

(1) 热电阻温度计的分类

① 铂电阻 铂易于提纯，在高温和氧化性介质中物理化学性质稳定，电阻率较大，能耐较高的温度；制成的铂电阻输出/输入特性接近线性，是目前制造电阻的最好材料。铂电阻的测温范围是−200~850℃，电阻值与温度之间的关系如下：

$$0\sim650℃: R_t = R_0(1 + At + Bt^2)$$
$$-200\sim0℃: R_t = R_0[1 + At + Bt^2 + C(t-100)t^3] \tag{2.1}$$

式中，A、B、C 为常数。

铂电阻制成的温度计，除作温度标准外，还广泛应用于高精度的工业测量。由于铂为贵金属，一般在测量精度要求不高和测温范围较小时，均采用铜电阻。图 2-14 为普通型热电阻，图 2-15 为小型铂电阻，图 2-16 为防爆型铂热电阻。

图 2-14 普通型热电阻

图 2-15 小型铂电阻

图 2-16 防爆型铂热电阻

② 铜电阻 铜电阻具有较大的电阻温度系数，材料容易提纯，铜电阻的阻值与温度之间接近线性关系，铜的价格比较便宜，所以铜电阻在工业上得到广泛应用。铜电阻的缺点是电阻率较小，稳定性也较差，容易氧化。铜电阻在−50~150℃的范围内化学、物理性能稳定，输出/输入特性接近线性，价格低廉。铜电阻阻值与温度变化之间的关系如下：

$$R_t = R_0(1 + At + Bt^2 + Ct^3) \tag{2.2}$$

式中，A、B、C 为常量，当温度高于100℃时易被氧化，因此适于温度较低和没有侵蚀性的介质中工作。图 2-17 为铜热电阻。

③ 其他热电阻 铂、铜热电阻用于低温和超低温测量时性能不够理想，而铟、锰、碳等热电阻都是测量低温和超低温的理想材料。

a. 镍的使用温度范围是−50~100℃和−50~150℃，但目前应用较少。缺点是镍非线性严重，材料提取也困难。优点是灵敏度较高，稳定性好，在自动恒温和温度补偿方面的应用较多。

图 2-13 涡街流量传感器实物

b.铟电阻适宜在－269～－258℃的温度范围内使用，测温精度高，灵敏度是铂电阻的10倍，但是复现性差。

c.锰电阻适宜在－271～－210℃的温度范围内使用，灵敏度高，但是质脆、易损坏。

d.碳电阻适宜在－273～－268.5℃的温度范围内使用，其热容量小、灵敏度高、价格低廉、操作简便，但是热稳定性较差。

表2-4所示为主要金属感温电阻器的性能。

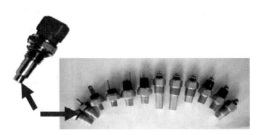

图2-17 铜热电阻

表2-4 主要金属感温电阻器的性能

性能	铂	镍	铜
使用温度范围/℃	－200～600	－100～300	－50～150
电阻丝直径/mm	0.03007	～0.05	～0.1
电阻率/($\times10^{-6}\Omega\cdot m$)	0.0981～0.106	0.118～0.138	0.017
0～100℃之间电阻温度系数平均值/($\times10^{-3}$)	3.92～3.98	6.21～6.34	4.25～4.28
化学稳定性	在氧化性介质中性能稳定，不易在还原性介质中使用，尤其高温下	超过180℃易氧化	超过100℃易氧化
特性	近于线性,性能稳定,精度高	近于线性,性能一致性差,测温灵敏度高	线性
应用	可作为标准	一般测温用	适于低温、无水分、无侵蚀性介质温度

（2）热电阻传感器的产品参数

① 型号及允差（表2-5）

表2-5 铂、铜热电阻的型号及允差

型号	0℃时的公称电阻 $R(0℃)/\Omega$	电阻比 $W(100℃)$	测温范围、允差	
			测温范围/℃	允 差
Pt100	100	1.3850	陶瓷元件：－200～600 玻璃元件：－200～500 云母元件：－200～420	A级：±(0.15＋0.2%$\|t\|$) B级：±(0.3＋0.5%$\|t\|$)
Cu50	50	1.4280	－50～100	±(0.3＋0.5%$\|t\|$)
Cu100	100			

② 长度及规格（表2-6）

表2-6 铂、铜热电阻的长度及规格

保护管规格/mm	长度/mm
φ12	225、250、350、400、450、550、650、900、1150
φ16	300、350、400、450、500、650、900、1150、1650、2150
锥形保护管	225、250、300、400

③ 常温绝缘 常温绝缘电阻的试验电压可取直流 $10\sim100\text{V}$ 中的任意值，环境温度为 $15\sim35\text{℃}$，相对湿度不大于 80%，常温绝缘电阻值不小于 $100\text{M}\Omega$。

④ 热响应时间（表 2-7）

表 2-7 铂、铜热电阻的热响应时间

保护管规格/mm		保护管材料	热响应时间/s
铂热电阻	$\phi12$	碳钢:20	
	$\phi16$	不锈钢:0Cr18Ni12M02Ti 不锈钢:1Cr18Ni9Ti	$30\sim90$
	锥形保护管	不锈钢:1Cr18Ni9Ti	$90\sim180$
铜热电阻 $\phi12$		黄铜:H62 碳钢:20 不锈钢:1Cr18Ni9Ti	<180

（3）热电阻传感器的测量电路

① 引线形式

a.两线制 在热电阻感温元件的两端各连一根导线，该形式配线简单，安装费用低，但会带进引线电阻的附加误差，不适合高精度测温场合使用，且使用时引线及导线不宜过长，如图 2-18（a）所示。

b.三线制 在热电阻感温元件的一端连接两根引线，另一端连接一根引线。这种方法在工业检测中应用最广，且在测温范围窄或导线长、导线途中温度易发生变化的场合必须考虑采用三线制，如图 2-18（b）所示。

c.四线制 在感温元件的两端各连两根引线，用于高精度测量，如图 2-18（c）所示。

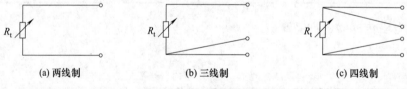

(a) 两线制   (b) 三线制   (c) 四线制

图 2-18 热电阻测量电路

② 测量电路

a.两线制 如图 2-19 所示，热电阻两引线电阻 R_w 和热电阻 R_t 一起构成电桥测量臂，引线电阻 R_w 因沿线环境温度改变引起的阻值变化量 $2\Delta R_w$ 和因被测温度变化引起热电阻 R_t 的增量值 ΔR_t 一起成为有效信号，并被转换成测量信号，从而影响温度测量精度。

b.三线制 为解决导线电阻的影响，工业热电阻大多采用三线制电桥接法，如图 2-20 所示，由热电阻传感器 R_t 引出的导线相同，阻值都是 r，其中一根和电桥的电源串联，它对电桥平衡没有影响，另外两根分别与电桥的相邻两臂串联，当电桥平衡时，得出以下关系：

$$(R_t+r)R_2=(R_1+r)R_3 \tag{2.3}$$

所以有

$$R_t=\frac{(R_1+r)R_3-rR_2}{R_2} \tag{2.4}$$

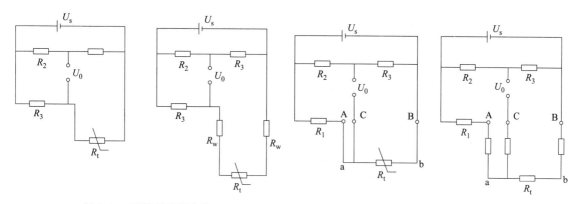

图 2-19　两线制测量电路　　　　　　　　　　图 2-20　三线制测量电路

如果 $R_3 = R_2$，则式(2.3) 就和 $r = 0$ 时的电桥平衡公式完全相同，即说明此种接法导线电阻 r 对热电阻的测量毫无影响，但以上结论只在 $R_3 = R_2$ 且在电桥平衡状态下才成立。为了消除从热电阻感温体到接线端子间的导线对测量结果的影响，一般要求从热电阻感温体根部引出导线，且要求引线一致，以保证它们的电阻值 r 相等。

c.四线制　四线制测量电路如图 2-21 所示，该引线方式不仅可以消除内引线电阻的影响，在连接导线阻值相同时，还可消除该电阻的影响，而且在连接导线阻值相同时，可消除该电阻的影响，可以通过 CPU 定时控制继电器的一对触点 C 和 D 的通断，改变测量热电阻的电流方向，消除测量过程中的寄生电势影响。

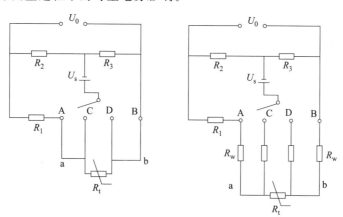

图 2-21　四线制测量电路

2.4　热敏电阻传感器的原理及应用

2.4.1　热敏电阻传感器的原理

热敏电阻是利用半导体电阻值随温度变化特性制成的敏感元件，一般适用于 $-100 \sim 300℃$ 的温度计。

热电阻传感器最大的特点：电阻率随温度变化显著，是热电阻的灵敏度的几百倍，可以完成更精确的温度测量任务；热惯性小，反应速度快；体积小，结构简单；使用方便，寿命长，易于实现远距离测量等。

2.4.2 热敏电阻传感器的应用

热敏电阻在许多方面都有使用，如家用电器、制造工业、医疗设备、运输、通信、保护报警装置和科研等，下面仅举几个例子，来介绍热敏电阻的应用情况。

热敏电阻与简单的放大电路结合，可检测千分之一度的温度变化，所以和电子仪表组成测温计，能完成高精度的温度测量。普通用途热敏电阻的工作温度为 $-55\sim+315℃$，特殊低温热敏电阻的工作温度低于 $-55℃$，最低可达 $-273℃$。

(1) 热敏电阻在电子体温计中的应用

电子体温计的外观如图 2-22 所示，电路如图 2-23 所示，电路中包括热敏电阻 R_T 和 R_1、R_2、R_3 及 R_{P1}。在温度为 20℃时，选择 R_1、R_3 并调节 R_{P1}，使电桥平衡。当温度升高时，热敏电阻 R_T 的阻值变小，电桥处于不平衡状态，电桥输出的不平衡电压由运算放大器放大，放大后的不平衡电压引起接在运算放大器反馈电路中的微安表的相应偏转。热敏电阻器选用的阻值在 $500\sim5000\Omega$。

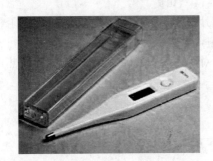

图 2-22　电子体温计

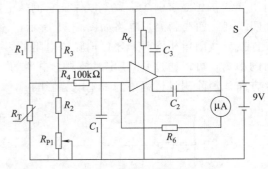

图 2-23　电子体温计测量电路

(2) PTC 热敏元件在电动机、冰箱压缩机中的应用

PTC 热敏电阻的外形如图 2-24 所示。热敏电阻器在施加电压的过程中，电流随时间的变化特性如图 2-25 所示。

图 2-24　PTC 热敏元件

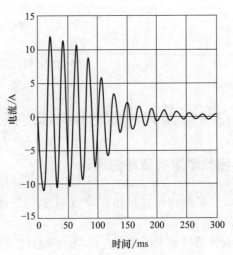

图 2-25　PTC 热敏电阻的电流-时间特性

电机在启动时，要克服本身的惯性，同时还要克服负载的反作用力（如冰箱压缩机启动时必须克服制冷剂的反作用力），因此电机启动时需要较大的电流和转矩。当转动正常后，为了节约能源，需要的转矩又要大幅度下降。

可给电机加一组辅助线圈，只在启动时工作，正常后它就断开。将 PTC 热敏电阻串联在启动辅助线圈，启动后 PTC 热敏电阻进入高阻态切断辅助线圈，正好可以达到这种效果。热敏电阻的电气接线图如图 2-26、图 2-27 所示。

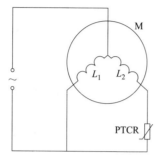

图 2-26　分相式电机

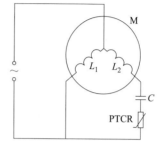

图 2-27　电容式电机

（3）热敏电阻在电热水器控温器中的应用

图 2-28 所示电路是电热水器温度控制器电路。电路主要由热敏电阻 R_T、比较器、驱动电路及加热器 R_L 等组成。通过电路可自动控制加热器的开闭，使水温保持在 42℃。

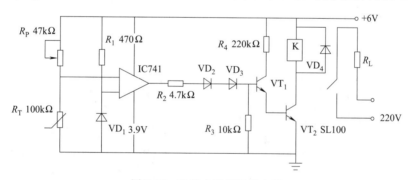

图 2-28　电热水器控温器电路

热敏电阻在 25℃时的阻值为 100kΩ。在比较器的反相输入端加有 3.9V 的基准电压，在比较器的同相输入端加有 R_P 和热敏电阻 R_T 的分压电压。当水温低于 42℃时，比较器 IC 输出高电位，驱动 VT_1 和 VT_2 导通，使继电器 K 工作，闭合加热器电路；当水温高于 42℃时，比较器 IC 输出端变为低电位，VT_1 和 VT_2 截止，继电器 K 则断开加热器电路。调节 R_P 可得到要求的水温。

（4）PTC 和 NTC 在过流保护中的应用

① PTC 过流保护　当电路处于正常状态时，通过过流保护用 PTC 热敏电阻的电流小于额定电流，过流保护用 PTC 热敏电阻处于常态。PTC 热敏电阻阻值很小，不会影响被保护电路的正常工作。当电路出现故障，电流大大超过额定电流时，过流保护用 PTC 热敏电阻陡然发热，呈高阻态，使电路处于相对"断开"状态，从而保护电路不被破坏。当故障排除后，过流保护用 PTC 热敏电阻亦自动恢复至低阻态，电路恢复正常工作。

② NTC 过流保护　在一定电压下，刚通电时 NTC 电阻较大，通过的电流较小。当电流的热效应使 NTC 元件温度升高时，其电阻减小，通过的电流又增大。因此，将 NTC 元

件串联接入大功率灯泡、加热器等电路中，可避免刚开机时产生的冲击电流，从而保护灯丝、开关等不被烧坏。

2.4.3 热敏电阻温度计的选用

（1）热敏电阻温度计的分类

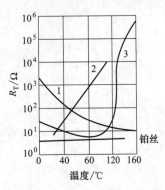

图 2-29 热敏电阻的电阻-
温度特性曲线
1—NTC；2—PTC；3—CTR

① 按性能分类 热敏电阻按其性能可以分为负温度系数 NTC 型热敏电阻、正温度系数 PTC 型热敏电阻、临界温度 CTR 型热敏电阻三种。图 2-29 所示为热敏电阻的电阻-温度特性曲线，它们是利用这种性质来测量温度的。

a. 正温度系数（PTC）热敏电阻 PTC 是 Positive Temperature Coefficient 的缩写，意思是正的温度系数，泛指正温度系数很大的半导体材料或元器件。通常提到的 PTC 是指正温度系数热敏电阻（图 2-30），简称 PTC 热敏电阻。PTC 热敏电阻是一种典型的具有温度敏感性的半导体电阻，当超过一定的温度（居里温度）时，它的电阻值随着温度的升高呈阶跃性的增高。

PTC 热敏电阻根据其材质的不同分为陶瓷 PTC 热敏电阻、有机高分子 PTC 热敏电阻（图 2-31）、PTC 热敏电阻；根据其用途的不同分为恒温加热用 PTC 热敏电阻、低电压加热用 PTC 热敏电阻、空气加热用 PTC 热敏电阻、过流保护用 PTC 热敏电阻、过热保护用 PTC 热敏电阻。

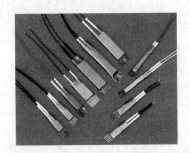

图 2-30 正温度系数热敏电阻

图 2-31 有机高分子 PTC 热敏电阻

一般情况下，有机高分子 PTC 热敏电阻适合过流保护用途，陶瓷 PTC 热敏电阻可适用于以上所列各种用途。

b. 负温度系数（NTC）热敏电阻 NTC 是 Negative Temperature Coefficient 的缩写，意思是负的温度系数，泛指负温度系数很大的半导体材料或元器件。通常提到的 NTC 是指负温度系数热敏电阻（图 2-32），简称 NTC 热敏电阻。

NTC 热敏电阻是一种典型的具有温度敏感性的半导体电阻，它的电阻值随着温度的升高呈阶跃性的减小。NTC 热敏电阻器在室温下的变化范围为 $100 \sim 1000000\Omega$，它的测量范围一般为 $-10 \sim 300℃$，也可做到 $-200 \sim 10℃$，甚至可在 $300 \sim 1200℃$ 环境中做测温用。负温度系数热敏电阻器温度计的精度可以达到 $0.1℃$，感温时间可少至 $10s$ 以下，温度系数为 $-6.5\% \sim -2\%$。NTC 热敏电阻器可广泛应用于温度测量、温度补偿、抑制浪涌电流、测温、控温、温度补偿等方面。

NTC 热敏电阻是以锰、钴、镍和铜等金属氧化物为主要材料，采用陶瓷工艺制造而成，这些金属氧化物材料都具有半导体性质，在导电方式上完全类似锗、硅等半导体材料。温度低时，这些氧化物材料的载流子（电子和孔穴）数目少，所以其电阻值较高；随着温度的升高，载流子数目增加，电阻值会降低。

图 2-32　负温度系数热敏电阻

NTC 热敏电阻根据其用途的不同，分为功率型 NTC 热敏电阻、补偿型 NTC 热敏电阻、测温型 NTC 热敏电阻。它不仅适用于粮仓测温仪，同时也可应用于食品储存、医药卫生、科学种田、海洋、深井、高空、冰川等方面的温度测量。

② 根据结构分类　根据结构的不同，热敏电阻可分为柱状热敏电阻、片状热敏电阻、珠状热敏电阻和薄膜状热敏电阻，其电阻外形分别如图 2-33～图 2-37 所示。

图 2-33　MF12 型 NTC 热敏电阻

图 2-34　聚酯塑料封装热敏电阻

图 2-35　带安装孔的热敏电阻

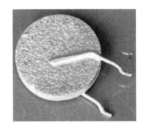

图 2-36　大功率 PTC 热敏电阻

图 2-37　贴片式 NTC 热敏电阻

（2）热敏电阻的主要参数

零功率电阻是指在某一温度下测量 PTC 热敏电阻值时，加在 PTC 热敏电阻上的功耗极低，低到因其功耗引起的 PTC 热敏电阻的阻值变化可以忽略不计。额定零功率电阻是指环境温度 25℃条件下测得的零功率电阻值。下面介绍热敏电阻的几个主要参数。

① 居里温度（T_c）　对于 PTC 热敏电阻的应用来说，电阻值开始陡峭地增高时的温度非常重要，将其定义为居里温度。居里温度对应的 PTC 热敏电阻的电阻 $R_{T_c} = 2 \times R_{min}$。

② 温度系数（α）　PTC 热敏电阻的温度系数定义为温度变化导致的电阻的相对变化。温度系数越大，PTC 热敏电阻对温度变化的反应越灵敏，$\alpha = (\lg R_2 - \lg R_1) / \lg(T_2 - T_1)$。

③ 额定电压（U_N）　额定电压是在最大工作电压 U_{max} 以下的供电电压，通常 $U_{max} = U_N + 15\%$。

④ 击穿电压（U_D）　击穿电压是指 PTC 热敏电阻能够承受的最高的电压。电压在击穿电压以上时，PTC 热敏电阻将会被击穿失效。

⑤ 表面温度（T_{surf}）　表面温度 T_{surf} 是指当 PTC 热敏电阻在规定的电压下，并且与周围环境间处于热平衡状态已达较长时间时，PTC 热敏电阻表面的温度。

⑥ 动作电流（I_k）　足以使 PTC 热敏电阻自热温升超过居里温度的流过 PTC 热敏电阻的电流称为动作电流，动作电流的最小值称为最小动作电流。

⑦ 不动作电流（I_{Nk}）　不足以使 PTC 热敏电阻自热温升超过居里温度的流过 PTC 热敏电阻的电流，称为不动作电流。不动作电流的最大值称为最大不动作电流。

（3）PTC 和 NTC 热敏电阻器的主要参数及说明

① PTC 热敏电阻器的主要参数

a. 伏安特性　伏安特性是指在 25℃ 的静止空气中，在热敏电阻器引出端的电压与达到热平衡的稳态条件下的电流之间的关系，如图 2-38 所示。

由图 2-38 可见，热敏电阻只有在小电流范围内电压和电流才成正比，因为电压低时电流也小，温度没有显著升高，它的电流和电压关系符合欧姆定律，但电流增加到一定数值时，元件由于温度升高阻值下降，故电压下降。因此，要根据热敏电阻的允许功耗线来确定电流，在高温中电流不能选得太高。

起始电流（I_{in}）：在电路开关闭合和断开瞬间所出现的电流。

峰值电流（$I_{inp\text{-}p}$）：起始电流（I_{in}）的峰值。

b. 阻温特性　阻温特性指的是在规定电压下，PTC 热敏电阻器的零功率电阻值与电阻本体温度之间的关系，如图 2-39 所示。

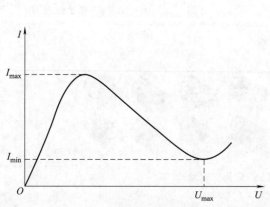

图 2-38　PTC 热敏电阻的伏安特性

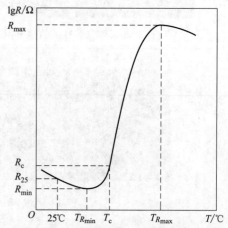

图 2-39　PTC 热敏电阻的阻温特性

R_{25}—额定零功率电阻；R_{min}—最小零功率电阻；

$T_{R_{min}}$—最小电阻时的温度；T_c—开关温度或居里温度；

R_c—开关电阻；R_{max}—最大电阻；$T_{R_{max}}$—最大电阻时的温度

- 额定零功率电阻值 R_{25}：指的是在 25℃ 条件下的零功率电阻，除非客户特别说明另一温度。
- 最小阻值 R_{min}：是指从常温 25℃ 开始，温度曲线系列所对应的最小电阻值，此时 R_{min} 所对应的温度为 T_{min}。
- 最大工作电压 U_{max}：在最高允许环境温度下，PTC 热敏电阻器能持续承受的最大电压。
- 最大电流 I_{max}：指在最大工作电压下，允许通过 PTC 热敏电阻器的最大电流。
- 不动作电流 I_{nt}：不动作电流即额定电流或保持电流，指在规定的时间和温度条件下，不导致 PTC 热敏电阻器呈现高阻态的最大电流。
- 动作电流 I_t：指在规定的时间和温度条件下，使 PTC 热敏电阻器阻值呈阶跃型增加时的最小电流。
- 最大电压下的温度范围：PTC 热敏电阻器在最大电压下仍能连续工作的环境温度范围。
- 耗散系数 δ：PTC 热敏电阻器中功率耗散的变化量与元件相应温度变化量之比，称为耗散系数（mW/℃）。$\delta = P/(T - T_r)$。
- 热时间常数 τ：在静止的空气中，PTC 热敏电阻器从自身温度变化到与环境温度之差的 63.2% 时所需的时间。
- 残余电流 I_r：指在最大工作电压下，PTC 热敏电阻器阻值跃变后，热平衡状态下的电流。
- 最小阻值时的温度 $T_{R_{min}}$：最小阻值 R_{min} 出现时所对应的温度。
- 上限温度（UCT）：热敏电阻可继续工作时的最大环境温度。
- 下限温度（LCT）：热敏电阻可继续工作时的最小环境温度。

② NTC 热敏电阻器的主要参数

a. 零功率电阻值 R_T（Ω）　R_T 指在规定温度 T 时，采用引起电阻值变化相对于总的测量误差来说可以忽略不计的测量功率测得的电阻值。

b. 额定零功率电阻值 R_{25}（Ω）　根据国标规定，额定零功率电阻值是 NTC 热敏电阻在基准温度 25℃ 时测得的电阻值 R_{25}，这个电阻值就是 NTC 热敏电阻的标称电阻值。通常所说的 NTC 热敏电阻的阻值，亦指该值。

c. 零功率电阻温度系数 α_T　在规定温度下，NTC 热敏电阻零动功率电阻值的相对变化与引起该变化的温度变化值之比值。

d. 耗散系数 δ　在规定环境温度下，NTC 热敏电阻的耗散系数是电阻中耗散的功率变化与电阻体相应的温度变化的比值。

e. 额定功率 P_n　在规定的技术条件下，热敏电阻器长期连续工作所允许消耗的功率。在此功率下，电阻体自身温度不超过其最高工作温度。

f. 最高工作温度 T_{max}　在规定的技术条件下，热敏电阻器能长期连续工作所允许的最高温度。即

$$T_{max} = T_0 + \frac{P_n}{\delta} \tag{2.5}$$

式中　T_0——环境温度。

g. 测量功率 P_m　热敏电阻在规定的环境温度下，阻体受测量电流加热引起的阻值变化相对于总的测量误差来说可以忽略不计时所消耗的功率。

2.5 热电偶温度传感器的原理及应用

2.5.1 热电偶传感器的原理

随着科学技术的发展，目前热电偶的品种较多，它的测温范围为 271～2800℃，甚至更高。在温度测量中，热电偶的应用极为广泛，它具有结构简单、制造方便、测量范围广、精度高、惯性小和输出信号便于远传等许多优点。另外，由于热电偶是一种有源传感器，测量时不需外加电源，使用十分方便，所以常被用于测量炉子、管道内的气体或液体的温度及固体的表面温度。

(1) 测温原理

热电偶是当前热电测温中普遍使用的一种感温元件，它的工作原理是基于热电效应。当

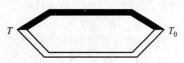

图 2-40 热电偶的结构

有两种不同的导体或半导体 A 和 B 组成一个回路，其两端相互连接时，只要两节点处的温度不同，一端温度为 T，另一端温度为 T_0，回路中就将产生一个电动势，该电动势的方向和大小与导体的材料及两节点的温度有关，如图 2-40 所示。这种现象称为"热电效应"，产生的电动势则称为"热电动势"。

(2) 热电偶的基本定律

① 均质导体定律 由同一种均质材料（导体或半导体）两端焊接组成闭合回路，无论导体截面如何以及温度如何分布，都不产生接触电势，温差电势相抵消，回路中总电势为零。可见，热电偶必须由两种不同的均质导体或半导体构成。若热电极材料不均匀，由于温度梯存在，将会产生附加热电势。

② 中间导体定律 在热电偶回路中接入中间导体（第三导体），只要中间导体两端温度相同，中间导体的引入对热电偶回路总电势没有影响，这就是中间导体定律。

应用 依据中间导体定律，在热电偶实际测温应用中，常采用热端焊接、冷端开路的形式，将冷端经连接导线与显示仪表连接构成测温系统。

有人担心用铜导线连接热电偶冷端到仪表读取毫伏值时，在导线与热电偶连接处产生的接触电势会使测量产生附加误差。但根据中间导体定律，说明这个误差是不存在的。

③ 中间温度定律 热电偶回路两接点（温度为 T、T_0）间的热电势，等于热电偶在温度为 T、T_n 时的热电势与在温度为 T_n、T_0 时的热电势的代数和，其中 T_n 称中间温度。

应用 由于热电偶 E-T 之间通常呈非线性关系，当冷端温度不为 0℃时，不能利用已知回路实际热电势 $E(t,t_0)$ 直接查表求取热端温度值，也不能利用已知回路实际热电势 $E(t,t_0)$ 直接查表求取温度值，再加上冷端温度确定热端被测温度值，需按中间温度定律进行修正。

【例】 S 型铂铑 10-铂热电偶在工作时的自由端（参比端）温度是 $T_0=700℃$，测得热电偶电动势输出 $e=13.208\text{mV}$，参照表 2-8，算出被测介质的实际温度是多少？

表 2-8　S 型铂铑 10-铂热电偶分度表

工作端温度/℃	0	10	20	30	40	50	60	70	80	90
	热电动势/mV									
0	0	0.055	0.113	0.173	0.235	0.299	0.365	0.432	0.502	0.573
100	0.645	0.719	0.795	0.872	0.95	1.029	1.109	1.19	1.273	1.356
200	1.44	1.525	1.611	1.698	1.785	1.873	1.962	2.051	2.141	2.232
300	2.323	2.414	2.506	2.599	2.692	2.786	2.88	2.974	3.069	3.164
400	3.26	3.356	3.452	3.549	3.645	3.743	3.84	3.938	4.036	4.135
500	4.234	4.333	4.432	4.532	4.632	4.732	4.832	4.933	5.034	5.136
600	5.237	5.339	5.442	5.544	5.648	5.751	5.855	5.96	6.065	6.169
700	6.274	6.38	6.486	6.592	6.699	6.805	6.913	7.02	7.128	7.236
800	7.345	7.454	7.563	7.672	7.782	7.892	8.003	8.114	8.255	8.336
900	8.448	8.56	8.673	8.786	8.899	9.012	9.126	9.24	9.355	9.47
1000	9.585	9.7	9.816	9.932	10.048	10.165	10.282	10.4	10.517	10.635
1100	10.754	10.872	10.991	11.11	11.229	11.348	11.467	11.587	11.707	11.827
1200	11.947	12.067	12.188	12.308	12.429	12.55	12.671	12.792	12.912	13.034
1300	13.155	13.397	13.397	13.519	13.64	13.761	13.883	14.004	14.125	14.247
1400	14.368	14.61	14.61	14.731	14.852	14.973	15.094	15.215	15.336	15.456
1500	15.576	15.697	15.817	15.937	16.057	16.176	16.296	16.415	16.534	16.653
1600	16.771	16.89	17.008	17.125	17.243	17.36	17.477	17.594	17.711	17.826
1700	17.942	18.056	18.17	18.282	18.394	18.504	18.612	—	—	

已知 $E(T_0,70℃)=13.208$ mV，查表 2-8 可得 $E(70℃,0℃)=0.432$mV

$E(T_0,0)=E(T_0,70℃)+E(70℃,0℃)=13.208mV+0.432mV=13.640$mV

查表可得 $E(1340℃,0℃)=13.640$mV，即实际温度为 1340℃。

④ 参考电极定律　用高纯度铂丝作标准电极，假设镍铬-镍硅热电偶的正负极分别和标准电极配对，正负极值与参考电极值相加等于这支镍铬-镍硅的值。

（3）热电偶的结构

① 普通工业装配式热电偶　普通工业装配式热电偶作为测量温度的变送器，通常和显示仪表、记录仪表和电子调节器配套使用。它可以直接测量各种生产过程中从 0℃ 到 1800℃ 范围的液体、蒸汽和气体介质以及固体的表面温度。热电偶通常由热电极、绝缘管、保护套管和接线盒等几个主要部分组成，其常见外形结构如图 2-41 所示。

图 2-41　无固定装置式、固定螺纹式、活动法兰式电偶

图 2-42　铠装热电偶

② **铠装热电偶**　铠装热电偶（图2-42）具有能弯曲、耐高压、热响应时间快和坚固耐用等许多优点，它和工业用装配式热电偶一样，可作为测量温度的变送器，通常和显示仪表、记录仪表和电子调节器配套使用，同时亦可作为装配式热电偶的感温元件。它可以直接测量各种生产过程中0～800℃范围内的液体、蒸汽和气体介质以及固体表面的温度。

2.5.2　热电偶传感器的应用

热电偶传感器是工业中使用最为普遍的接触式测温装置，对于机械、冶金、能源、国防等行业的锻件表面、气体或蒸汽管道表面、炉壁表面温度测量等场合，采用直接接触法测量，很方便且测温范围合适；同时它在恒温炉控制、检测燃气火焰等方面也很适用。

(1) 热电偶在燃气热水器中的应用

如图2-43所示，打开热水龙头，水压力使燃气分配器中的引火管输气孔在较短的一段时间里与燃气管道接通，喷射出燃气；同时高压点火电路发出10～20kV的高电压，通过放电针点燃主燃烧室火焰。热电偶1被烧红，产生正的热电势，使电磁阀线圈得电，燃气改由电磁阀进入主燃室。

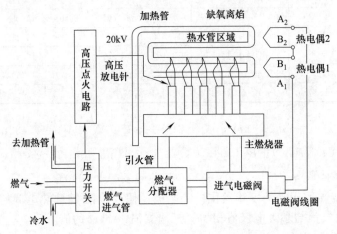

图2-43　燃气热水器防熄火防缺氧示意图

当外界氧气不足时，主燃室不能充分燃烧，火焰变红且上升，在远离火孔的地方燃烧（离焰），热电偶1的温度降低，热电势减小，热电偶2被加热，温度上升，热电偶2产生的热电势与1反向串联，相互抵消，流过电磁阀线圈的电流小于额定电流，甚至产生反向电流，使电磁阀关闭，起到缺氧保护作用。

当启动燃气热水器时，若无法点燃火焰，这时由于电磁阀线圈得不到热电偶1提供的电流，而处于关闭状态，从而可避免煤气泄漏，起到安全作用。

(2) 热电偶传感器在红外探测器中的应用

红外线辐射可以引起物体的温度上升。将热电偶置于红外辐射的聚焦点上，可根据其输出的热电势来测量入射红外线的强度，如图2-44所示。

单根热电偶的输出十分微弱。为了提高红外辐射探测器的探测效应，可以将许多对热电偶相互串联起来，即第一根负极和下一根的正极串接。其冷端置于环境温度中，热端集中在聚焦区域，就能成倍提高输出热电动势，将这种接法的热电偶称为热电堆。

(3) 热电偶传感器在切削加工中的应用

1915年，俄国人乌萨乔夫将热电偶插到靠近切削刃的小孔中测得了刀具表面的温度，

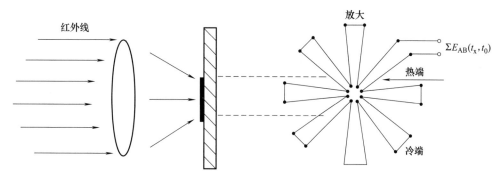

图 2-44 红外探测器中热电堆原理

并用实验方法找出了切削区温度与切削条件间的关系。

当两种不同材质组成的材料副（如切削加工中的刀具和工件）接近并受热时，会因表层电子溢出而产生溢出电动势，并在材料副的接触界面间形成电位差（即热电势）。由于特定材料副在一定温升条件下形成的热电势是一定的，因此可以根据热电势的大小来测定材料副（即热电偶）的受热状态及温度变化情况。采用热电偶法的测温装置结构简单，测量方便，是目前较成熟也较常用的切削温度测量方法。切削加工设备的外形如图 2-45 所示。

根据不同的测量原理和用途，热电偶法又可分为自然热电偶法、人工热电偶法、半人工热电偶法。

自然热电偶法主要用于测定切削区域的平均温度。采用自然热电偶法的测温装置是利用刀具和工件分别作为自然热电偶的两极，组成闭合电路测量切削温度。刀具引出端用导线接入毫伏计的一极，工件引出端的导线通过起电刷作用的铜顶尖接入毫伏计的另一极。

人工热电偶法测温装置是在刀具或工件被测点处钻一个小孔，孔中插入一对标准热电偶并使其与孔壁之间保持绝缘。切削时，热电偶接点感受出被

图 2-45 切削加工设备

测点温度，并通过串接在回路中的毫伏计测出电势值，然后参照热电偶标定曲线得出被测点的温度。

将自然热电偶法和人工热电偶法结合起来即组成了半人工热电偶法。半人工热电偶是将一根热电敏感材料金属丝（如康铜）焊在待测温点上作为一极，以工件材料或刀具材料作为另一极而构成的热电偶。由于半人工热电偶法测温时采用单根导线连接，不必考虑绝缘问题，因此得到了较广泛的应用。

2.5.3 热电偶温度传感器的选用

（1）热电偶的材料与分类

广泛使用的热电偶有铂铑/铂热电偶、镍铬/镍硅（铝）热电偶、镍铬/康铜热电偶、铁/康铜热电偶和铜/康铜热电偶等。其中，镍铬/康铜热电偶具有最高的热电势，0℃时热电势率为 $58.5\mu V/K$，$400\sim600℃$ 时，热电势率增到 $81.0\mu V/K$，耐热和耐蚀性也较铁/康铜优良，而且价格低廉，这种材料适宜于在低温和中温下使用。某些国家用它取代铁/康铜热电

偶和铜/康铜热电偶，作为标准热电偶。1953 年研制出了（Pt-30Rh）/（Pt-6Rh）双铂铑热电偶，并在 20 世纪 60 年代把它列为标准热电偶，这种热电偶的使用温度很高，长期使用温度上限为 1600℃，短时使用可达 1800℃，与铂铑/铂热电偶比较，稳定性改善，强度增加。各种材料热电偶的参数对比如表 2-9 所示。

表 2-9　各种材料热电偶的参数对比

热电偶分度号	热电极材料	使用温度范围/℃
S	铂铑合（铑含量 10％）　纯铂	0～1400
R	铂铑合金（铑含量 13％）　纯铂	0～1400
B	铂铑合金（铑含量 30％）　铂铑合金（铑含量 6％）	0～1400
K	镍铬	−200～1000
T	纯铜-铜镍	−200～300
J	铁-铜镍	−200～600
N	镍铬硅-镍硅	−200～1200
E	镍铬-铜镍	−200～700

（2）热电偶的测量电路与温度补偿

① 多点热电偶的测量电路

a. 平均温度的测量　用热电偶测量平均温度一般采用热电偶并联方法。如图 2-46 所示，输入到仪表两端的值是三个热电偶的电动势平均值，若三个热电偶均工作在特性曲线的线性部分，则代表各点温度的平均值。这种电路中每个热电偶都需要串联一个较大的电阻，缺点是当某一个热电偶烧断时，不能很快发现。

b. 温度和测量　用热电偶测量机电温度之和的方法是热电偶串联法，输入到仪表两端的热电动势之和可从显示仪表中读出，如果将热电偶反向串接，输出的是两点的电动势之差，如图 2-47 所示。

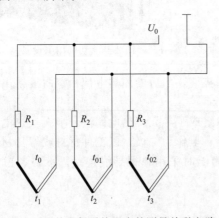

图 2-46　热电偶平均温度的测量并联电路

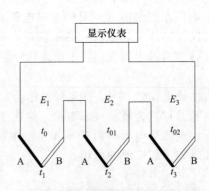

图 2-47　热电偶温度和测量串联电路

② 温度补偿　热电偶电动势的大小不仅取决于测量端的温度，而且与冷端温度也有关。为保证电动势与测量端温度是单值函数，就必须保证冷端温度恒定。我们使用热电偶分度表中的热电动势值对冷端进行补偿，使冷端面归到零参考点温度，是因为在工业使用时，要使冷端温度保持为 0℃ 比较困难，通常采用以下温度补偿的方法。

a. 补偿导线法（图 2-48）。

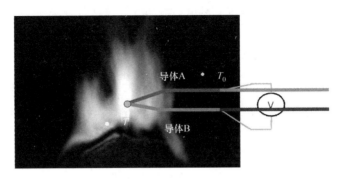

图 2-48　补偿导线法

b.计算修正法

【例】　参考端温度 $t_0 = 30℃$，测得热电偶电动势 $E(t, t_0) = 7.5\text{mV}$，求被测实际温度。利用中间温度定律：

$$E(t, 0) = E(t, t_0) + E(t_0, 0)$$
$$E(t, 0) = 7.5\text{mV} + 0.173\text{mV} = 7.673\text{mV}$$

查表 2-8 得出被测温度为 830℃。

c.补偿电桥法　人为地添加一个补偿电动势 $E(t_0, 0)$，可以使仪表显示正确示数。

这个补偿电动势应该是跟着热电偶冷端温度变化的，而不是固定的，用电桥可以做到，如图 2-49 所示。

d.冰点槽法　把热电偶的参比端置于冰水混合物容器里，使 $T_0 = 0℃$（这种办法仅限于科学实验中使用）。为了避免冰水导电引起两个连接点短路，必须把连接点分别置于两个玻璃试管里，浸入同一冰点槽，使其相互绝缘，如图 2-50 所示。

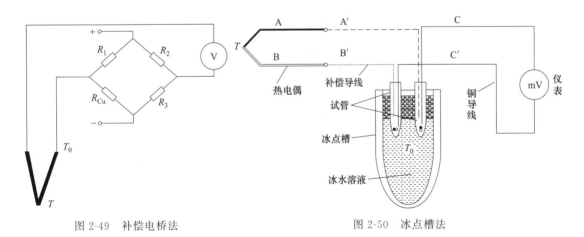

图 2-49　补偿电桥法　　　　　　　　图 2-50　冰点槽法

e.软件处理法　对于计算机系统，不必全靠硬件进行热电偶冷端处理。如冷端温度恒定但不为 0℃ 的情况，只需在采样后加一个与冷端温度对应的常数即可。对于 T_0 经常波动的情况，可利用热敏电阻或其他传感器把 T_0 信号输入计算机，按照运算公式设计一些程序，便能自动修正。

（3）热电偶常用型号

① 铂铑 10-铂热电偶（分度号为 S，也称为单铂铑热电偶），其分度表如表 2-8 所示。

表 2-8 中温度按 10℃ 分挡，中间值按内插值法计算，按参考端温度为 0℃ 取值。该热电

偶的正极成分为含铑 10％的铂铑合金，负极为纯铂。它的特点具体如下。

• 这种热电偶热电性能稳定，抗氧化性强，宜在氧化性气氛中连续使用，长期使用温度可达 1300℃，高达 1400℃时，即使在空气中，纯铂丝也将会再结晶，使晶粒粗大而断裂。

• 热电偶精度高，它是在所有热电偶中准确度等级最高的，通常用作标准或测量较高的温度。

• 使用范围较广，均匀性及互换性好。

• 主要缺点：微分热电势较小，因而灵敏度较低；价格较贵；机械强度低；不适宜在还原性气氛或有金属蒸汽的条件下使用。

② 铂铑 13-铂热电偶（分度号为 R，也称为单铂铑热电偶）。

该热电偶的正极为含 13％的铂铑合金，负极为纯铂。同 S 型相比，它的热电势大 15％左右，其他性能几乎相同，该种热电偶在日本产业界作为高温热电偶用得最多，而在中国则用得较少。

③ 铂铑 30-铂铑 6 热电偶（分度号为 B，也称为双铂铑热电偶）。

该热电偶的正极是含铑 30％的铂铑合金，负极为含铑 6％的铂铑合金。在室温下，其热电势很小，故在测量时一般不用补偿导线，可忽略冷端温度变化的影响。长期使用温度为 1600℃，短期为 1800℃，因热电势较小，故需配用灵敏度较高的显示仪表。

B 型热电偶适宜在氧化性或中性气氛中使用，也可以在真空气氛中的短期使用。即使在还原气氛下，其寿命也是 R 或 S 型的 10～20 倍。由于其电极均由铂铑合金制成，故不存在铂铑-铂热电偶负极上所有的缺点，在高温时很少有大结晶化的趋势，且具有较大的机械强度。同时由于它对于杂质的吸收或铑的迁移的影响较少，因此经过长期使用后其热电势变化并不严重，缺点是价格昂贵（相对于单铂铑而言）。

④ 镍铬-镍硅（镍铝）热电偶（分度号为 K）。

该热电偶的正极为含铬 10％的镍铬合金，负极为含硅 3％的镍硅合金（有些国家的产品负极为纯镍）。可测量 0～1300℃的介质温度，适宜在氧化性及惰性气体中连续使用，短期使用温度为 1200℃，长期使用温度为 1000℃，其热电势与温度的关系近似线性，价格便宜，是目前用量最大的热电偶。

【思考题与习题 2】   【扩展知识 2】

第 **3** 章

压力及力检测

 学习目标

- 了解压力的概念及单位。
- 掌握应变式传感器与应用。
- 掌握压电压力传感器与应用。
- 掌握压磁式传感器与应用。
- 掌握电容式压力及力传感器。
- 掌握霍尔式压力计。
- 熟悉压力检测仪表的选择与校验。

在测量上所称"压力"就是物理学中的"压强"，它是反映物质状态的一个很重要的参数。

在压力测量中，常有表压、绝对压力、负压或真空度之分。工业上所用的压力指示值多数为表压，即绝对压力和大气压力之差，所以绝对压力为表压和大气压之和。如果被测压力低于大气压，称为负压或真空度。

压力在工业自动化生产过程中是重要工艺参数之一。因此，正确地测量和控制压力是保证生产过程良好地运行即达到优质高产、低消耗、安全生产的重要环节。本章在简单介绍压力的概念及单位的基础上，重点介绍应变式压力计、压电式压力传感器、电容式压力传感器和霍尔式压力计等的测量原理及测压方法。

3.1 压力的概念及单位

3.1.1 压力的概念

垂直且均匀地作用于单位面积上的力称压力。其基本公式为

$$p = \frac{F}{S} \qquad (3.1)$$

式中　p——压力，Pa；

　　　F——垂直作用力，N；

　　　S——受力面积，m^2。

3.1.2 压力的单位

在国际单位制（SI）和我国法定计量单位中，压力的单位是"帕斯卡"，简称"帕"，符号为"Pa"。

$$1Pa=1N/m^2=1\frac{kg \cdot m}{m^2 \cdot s^2}=1kg \cdot m^{-1} \cdot s^{-2}$$

即 1N 的力垂直均匀作用在 $1m^2$ 的面积上所形成的压力值为 1Pa。

其他压力单位："工程大气压力"（kgf/cm^2）、"毫米汞柱"（mmHg）、"毫米水柱"（mmH_2O）、"标准大气压"（atm）、"巴"（bar）、"psi"（磅力每平方英寸），各压力单位间换算关系如表 3-1 所示。

表 3-1 压力单位换算表

单位	kgf/cm^2	atm	mmHg	mmH_2O	mbar	psi	inH_2O
kgf/cm^2	1	0.9678	735.56	10.00	981.00	14.223	395.00
atm	1.0333	1	760.00	10.3333	1013.25	14.696	407.5
mmHg	0.00136	0.00131	1	0.0136	1.3332	0.0193	0.535
mmH_2O	0.10	0.0968	73.556	1	98.10	1.4223	39.40
mbar	0.00102	0.000987	0.76863	0.0102	1	0.01451	0.402
psi	0.0703	0.0680	51.715	0.703	68.95	1	27.72
inH_2O	0.00254	0.00246	1.87	0.0254	2.49	0.0361	1

（1）大气压力

大气压力是地球表面大气自重所产生的压力。其数值随着气象情况、海拔高度和地理纬度等不同而改变。大气压力用 PD 表示。

（2）绝对压力

是以零作为参考压力的差压，即实际压力。其数值就是表压力加上当时当地大气压力（一般近似取 0.1MPa）。绝对压力用 PJ 表示。

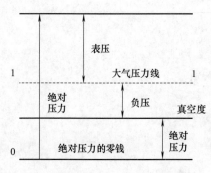

图 3-1 各压力间关系

（3）表压

表压是以大气压作为参考压力的差压。表压不是实际压力，因为当压力指针为零时实际上已受到周围一个大气压力的作用力，所以压力表指的数值，是指超过大气压的部分。以大气压为参考压力，高于大气压的压力习惯上叫作正压；低于大气压的叫作负压，或疏空。当绝对压力接近零时，称为真空。表压用 PB 表示，PB＝PJ－PD。

（4）差压

差压是指两个相关压力之间的差值。常用符号 Δp 表示。

绝对压力、表压力、大气压力、真空压力和差压之间的关系可用图 3-1 所示。

3.1.3　压力表

在工业过程控制与技术测量过程中，由于机械式压力表的弹性敏感元件具有很高的机械强度以及生产方便等特性，使得机械式压力表得到越来越广泛的应用。

机械压力表中的弹性敏感元件随着压力的变化而产生弹性变形。机械压力表采用弹簧管（波登管）、膜片、膜盒及波纹管等敏感元件并按此分类。所测量的压力一般视为相对压力，一般相对点选为大气压力。弹性元件在介质压力作用下产生的弹性变形，通过压力表的齿轮传动机构放大，压力表就会显示出相对于大气压的相对值（或高或低）。

在测量范围内的压力值由指针显示，刻度盘的指示范围一般做成 $270°$。

3.1.4　压力表的分类

压力表按其测量精确度，可分为精密压力表、一般压力表。精密压力表的测量精确度等级分别为 0.1、0.16、0.25、0.4 级；一般压力表的测量精确度等级分别为 1.0、1.6、2.5、4.0 级。

压力表按其指示压力的基准不同，分为一般压力表、绝对压力表、差压表。一般压力表以大气压力为基准；绝压表以绝对压力零位为基准；差压表测量两个被测压力之差。

压力表按其测量范围，分为真空表、压力真空表、微压表、低压表、中压表及高压表。真空表用于测量小于大气压力的压力值；压力真空表用于测量小于和大于大气压力的压力值；微压表用于测量小于 60000Pa 的压力值；低压表用于测量 0～6MPa 压力值；中压表用于测量 10～60MPa 压力值；高压表用于测量 100MPa 以上压力值。

耐震压力表的壳体制成全密封结构，且在壳体内填充阻尼油。由于其阻尼作用，可以使用在工作环境振动或介质压力（载荷）脉动的测量场所。

带有电节点控制开关的压力表可以实现发信号报警或控制功能。

带有远传机构的压力表可以提供工业工程中所需的电信号（如电阻信号或标准直流电流信号）。

隔膜表所使用的隔离器（化学密封）能通过隔离膜片，将被测介质与仪表隔离，以便测量强腐蚀、高温、易结晶介质的压力。

压力表的弹性元件和机械压力表中的弹性敏感元件随着压力的变化而产生弹性变形。机械压力表采用弹簧管（波登管）、膜片、膜盒及波纹管等敏感元件并按此分类。敏感元件一般是由铜合金、不锈钢或由特殊材料制成。

弹簧管（波登管）分为C形管、盘簧管、螺旋管等形式。一般采用冷作硬化型材料坯管，在退火态具有很高的塑性，经压力加工冷作硬化及定性处理后获得很高的弹性和强度。弹簧管在内腔压力作用下，利用其所具有的弹性特性，可以方便地将压力转变为弹簧管自由端的弹性位移。弹簧管的测量范围一般在 0.1～250MPa。

膜片敏感元件是带有波浪的圆形膜片，膜片本身位于两个法兰之间，或焊接在法兰盘上或其边缘夹在两个法兰盘之间。膜片一侧受到测量介质的压力，这样膜片所产生的微小弯曲变形可用来间接测量介质的压力，压力的大小由指针显示。膜片与波登管相比其传递力较大。由于膜片本身周围边缘固定，所以其防振性较好。膜片压力表可达到很高的过压保护（如膜片贴附在上法兰盘上），膜片还可以加上保护镀层以提高防腐性。利用开口法兰、冲洗、开口等措施，可用膜片压力表测量黏度很大、不清洁的及结晶的介质。膜片压力表的压力测量范围在 1600Pa～2.5MPa。

膜盒敏感元件由两块对扣在一起的呈圆形波浪截面的膜片组成。测量介质的压力作用在膜盒腔内侧，由此所产生的变形可用来间接测量介质的压力。压力值的大小由指针显示。膜盒压力表一般用来测量气体的微压，并具有一定程度的过压保护能力。几个膜盒敏感元件叠在一起后会产生较大的传递力来测量极微小的压力。膜盒压力表的压力测量范围在 250～60000Pa。

3.2 应变式传感器的原理及应用

应变式压力计是电测式压力计中应用最广泛的一种。它是将应变电阻片粘贴在测量压力的弹性元件表面上，当被测压力变化时，弹性元件内部应力变化产生变形，这个变形压力使应变片的电阻产生变化，根据所测电阻变化的大小来测量未知压力。应变式传感器是基于测量物体受力变形所产生应变的一种传感器，最常用的传感元件为电阻应变片。应用范围：可测量位移、加速度、力、力矩、压力等各种参数。

3.2.1 应变式传感器的特点

① 精度高，测量范围广。

② 使用寿命长，性能稳定可靠。

③ 结构简单，体积小，重量轻。

④ 频率响应较好，既可用于静态测量又可用于动态测量。

⑤ 价格低廉，品种多样，便于选择和大量使用。

3.2.2 应变片的工作原理

可以做这样一个较简单的实验：取一根细电阻丝，两端接上一台 $3\frac{1}{2}$ 位数字式欧姆表（分辨率为 1/2000），记下其初始阻值。当用力将该电阻丝拉长时，会发现其阻值略有增加。测量应力、应变、力的传感器就是利用类似的原理制作的。

(1) 金属的电阻应变效应

金属导体在外力作用下发生机械变形时，其电阻值随着它所受机械变形（伸长或缩短）的变化而发生变化的现象，称为金属的电阻应变效应。

若一根金属电阻丝，在其未受力时，原始电阻值为

$$R = \frac{\rho L}{S} \tag{3.2}$$

式中　ρ——电阻丝的电阻率；

　　　L——电阻丝的长度；

　　　S——电阻丝的截面积。

当金属丝受外力作用时，其长度和截面积都会发生变化，从式（3.2）中可很容易看出，其电阻值即会发生改变，假如金属丝受外力作用而伸长时，其长度增加，而截面积减少，电阻值便会增大。当金属丝受外力作用而压缩时，长度减小而截面增加，电阻值则会减小。只

要测出加在电阻的变化（通常是测量电阻两端的电压），即可获得应变金属丝的应变情况，如图 3-2 所示。

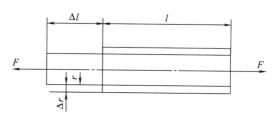

图 3-2 金属丝受拉力后变形情况

若金属丝的长度为 L，截面积为 S，电阻率为 ρ，其未受力时的电阻为 R，见式(3.2)，如果金属丝沿轴向方向受拉力而变形，其长度 L 变化了 $\mathrm{d}L$，截面积 S 变化了 $\mathrm{d}S$，电阻率 ρ 变化了 $\mathrm{d}\rho$，因而引起电阻 R 变化了 $\mathrm{d}R$。将式(3.2) 微分，整理可得

$$\frac{\mathrm{d}R}{R} = \frac{\mathrm{d}L}{L} - \frac{\mathrm{d}S}{S} + \frac{\mathrm{d}\rho}{\rho} \tag{3.3}$$

对于圆形截面有

$$S = \pi r^2$$

$$\frac{\mathrm{d}S}{S} = 2\frac{\mathrm{d}r}{r} \tag{3.4}$$

$\mathrm{d}L/L = \varepsilon$ 为金属丝轴向相对伸长，即轴向应变；而 $\mathrm{d}r/r$ 则为电阻丝径向相对伸长，即径向应变，两者之比即为金属丝材料的泊松系数 μ，负号表示符号相反，有

$$\frac{\mathrm{d}r}{r} = -\mu\frac{\mathrm{d}L}{L} = -\mu\varepsilon \tag{3.5}$$

将式(3.5) 代入式(3.4) 得

$$\frac{\mathrm{d}S}{S} = -2\mu\varepsilon \tag{3.6}$$

将式(3.6) 代入式(3.3)，并整理得

$$\frac{\mathrm{d}R}{R} = (1+2\mu)\varepsilon + \frac{\mathrm{d}\rho}{\rho} \tag{3.7}$$

或

$$K_0 = \frac{\mathrm{d}R/R}{\varepsilon} = (1+2\mu) + \frac{\mathrm{d}\rho/\rho}{\varepsilon} \tag{3.8}$$

其中，K_0 称为金属丝的灵敏系数，其物理意义是单位应变所引起的电阻相对变化。

由式(3.8) 可以明显看出，金属材料的灵敏系数受两个因素影响：一个是受力后材料的几何尺寸变化所引起的，即 $(1+2\mu)$ 项；另一个是受力后材料的电阻率变化所引起的，即 $(\mathrm{d}\rho/\rho)/\varepsilon$ 项。对于金属材料，$(\mathrm{d}\rho/\rho)/\varepsilon$ 项比 $(1+2\mu)$ 项小得多；对半导体材料，$(1+2\mu)$ 项比 $(\mathrm{d}\rho/\rho)/\varepsilon$ 项小得多。

大量实验表明，在电阻丝拉伸比例极限范围内，电阻的相对变化与其所受的轴向应变是成正比的，即 K_0 为常数，于是可以写成

$$\mathrm{d}R/R = K_0\varepsilon \tag{3.9}$$

通常金属电阻丝的 $K_0 = 1.7 \sim 4.6$。

半导体应变片的灵敏系数比金属丝式高 $50 \sim 80$ 倍，但半导体材料的温度系数大，应变时非线性比较严重，使它的应用范围受到一定的限制。

（2）电阻应变片的结构

金属应变片由敏感栅、基片、覆盖层和引线等部分组成，如图 3-3 所示，是电阻应变片的结构示意图，电阻丝应变片是用直径为 0.025mm、具有高电阻率的电阻丝制成的。为了获得高的阻值，将电阻丝排列成栅状，称为敏感栅，并粘贴在绝缘的基底上。电阻丝的两端焊接引线。敏感栅上面粘贴有保护作用的覆盖层。

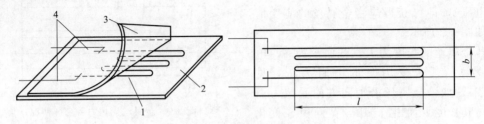

图 3-3 电阻应变片的基本结构
1—敏感栅；2—基底；3—盖片；4—引线

l 称为栅长（标距），b 称为栅宽（基宽），$b \times l$ 称为应变片的使用面积。应变片的规格一般以使用面积和电阻值表示，如 $3 \times 20 mm^2$，120Ω。

① 敏感栅 由金属细丝绕成栅形。电阻应变片的电阻值为 60Ω、120Ω、200Ω 等多种规格，以 120Ω 最为常用。应变片栅长的大小关系到所测应变的准确度，应变片测得的应变大小是应变片栅长和栅宽所在面积内的平均轴向应变量。对敏感栅的材料的要求如下：

a.应变灵敏系数大，并在所测应变范围内保持为常数；

b.电阻率高而稳定，以便于制造小栅长的应变片；

c.电阻温度系数要小。

② 基底和盖片 基底用于保持敏感栅、引线的几何形状和相对位置，盖片用于保持敏感栅和引线的形状和相对位置。

③ 引线 引线是从应变片的敏感栅中引出的细金属线。对引线材料的性能要求：电阻率低、电阻温度系数小、抗氧化性能好、易于焊接。大多数敏感栅材料都可制作引线。

④ 黏结剂 用于将敏感栅固定于基底上，并将盖片与基底粘贴在一起，以便将构件受力后的表面应变传递给应变计的基底和敏感栅。

常用的黏结剂分为有机和无机两大类。有机黏结剂用于低温、常温和中温。无机黏结剂用于高温。

3.2.3 电阻应变片的分类

（1）电阻应变片的分类

电阻应变片品种繁多，形式多样，其分类如表 3-2 所示。

表 3-2 常见应变片分类方式

分类依据	名　称		分类依据	名　称
敏感栅的材料	金属应变片	丝式	工作温度	常温应变片（−30~60℃）
		箔式		中温应变片（60~300℃）
		薄膜型		高温应变片（300℃以上）
	半导体应变片	薄膜型		低温应变片（低于−30℃）
		扩散型	用途	一般用途应变片
		PN结型		特殊用途应变片（水下、疲劳寿命、抗磁感应、裂缝扩展等）

（2）常用的应变片

① 丝式应变片　丝式应变片（图 3-4）的基底材料可分为纸基、胶基、纸浸胶基和金属基等。丝式应变片的电阻丝直径为 $0.02\sim0.05\mathrm{mm}$，常用的为 $0.025\mathrm{mm}$；电流安全允许值为 $10\sim12\mathrm{mA}$ 和 $40\sim50\mathrm{mA}$；电阻值一般应在 $50\sim1000\Omega$ 范围内，常用的为 120Ω；引出线使用直径为 $0.15\sim0.30\mathrm{mm}$ 的镀银或镀锡铜带或铜丝。

② 箔式应变片　箔式应变片（图 3-5）的敏感栅是通过光刻、腐蚀等工艺制成的；其箔栅厚度一般为 $0.003\sim0.01\mathrm{mm}$，箔金属材料为康铜或合金（卡玛合金、镍铬锰硅合金等）；基底可用环氧树脂、酚醛或酚醛树脂等制成。箔式应变片有较多的优点，如可根据需要制成任意形状的敏感栅；表面积大，散热性能好，可以允许通过比较大的电流；蠕变小，疲劳寿命高；便于成批生产且生产效率比较高等。

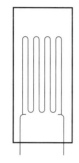

图 3-4　丝式应变片

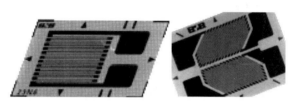

图 3-5　箔式应变片

③ 薄膜应变片　薄膜应变片是采用真空蒸发或真空沉淀等方法在薄的绝缘基片上形成 $0.1\mu\mathrm{m}$ 以下的金属电阻薄膜的敏感栅，最后再加上保护层。它的优点是应变灵敏度系数大，允许电流密度大，工作范围广。

所谓金属薄膜是指厚度在 $0.1\mathrm{mm}$ 以下的金属膜。厚度在 $25\mu\mathrm{m}$ 左右的膜称厚膜。箔式应变片即属厚膜类型。

金属薄膜应变片（图 3-6）是采用真空溅射或真空沉积的方法制成的。它可以将产生应变的金属或合金直接沉积在弹性元件上而不用黏结剂，这样应变片的滞后和蠕变均很小，灵敏度高。

④ 半导体应变片　半导体应变片（图 3-7）是用半导体材料制成的，其工作原理是基于半导体材料的压阻效应。所谓压阻效应，是指半导体材料在某一轴向受外力作用时，其电阻率 ρ 发生变化的现象。它与金属丝式应变片和箔式应变片比较，具有灵敏系数高（比金属应变片的灵敏系数大 $50\sim100$ 倍）、机械滞后小、体积小以及耗电量少等优点。

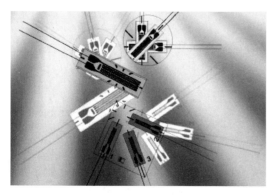

图 3-6　金属薄膜应变片

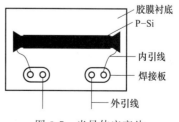

图 3-7　半导体应变片

半导体应变片的电阻温度系数大，非线性也大。这些缺点不同程度地制约了它的应用发展。不过，随着近年来半导体集成电路工艺的迅速发展，相继出现了扩散型、外延型和薄膜型半导体应变片，使其缺陷得到了一些改善。半导体应变片的灵敏度特别高，但是对温度敏感。

⑤ 高温及低温应变片　按工作温度来分类的高、低温应变片，其性能取决于应变片的应变电阻合金、基底、黏结剂的耐热性能及引出线的性能等。

3.2.4　应变片的选用及型号命名规则

(1) 应变片主要技术指标

应变片主要技术指标如表3-3所示。

表3-3　应变片主要技术指标

参数名称	电阻值/Ω	灵敏度	电阻温度系数/℃⁻¹	极限工作温度/℃	最大工作电流/mA
PZ-120 型	120	1.9～2.1	20×10^{-6}	−10～40	20
PJ-120 型	120	1.9～2.1	20×10^{-6}	−10～40	20
BX-200 型	200	1.9～2.2	—	−30～60	25
BA-120 型	120	1.9～2.2	—	−30～200	25
BB-350 型	350	1.9～2.2	—	−30～170	25
PBD-1K 型	1000±10%	140±5%	<0.4%	<40	15
PB-120 型	120±10%	120±5%	<0.2%	<40	20

(2) 型号的编排规则

电阻应变计型号的编排规则如下：类别、基底材料种类、标准电阻-敏感栅长度、敏感栅结构形式、极限工作温度、自补偿代号（温度和蠕变补偿）及接线方式。如 B F 350-3AA80（23）N6-X 的含义是：

① B　表示应变计类别［B：箔式；T：特殊用途；Z：专用（特指卡玛箔）］；

② F　表示基底材料种类（B：玻璃纤维增强合成树脂；F：改性酚醛；A：聚酰亚胺；E：酚醛—缩醛；Q：纸浸胶；J：聚氨酯）；

③ 350　表示应变计标准电阻；

④ 3　表示敏感栅长度（mm）；

⑤ AA　表示敏感栅结构形式；

⑥ 80　表示极限工作温度（℃）；

⑦ 23　表示温度自补偿或弹性模量自补偿代号（9：用于钛合金；M23：用于铝合金；11：用于合金钢、马氏体不锈钢和沉淀硬化型不锈钢；16：用于奥氏体不锈钢和铜基材料；23：用于铝合金；27：用于镁合金）；

⑧ N6　表示蠕变自补偿标号（蠕变标号：T8，T6，T4，T2，T0，T1，T3，T5，N2，N4，N6，N8，N0，N1，N3，N5，N7，N9）；

⑨ X　表示接线方式(X：标准引线焊接方式；D：点焊点；C：焊端敞开式；U：完全敞开式，焊引线；F：完全敞开式，不焊引线；X**：特殊要求焊圆引线，**表示引线长度；

BX**：特殊要求焊扁引线，**表示引线长度；Q**：焊接漆包线，**表示引线长度；G**：
焊接高温引线，**表示引线长度）。

具体的编排规则如图 3-8 所示。

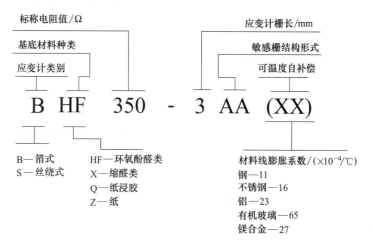

图 3-8　型号的编排规则

（3）应变计主要性能指标

应变计主要性能指标如表 3-4 所示。

表 3-4　应变计主要性能指标

工作特性	说　明	应变计类别	
		BHF 高精密级	BX 精密级
应变计电阻	对标称值的偏差/±%	0.5	1
	对平均值的公差/±%	0.1	0.1
灵敏系数	对平均值的分散/%	0.5	1
机械滞后	室温下/(μm/m)	1	2
蠕变	室温下 1h/(μm/m)	1	3
绝缘电阻	室温下/MΩ	50000	50000
横向效应系数	室温下/%	0.4	0.5
疲劳寿命	室温下(循环次数)	10^7	10^7
灵敏系数随温度的变化	工作温度范围内的平均变化 /(%100℃)	1	2
	每一温度下对平均值的分散 /(μm/m/%100℃)	2	3
热输出	平均热输出系数 /(μm·m^{-1}·℃$^{-1}$)	0.5	1
	对平均热输出的分散/(μm/m)	60	80
主要用途		高精密传感器和高精度 应力分析用片	精密传感器和精密 应力分析用片

3.2.5 应变片的温度误差及补偿

（1）应变片的温度误差

由于测量现场环境温度的改变而给测量带来的附加误差，称为应变片的温度误差。产生应变片温度误差的主要因素如下。

① 电阻温度系数的影响　敏感栅的电阻丝阻值随温度变化的关系可用下式表示：

$$R_t = R_0(1 + \alpha \Delta t) \tag{3.10}$$

式中　R_t——温度为 t（℃）时的电阻值；

R_0——温度为 0℃ 时的电阻值；

α——金属丝的电阻温度系数；

Δt——温度变化值，$\Delta t = t - t_0$。

当温度变化 Δt 时，电阻丝电阻的变化值为

$$\Delta R_t = R_t - R_0 = R_0 \alpha \Delta t \tag{3.11}$$

② 试件材料和电阻丝材料的线膨胀系数的影响　当试件与电阻丝材料的线膨胀系数相同时，不论环境温度如何变化，电阻丝的变形仍和自由状态一样，不会产生附加变形。当试件和电阻丝膨胀系数不同时，由于环境温度的变化，电阻丝会产生附加变形，从而产生附加电阻。

（2）电阻应变片的温度补偿方法

电阻应变片的温度补偿方法通常有线路补偿法和应变片自补偿两大类。

① 线路补偿法（图 3-9）。

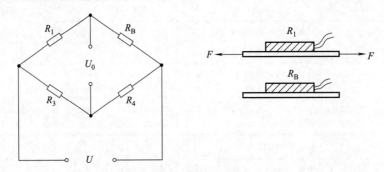

图 3-9　电阻应变片的线路补偿法
R_1—工作应变片；R_B—补偿应变片

若实现完全补偿，上述分析过程必须满足四个条件：

a. 在应变片工作过程中，保证 $R_3 = R_4$；

b. R_1 和 R_B 两个应变片应具有相同的电阻温度系数 α、膨胀系数 β、应变灵敏度系数 K 和初始电阻值 R_0；

c. 粘贴补偿片的补偿块材料和粘贴工作片的被测试件材料必须一样，两者线膨胀系数相同；

d. 两应变片应处于同一温度场。

② 应变片自补偿，巧妙地安装应变片，如图 3-10 所示。

（3）应变片的粘贴技术

① 设计布片方案。

② 选片 首先检查应变片的外观，剔除敏感栅有形状缺陷，片内有气泡、霉斑、锈点的应变片，再用电桥测量应变片的电阻值，并进行阻值选配。

③ 打磨 选择的构件表面待测点需经打磨，打磨后表面应平整光滑，无锈点。

④ 画线 被测点精确地用钢针画好十字交叉线以便定位。

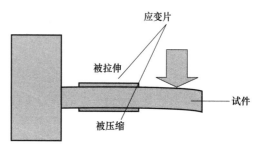

图 3-10 应变片自补偿

⑤ 清洗 用浸有丙酮的药棉清洗欲测部位表面，清除油垢灰尘，保持清洁干净。

⑥ 粘贴 将选好的应变片背面均匀地涂上一层黏结剂，胶层厚度要适中，然后将应变片的十字线对准构件欲测部位的十字交叉线，轻轻校正方向，然后盖上一张玻璃纸，用手指朝一个方向滚压应变片，挤出气泡和过量的胶水，保证胶层尽可能薄而均匀，再用同样的胶粘贴引线端子。

⑦ 固化 贴片后最好自然干燥几小时，必要时可以加热烘干。

⑧ 检查 包括外观检查和应变片电阻及绝缘电阻的测量。

⑨ 固定导线 将应变片的两根导线引出线焊在接线端子上，再将导线由接线端子引出。

⑩ 放置 24h 后，对贴片构件进行测试。

（4）接引线

引出导线要用柔软、不易老化的胶合物适当地加以固定，以防止导线摆动时折断应变片的引线。然后在应变片上涂一层柔软的防护层，以防止大气对应变片的侵蚀，保证应变片长期工作的稳定性，如图 3-11 所示。

图 3-11 应变片的引线

由于机械应变一般都很小，要把微小应变引起的微小电阻变化测量出来，同时要把电阻相对变化 $\Delta R/R$ 转换为电压或电流的变化，因此，需要有专用测量电路用于测量应变变化而引起的电阻变化，通常采用直流电桥和交流电桥。

（5）注意事项

① 在选电阻片和粘贴的过程中，不要用手接触片身，要用镊子夹取引线。

② 清洗后的被测点不要用手接触，以防粘上油渍和汗渍。

③ 固化的电阻片及引线要用防潮剂（石蜡、松香）或胶布防护。

3.2.6 测量转换电路

如图 3-12 所示不平衡电桥，当 $R_L \rightarrow \infty$ 时，电桥输出电压为

$$U_o = E\left(\frac{R_1}{R_1+R_2} - \frac{R_3}{R_3+R_4}\right) = E\frac{R_1R_4 - R_2R_3}{(R_1+R_2)(R_3+R_4)} \tag{3.12}$$

当电桥平衡时，$U_o = 0$，则有 $R_1R_4 - R_2R_3 = 0$ 或 $\dfrac{R_1}{R_2} = \dfrac{R_3}{R_4}$。

电桥平衡条件：其相邻两臂电阻的比值应相等，或相对两臂电阻的乘积应相等。

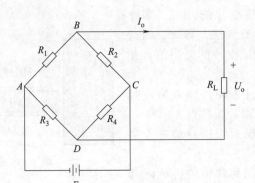

图 3-12 不平衡电桥

(1) 单臂电桥

单臂电桥应变片连接方法及电路见图 3-13。

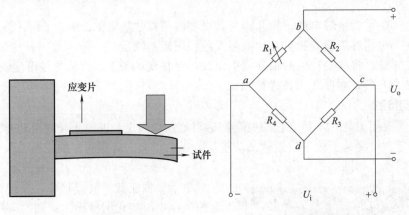

(a) 单臂电桥应变片连接方法   (b) 单臂电桥电路

图 3-13 单臂电桥应变片连接方法及电路

$$U_o = U_i \left(\frac{R_1 + \Delta R_1}{R_1 + \Delta R_1 + R_2} - \frac{R_3}{R_3 + R_4} \right) = U_i \frac{\Delta R_1 R_4}{(R_1 + \Delta R_1 + R_2)(R_3 + R_4)}$$

$$= U_i \frac{\dfrac{R_4}{R_3} \times \dfrac{\Delta R_1}{R_1}}{\left(1 + \dfrac{\Delta R_1}{R_1} + \dfrac{R_2}{R_1} \right) \left(1 + \dfrac{R_4}{R_3} \right)} \tag{3.13}$$

设桥臂比 $n = R_2/R_1$，由于 $\Delta R_1 = R_1$，分母中 $\Delta R_1/R_1$ 可忽略，并考虑到平衡条件 $R_2/R_1 = R_4/R_3$，则上式可写为

$$U_o = \frac{n}{(1+n)^2} \times \frac{\Delta R_1}{R_1} U_i \tag{3.14}$$

电桥电压灵敏度定义为

$$K_U = \frac{U_o}{\dfrac{\Delta R_1}{R_1}} = \frac{n}{(1+n)^2} U_i \tag{3.15}$$

分析

① 电桥电压灵敏度正比于电桥供电电压，供电电压越高，电桥电压灵敏度越高，但供

电电压的提高受到应变片允许功耗的限制，所以要做适当选择。

② 电桥电压灵敏度是桥臂电阻比值 n 的函数，恰当地选择桥臂比 n 的值，保证电桥具有较高的电压灵敏度。求 K_U 的最大值：

$$\frac{\mathrm{d}K_U}{\mathrm{d}n} = \frac{1-n^2}{(1+n)^4} = 0 \tag{3.16}$$

求得 $n=1$ 时，K_U 为最大值。即在供桥电压确定后，当 $R_1=R_2=R_3=R_4$ 时，电桥电压灵敏度最高，此时有

$$U_o = \frac{E}{4} \times \frac{\Delta R_1}{R_1}$$

$$K_U = \frac{E}{4} \tag{3.17}$$

结论 当电源电压 E 和电阻相对变化量 $\Delta R_1/R_1$ 一定时，电桥的输出电压及其灵敏度也是定值，且与各桥臂电阻阻值大小无关。

（2）双臂电桥

双臂电桥（图 3-14）也称半桥差动，在试件上安装两个工作应变片，一个受拉应变，另一个受压应变，接入电桥相邻桥臂。

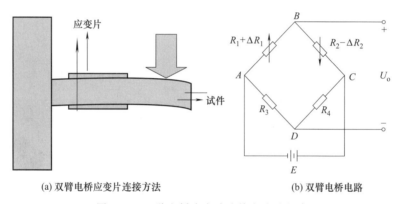

(a) 双臂电桥应变片连接方法　　　　(b) 双臂电桥电路

图 3-14 双臂电桥应变片连接方法及电路

该电桥输出电压为

$$U_o = \frac{U_i}{4}\left(\frac{\Delta R_1}{R_1} - \frac{\Delta R_2}{R_2} + \frac{\Delta R_3}{R_3} - \frac{\Delta R_4}{R_4}\right) \tag{3.18}$$

若 $\Delta R_1 = \Delta R_2$，$R_1 = R_2$，$R_3 = R_4$，则得

$$U_o = \frac{E}{2} \times \frac{\Delta R_1}{R_1} \tag{3.19}$$

可知：U_o 与 $\Delta R_1/R_1$ 呈线性关系，无非线性误差，而且电桥电压灵敏度 $K_U = E/2$，是单臂工作时的 2 倍。

$$U_o = E\left(\frac{\Delta R_1 + R_1}{\Delta R_1 + R_1 + R_2 - \Delta R_2} - \frac{R_3}{R_3 + R_4}\right)$$

R_1、R_2 为应变片，R_3、R_4 为固定电阻。应变片 R_1、R_2 感受到的应变 ε_1、ε_2 以及产生的电阻增量正负号相间，可以使输出电压 U_o 成倍地增大。

（3）全桥

如图 3-15 所示，电桥四个臂接入四个应变片，即两个受拉应变，两个受压应变，将两个应变符号相同的接入相对桥臂上。若 $\Delta R_1 = \Delta R_2 = \Delta R_3 = \Delta R_4$，且 $R_1 = R_2 = R_3 = R_4$，则：

$$U_o = E \frac{\Delta R_1}{R_1}$$

$$K_U = E \qquad\qquad (3.20)$$

结论 全桥差动电路不仅没有非线性误差，而且电压灵敏度为单片工作时的 4 倍。

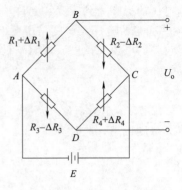

图 3-15　全桥应变片电路

3.2.7　应变式压力传感器

应变式压力传感器主要用于各种电子秤与材料试验机的测力元件、发动机的推力测试、水坝坝体承载状况监测等的液体、气体压力的测量。采用柱式、筒式、环式、膜片式、组合式等弹性元件。

(1) 柱式力传感器

圆柱式力传感器的弹性元件分实心和空心两种，如图 3-16 所示。因为弹性元件的高度对传感器的精度和动态特性有影响，应变片粘贴在弹性体外壁应力均匀的中间部分，并均匀对称地粘贴多片。

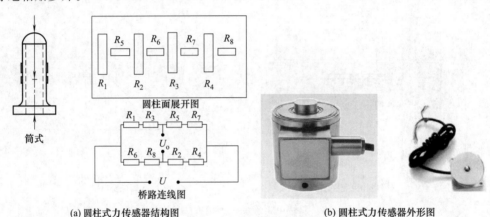

筒式

圆柱面展开图

桥路连线图

(a) 圆柱式力传感器结构图　　(b) 圆柱式力传感器外形图

图 3-16　圆柱式力传感器

柱式力传感器的结构简单，可以测量的拉压力较大，最大可达 $10^7 N$。在测 $10^3 \sim 10^5 N$ 时，为了提高变换灵敏度和抗横向干扰，一般采用空心圆柱式结构。

(2) 薄壁圆环式力传感器

圆环式弹性元件结构也比较简单，如图 3-17 所示。

圆环上 A、B 两点的应变 ε_A、ε_B 的计算式如式(3.21)、式(3.22) 所示。

$$\varepsilon_A = \pm \frac{3F\left[R-(h/2)\right]}{bh^2E}\left(1-\frac{2}{\pi}\right) \qquad \text{内贴取 "$-$"} \qquad (3.21)$$

$$\varepsilon_B = \pm \frac{3F\left[R-(h/2)\right]}{bh^2E} \times \frac{2}{\pi} \qquad \text{内贴取 "$+$"} \qquad (3.22)$$

式中　h——圆环厚度；

　　　b——圆环宽度；

　　　E——材料弹性模量。

对 $R/h > 5$ 的小曲率圆环来说，A、B 两点的应变为

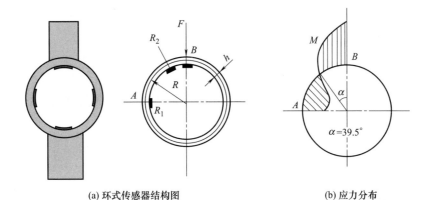

(a) 环式传感器结构图　　　　　(b) 应力分布

图 3-17　环式力传感器

$$\varepsilon_A = -\frac{1.09FR}{bh^2E} \qquad (3.23)$$

$$\varepsilon_B = \frac{1.91FR}{bh^2E} \qquad (3.24)$$

测量的步骤：$\xrightarrow{\text{测量}} U_o \xrightarrow{U_o=f\left(\frac{\Delta R}{R}\right)} \dfrac{\Delta R}{R} \xrightarrow{\frac{\Delta R}{R}=K_U\varepsilon} \varepsilon \xrightarrow{\varepsilon=f(F)} F$。这样，测出 A、B 处的应变，即可得到载荷 F。

（3）膜式应变片

膜片使用时周边夹紧，测低压、微压。将两块膜片沿周边对焊起来，形成一膜盒。膜盒式微压计通常用于测量炉膛和烟道尾部负压。精度等级为 2.5 级，最高可达 1.5 级。

对于边缘固定的圆形膜片，在受到均匀分布的压力 p 后，膜片中一方面要产生径向压力，同时还有切向应力，膜片产生径向应变 ε_r 和切向应变 ε_t，表达式分别为

$$\varepsilon_r = \frac{3p(1-\mu^2)(R^2-3x^2)}{8Eh^2}\times10^{-4} \qquad (3.25)$$

$$\varepsilon_t = \frac{3p(1-\mu^2)(R^2-x^2)}{8Eh^2}\times10^{-4} \qquad (3.26)$$

式中　R、h——平膜片工作部分半径和厚度；

　　　E、μ——膜片的弹性模量和材料的泊松比；

　　　x——任意点离圆心的径向距离。

应变变化曲线具有以下特点。

① 在膜片中心处，即 $x=0$ 时，ε_r 和 ε_t 均达到正的最大值，即：

$$\varepsilon_{rmin}=\varepsilon_{tmax}=\frac{3p(1-\mu^2)R^2}{8Eh^2}\times10^{-4} \qquad (3.27)$$

② 在膜的边缘，即 $x=R$ 时，$\varepsilon_t=0$，ε_r 达到最小值，即：

$$\varepsilon_{rmin}=-\frac{3p(1-\mu^2)R^2}{4Eh^2}\times10^{-4} \qquad (3.28)$$

$$x=r/\sqrt{3},\varepsilon_r=0 \qquad (3.29)$$

特点的应用　如图 3-18 所示，一般在平膜片圆心处切向粘贴 R_1、R_4 两个应变片，在边缘处沿径向粘贴 R_2、R_3 两个应变片，然后接成全桥测量电路。避开 $x=R/\sqrt{3}$ 的位置。

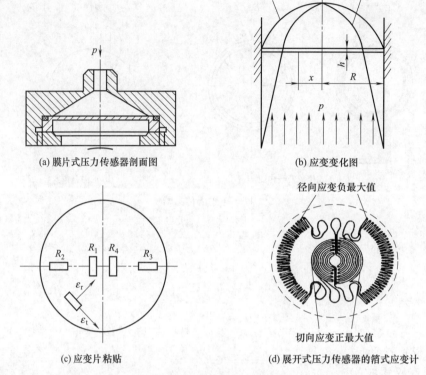

(a) 膜片式压力传感器剖面图

(b) 应变变化图

(c) 应变片粘贴

(d) 展开式压力传感器的箔式应变计

图 3-18　膜片式压力传感器

(4) 轮辐式剪切力传感器

轮辐式传感器如图 3-19 所示。

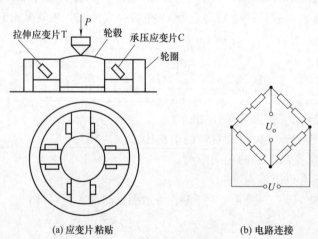

(a) 应变片粘贴

(b) 电路连接

图 3-19　轮辐式剪切力传感器

外加载荷作用在轮的顶部和轮圈底部，轮辐上受到纯剪切力。每条轮辐上的剪切力和外加力 P 成正比。当外加力作用点发生偏移时，一面的剪切力减小，一面增加，其绝对值之和仍然是不变的常数。应变片（8 片）的贴法和连接电桥如图所示，可以消除载荷偏心和侧向力对输出的影响。

这是一种较新型的力传感器，其优点是精度高、滞后小、重复性及线性度好、抗偏载能力强、尺寸小、重量轻。

3.2.8　应变式容器内液体重量传感器

如图 3-20 所示，感压膜感受上面液体的压力。当容器中溶液增多时，感压膜感受的压力就增大。将其上两个传感器 R_t 的电桥接成正向串接的双电桥电路，此时输出电压为

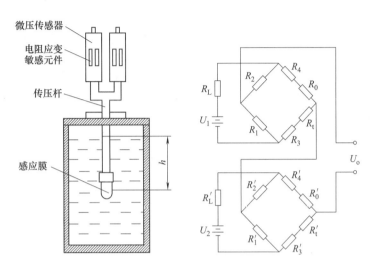

图 3-20　应变片容器内液体重量传感器

$$U_o = U_1 + U_2 = (K_1 + K_2)h\rho g \tag{3.30}$$

式中，K_1、K_2 为传感器传输系数。

$$h\rho g = \frac{Q}{A}U_o = \frac{(K_1 + K_2)Q}{A} \tag{3.31}$$

结论　电桥输出电压与柱式容器内感压膜上面溶液的重量呈线性关系，因此可以测量容器内储存的溶液重量。

（1）温度补偿及选用

应变计安装在具有某一线膨胀系数的试件上，试件可以自由膨胀并不受外力作用，在缓慢升（或降）温的均匀温度场内，由温度变化引起的指示应变称为热输出。热输出是由应变计敏感栅材料的电阻温度系数和敏感栅材料与被测试件材料之间线膨胀系数的差异共同作用、叠加的结果，可由下式表示：

$$\xi_t = [(\alpha_t / K) + \beta_e - \beta_g]\Delta t \tag{3.32}$$

式中，α_t、β_g 分别为应变计敏感栅材料的电阻温度系数和线膨胀系数，$℃^{-1}$；K 为应变计的灵敏系数；β_e 为试件的线膨胀系数，$℃^{-1}$；Δt 为偏离参考温度的温度变化量，$℃$。

热输出是静态应变测量中最大的误差源，而且应变计的热输出分散随着热输出值的增大而增大，当测试环境存在温度梯度或瞬变时，这种差异就更大。因此，理想的情况是应变计的热输出值超过零，满足这一要求的应变计称为温度自补偿应变计。

通过调整合金成分配比，改变冷轧成型压缩率以及适当的热处理，可以使敏感栅材料的内部晶体结构重新组合，改变其电阻温度系数，从而使应变计的热输出超过零，实现对弹性元件的温度自补偿。

一般应从以下四个方面进行选择。

① 目前应变计常用的温度自补偿系数有 9、11、16、23、27。其中，"9"用于钛合金；"11"用于合金铜、马氏不锈钢和沉淀硬化型不锈钢；"16"用于奥氏不锈钢和铜基材料；"23"用于铝合金；"27"用于镁合金。

② 当温度自补偿应变计与测试件材料匹配时，在补偿温度范围内，热输出误差较小。

③ 当温度自补偿应变计所要求使用材料的线膨胀系数与测试件材料有微小差异时，应选用两片或四片应变计组成半桥或全桥，以消除热输出带来的影响。

④ 采用 1/4 桥路进行应力测量时，除安装在试件表面的工作应变计外，还应在与测试材料相同的补偿块上安装相同批次的应变计作为补偿片，并与工作片处于相同的环境条件下，这两片应变计分别接在惠斯通电桥的相邻桥臂，以消除热输出的影响。

（2）蠕变自补偿及选用

传感器弹性元件因其材料的滞弹性效应而存在固有微蠕变特性，表现为传感器的输出随时间增加而增加（正蠕变）。电阻应变计的基底和贴片用黏结剂粘贴，具有一定的黏弹性，使应变计的输出随时间的增加而减少；而敏感栅材料存在滞弹性效应，使应变计输出随时间的增加而增加，叠加后的结果是应变计在承受固定载荷时呈现或正或负的蠕变特性，其方向和数值可以通过改变敏感栅结构设计、调整基底材料配比及关键工艺参数加以调节。在弹性体确定后选择蠕变与弹性体固有蠕变数值相等但方向相反的应变计，就能对弹性体本身的不完善性进行补偿。同理，对传感器制造过程中其他因素引入的蠕变误差，也可以用此方法进行调整，并把传感器的综合蠕变数值控制在最小范围内，这就是应变计蠕变补偿的基本原理。

一般应从以下四个方面进行选择：

① 首次使用时，可选用一种或两种蠕变相差较大（不同蠕变标号）的应变计粘贴在弹性体上，根据实测的综合蠕变大小和方向，最终确定与传感器相匹配的蠕变标号；

② 对弹性体材料、结构相同的传感器来说，量程越小，蠕变越正，应选择蠕变越负的应变计；

③ 不同弹性体材料具有不同的蠕变特性，应选用不同蠕变标号的应变计；

④ 传感器的系统蠕变除与弹性体、应变计、黏结剂等主要因素有关外，还受密封结构形式、防护胶、生产工艺参数等影响，但这种误差的量值和方向是可预知的，选择蠕变标号时应一同考虑。

（3）弹性模量自补偿及选用

材料的弹性模量一般随着环境温度的升高而下降。根据胡克定律 $\varepsilon = \delta / E$，在载荷不变的情况下，随着温度的升高构件的变形量将增大，因而应变计所测量的应变 ε 也随之增加，这时，如果应变计的灵敏系数 K 能随温度升高而适当降低，根据 $\Delta R / R = K\varepsilon$，将会使应变计的输出不随温度改变，从而实现弹性模量补偿。这类应变计就称为弹性模量自补偿应变计。

弹性模量自补偿应变计能起到普通应变计和弹性模量补偿电阻器的共同作用，它能自动消除传感器因弹性模量随温度变化所造成的测量误差。如果弹性模量自补偿应变计与弹性体材料良好匹配，则传感器温度灵敏度漂移可优于 0.001%F.S.。它与目前常用的串联弹性模量补偿电阻器降低拱桥电压的方法相比，具有补偿精度高、稳定性好、灵敏度高、传感器制造工艺简单、成本低等优点。但单纯弹性模量自补偿应变计存在以下问题：应变计热输出值较大，致使传感器输出电阻温度系数超差，零点温度漂移较大。我国研制并开发生产出温度自补偿与弹性模量自补偿兼顾型应变计，尤其是半桥和全桥应变计因温度性能比较好而被广泛采用。

一般应从以下两个方面进行选择。

① 弹性模量自补偿应变计必须与弹性体材料相匹配，才能取得比较满意的补偿效果。选用时，一般应根据至少 5 套传感器的实测数据选择所匹配的应变计。

② 在这种应变计对大多数结构材料不具有温度自补偿能力，热输出系数比一般温度自补偿应变计略大，热输出分散指标较小，因此推荐用于内部温度梯度较小的传感器。

应变片的灵敏度一般在 2‰ 左右，好的可以做到 0.2‰，这个精度在民用来说是可以的，电阻大小一般是 350Ω，应变片材质是康铜，其经过化学腐蚀而获得。

3.3　压电压力传感器的原理及应用

当材料受力作用而变形时，其表面会有电荷产生，从而实现非电量测量。压电式传感器具有结构简单、体积小、重量轻、使用寿命长等优异的特点，因此在各种动态力、机械冲击与振动的测量，以及声学、医学、力学、宇航、军事等方面都得到了非常广泛的应用。它既可以用来测量大的压力，也可以用来测量微小的压力。

3.3.1　压电压力传感器的应用

（1）交通监测

将高分子压电电缆埋在公路上，可以获取以下数据：车型分类信息（包括轴数、轴距、轮距、单双轮胎）、车速监测、收费站地磅、闯红灯拍照、停车区域监控、交通数据信息采集（道路监控）及机场滑行道等，如图 3-21 所示。

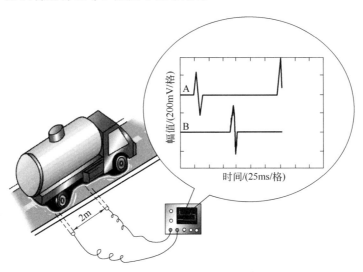

图 3-21　压电式动态力传感器

（2）B 超成像

B 超成像技术的基本原理是，向人体发射一组超声波，按一定的方向进行扫描。根据监测其回声的延迟时间、强弱程度就可以判断脏器的距离及性质。B 超的关键部件是超声探头，其内部有一组超声换能器，是由一组具有压电效应的特殊晶体制成。这种压电晶体具有特殊的性质，就是在晶体特定方向上加上电压，晶体会发生形变，反过来当晶体发生形变时，对应方向上就会产生电压，实现了电信号与超声波的转换。

3.3.2 压电压力传感器的原理

压电效应是压电传感器的主要工作原理，压电传感器不能用于静态测量，因为经过外力作用后的电荷只有在回路具有无限大的输入阻抗时才可得到保存。但实际的情况不是这样，所以这决定了压电传感器只能够测量动态的应力。

（1）压电效应定义

某些物质沿某一个方向受到外力作用时，会产生变形，同时其内部产生极化现象，此时在这种材料的两个表面产生符号相反的电荷，当外力去掉后，它又重新恢复到不带电的状态，这种现象被称为压电效应。当作用力方向改变时，电荷极性也随之改变，这种机械能转化为电能的现象称为"正压电效应"或"顺压电效应"。相反，当在电介质的极化方向上施加电场，这些电介质也会发生变形，电场去掉后，电介质的变形随之消失，这种现象称为逆压电效应，或称为电致伸缩现象。依据电介质压电效应研制的一类传感器称为压电传感器。

这种效应能产生很多有用的应用，如产生和探测声音，产生高电压，电子频率发生器，微量天平和超精细聚焦光学组件等；也可应用在大量科学仪器中，包括具有原子级别分辨率、扫描探测的显微镜，如扫描隧道显微镜、原子力显微镜、消息传送代理、扫描近场光学显微镜等；还有日常用途，如作为点火源用于打火机和一键启动的丙烷烧烤。

（2）机理

在压电晶体中，正电荷和负电荷是分离的，但呈对称分布，因此晶体整体是呈中性的。任何一面形成一个电偶极子，附近的偶极子就都会趋向一致方向的区域称为维斯区域。这个区域通常是随机取向，但可以在极化过程中排列，这整个过程是在材料上加载一个强电场的情况下，且通常是高温。

当施加机械应力，对称性被打乱，不对称的电荷在材料上就会产生一个电压。例如，一个 $1cm^2$ 的石英立方体在被正确地施加 2kN（500lb）力时就可以产生 12500V 电压。压电材料还能表现出相反的效果，称为逆压电效应，因此在电场作用下，晶体会产生机械变形。

石英晶体是最常用的压电晶体之一。它理想的几何形状为正六面体晶柱。

在晶体学中可用三根互相垂直的晶轴表示，其中纵向轴 z 称为光轴；经过正六面体棱线且垂直于光轴的 x 轴称为电轴；与 x 轴和 z 轴同时垂直的 y 轴称为机械轴。

光学轴（z 轴）：光沿该方向通过没有双折射现象，该方向没有压电效应，光学方法确定。

机械轴（y 轴）：垂直 xz 面，在电场作用下，该轴方向的机械变形最明显。

电轴（x 轴）：经过晶体棱线，垂直于该轴的表面上压电效应最强，电荷的极性如图 3-22 所示。

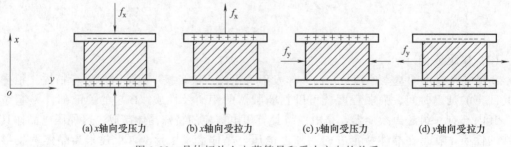

(a) x 轴向受压力 (b) x 轴向受拉力 (c) y 轴向受压力 (d) y 轴向受拉力

图 3-22 晶体切片上电荷符号和受力方向的关系

（3）物理解释

石英晶体具有的压电效应，是由其内部分子结构决定的。图 3-23（a）是一个单元组体中构成石英晶体的硅离子和氧离子，在垂直于 z 轴的 xy 平面上的投影，等效为一个正六边形排列。图中"+"代表硅离子 Si^{4+}，"−"代表氧离子 O^{2-}，石英晶体的压电效应如图 3-23 所示。

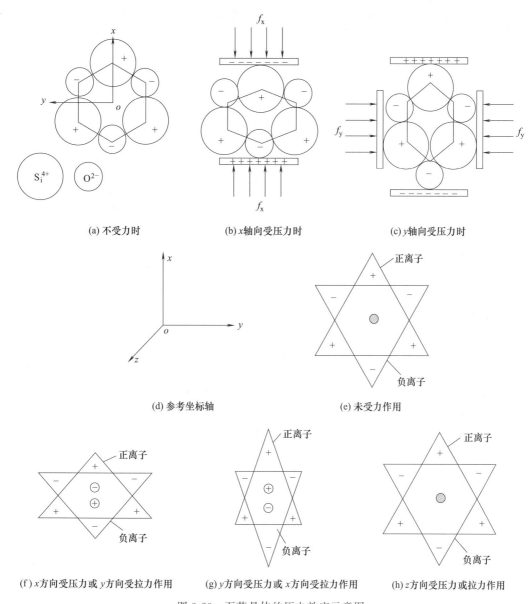

图 3-23　石英晶体的压电效应示意图

① 当晶片受到 x 方向的压力作用时，q_x 只与作用力 F_x 成正比，而与晶片的几何尺寸无关。

② 沿机械轴 y 方向向晶片施加压力时，产生的电荷是与几何尺寸有关的。

③ 石英晶体不是在任何方向都存在压电效应。

④ 晶体在哪个方向上有正压电效应，则在此方向上一定存在逆压电效应。

⑤ 无论是正或逆压电效应，其作用力（或应变）与电荷（或电场强度）之间皆呈线性关系。

3.3.3　压电元件

在自然界中大多数晶体都具有压电效应，但压电效应十分微弱。随着对材料的深入研究，人们发现石英晶体、钛酸钡、锆钛酸铅等材料是性能优良的压电材料，常见的压电材料可分为两类，即压电单晶体和多晶体。

单晶体包括石英、酒石酸钾钠和磷酸二氢胺。其中石英（二氧化硅）是一种天然晶体，压电效应就是在这种晶体中发现的，在一定的温度范围之内，压电性质一直存在，但温度超过这个范围之后，压电性质完全消失（这个高温就是所谓的"居里点"）。由于随着应力的变化电场变化微小（也就是说压电系数比较低），所以石英逐渐被其他的压电晶体所替代。而酒石酸钾钠具有很大的压电灵敏度和压电系数，但是它只能在室温和湿度比较低的环境下才能够应用。磷酸二氢胺属于人造晶体，能够承受高温和相当高的湿度，所以已经得到了广泛的应用。

多晶体主要是指压电陶瓷，包括钛酸钡压电陶瓷、PZT、铌酸盐系压电陶瓷、铌镁酸铅压电陶瓷等，是人工制造的多晶体压电材料。材料内部的晶粒有许多自发极化的电畴，它有一定的极化方向，从而存在电场。在无外电场作用时，电畴在晶体中杂乱分布，它们各自的极化效应被相互抵消，压电陶瓷内极化强度为零。因此原始的压电陶瓷呈中性，不具有压电性质。

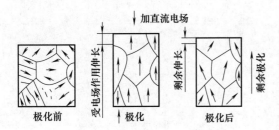

图 3-24　极化过程示意图

在陶瓷上施加外电场时，电畴的极化方向发生转动，趋向于按外电场方向的排列，从而使材料得到极化。外电场愈强，就有更多的电畴更完全地转向外电场方向。让外电场强度大到使材料的极化达到饱和的程度，即所有电畴极化方向都整齐地与外电场方向一致时，当外电场去掉后，电畴的极化方向基本变化即剩余极化强度很大，这时的材料才具有压电特性，极化过程如图 3-24 所示。

压电陶瓷的压电系数比石英晶体的大得多，所以采用压电陶瓷制作的压电式传感器的灵敏度较高。极化处理后的压电陶瓷材料的剩余极化强度和特性与温度有关，它的参数也随时间变化，从而使其压电特性减弱。

3.3.4　压电传感器中压电片的连接方式

在压电传感器中，压电片一般不止一片，常采用两片（或两片以上）黏结在一起。由于压电片的电荷是有极性的，因此连接方式有两种，如图 3-25 所示。

图 3-25(a) 为压电片的并联连接方式，两压电片的负电荷都集中在中间负电极上，正电荷在上、下两正电极上。这种情况相当于两只电容并联，其输出电容 C' 为单片电容 C 的 2 倍，但输出电压 U' 等于单片电压 U，极板上的电荷量 q' 等于单片电荷量 q 的 2 倍，即

$$q'=2q, \ U'=U, \ C'=2C \qquad (3.33)$$

图 3-25(b) 为压电片的串联连接方式，正电荷集中在上极板，负电荷集中在下极板，在中间极板，上片产生的负电荷与下片产生的正电荷相互抵消。输出的总电荷 q' 等于单片

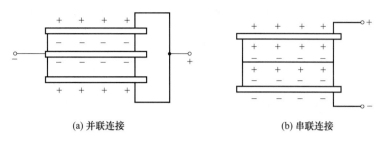

(a) 并联连接　　　　　　　　　　　　(b) 串联连接

图 3-25　压电片的连接方式

电荷 q，输出电压 U' 为单片电压 U 的 2 倍，总电容 C' 为单片电容 C 的一半，即

$$q'=q,\ U'=2U,\ C'=C/2 \tag{3.34}$$

压电片两种连接的特点及适用范围如表 3-5 所示。

表 3-5　压电片两种连接的特点及适用范围

连接方式	输出电压	输出电荷	本身电容	时间常数	适用范围
并联	不变	大	大	大	测量慢变信号,以电荷为输出量的场合
串联	大	不变	小	小	测量电路输入阻抗很高,以电压为输出量的场合

在制作、使用压电传感器时，要使压电片有一定的预应力。这是因为压电片在加工时即使研磨得很好，也难保证接触面的绝对平坦。如果没有足够的压力，就不能保证全面的均匀接触，因此，要事先给以预应力。但这个预应力不能太大，否则将影响压电传感器的灵敏度。

压电传感器的灵敏度在出厂时已做了标定，但随着使用时间的增加会有些变化，其主要原因是压电片性能有了变化。试验表明，压电陶瓷的压电常数随着使用时间的增加而减小，因此，为了保证传感器的测量精度，最好每隔半年进行一次灵敏度校正。石英晶体的长期稳定性很好，灵敏度基本上不变化，无须经常校正。

3.3.5　压电式压力传感器

压电式压力传感器的种类很多，这里着重介绍常用的膜片式压电压力传感器。为了保证传感器具有良好的长时间稳定性和线性度，而且能在较高的环境温度下正常工作，压电元件采用两片 xy 切型的石英晶片。这两片晶片在电气上采取并联连接。作用到膜片上的压力通过传力块施加到石英晶片上，使晶片产生厚度变形。为了保证在压力（尤其是高压力）作用下，石英晶片的变形量（约零点几到几微米）不受损失，传感器的壳体及后座（即芯体）的刚度要大。从弹性波的传递考虑，要求通过传力块及导电片的作用力快速而无损耗地传递到压电元件上，为此传力块及导电片应采用高音速材料，如不锈钢等。

3.3.6　压电材料的常规应用

压电材料的应用领域可以粗略分为两大类，即振动能和超声振动能-电能换能器应用，包括电声换能器、水声换能器和超声换能器等，以及其他传感器和驱动器应用。

（1）换能器

换能器是将机械振动转变为电信号或在电场驱动下产生机械振动的器件。

压电聚合物电声器件利用了聚合物的横向压电效应，而换能器设计则利用了聚合物压电双晶片或压电单晶片在外电场驱动下的弯曲振动，利用上述原理可生产电声器件如麦克风、立体声耳机和高频扬声器。目前对压电聚合物电声器件的研究，主要集中在利用压电聚合物的特点，研制运用其他现行技术难以实现的且具有特殊电声功能的器件，如抗噪声电话、宽带超声信号发射系统等。

压电聚合物水声换能器研究初期均瞄准军事应用，如用于水下探测的大面积传感器阵列和监视系统等，随后应用领域逐渐拓展到地球物理探测、声波测试设备等方面。为满足特定要求而开发的各种原型水声器件，采用了不同类型和形状的压电聚合物材料，如薄片、薄板、叠片、圆筒和同轴线等，以充分发挥压电聚合物高弹性、低密度、易于制备为大小不同截面的元件，而且声阻抗与水数量级相同等特点，最后一个特点使得由压电聚合物制备的水听器可以放置在被测声场中，感知声场内的声压，且不致由于其自身存在使被测声场受到扰动。而聚合物的高弹性则可减小水听器件内的瞬态振荡，从而进一步增强压电聚合物水听器的性能。

压电聚合物换能器在生物医学传感器领域，尤其是超声成像中，获得了最为成功的应用。PVDF 薄膜优异的柔韧性和成型性，使其易于应用到许多传感器产品中。

(2) 压电驱动器

压电驱动器利用逆压电效应，将电能转变为机械能或机械运动。聚合物驱动器主要以聚合物双晶片作为基础，包括利用横向效应和纵向效应两种方式，基于聚合物双晶片开展的驱动器应用研究包括显示器件控制、微位移产生系统等。要使这些创造性设想获得实际应用，还需要进行大量研究。电子束辐照 P（VDF-TrFE）共聚物使该材料具备了产生大伸缩应变的能力，从而为研制新型聚合物驱动器创造了有利条件。利用辐照改性共聚物制备全高分子材料水声发射装置的研究正在系统地进行。除此之外，利用辐照改性共聚物的优异特性，还研究开发其在医学超声、减振降噪等领域应用。

(3) 传感器上的应用

压电式压力传感器是利用压电材料所具有的压电效应所制成的。由于压电材料的电荷量是一定的，所以在连接时要特别注意，避免漏电。

压电式压力传感器的优点是具有自生信号、输出信号大、较高的频率响应、体积小、结构坚固，其缺点是只能用于动态测量，需要特殊电缆，在受到突然振动或过大压力时，自我恢复较慢。

(4) 在机器人接近觉中的应用（超声波传感器）

机器人安装接近觉传感器主要目的有以下三个：其一，在接触对象物体之前，获得必要的信息，为下一步运动做好准备工作；其二，探测机器人手和足的运动空间中有无障碍物，如发现有障碍，则及时采取一定措施，避免发生碰撞；其三，为获取对象物体表面形状的大致信息。

超声波是人耳听不见的一种机械波，频率在 20kHz 以上。人耳能听到的声音，振动频率范围只是 20～20000Hz。超声波因其波长较短、绕射小，而能成为声波射线并定向传播，机器人采用超声传感器的目的是用来探测周围物体的存在与测量物体的距离。一般用来探测周围环境中较大的物体，不能测量距离小于 30mm 的物体。

超声传感器包括超声发射器、超声接收器、定时电路和控制电路四个主要部分。它的工作原理大致是：首先由超声发射器向被测物体方向发射脉冲式的超声波；发射器发出一连串超声波后即自行关闭，停止发射，同时超声接收器开始检测回声信号，定时电路也开始计时；当超声波遇到物体后，就被反射回来，等到超声接收器收到回声信号后，定时电路停止计时。此时定时电路所记录的时间，是从发射超声波开始到收到回声波信号的传播时间，利用传播时间值，可以换算出被测物体到超声传感器之间的距离。这个换算的公式很简单，即声波传播时间的一半与声波在介质中传播速度的乘积。超声传感器整个工作过程都是在控制电路控制下顺序进行的。

压电材料除了以上用途外，还有其他相当广泛的应用，如鉴频器、压电振荡器、变压器、滤波器等。

3.3.7　新型压电材料的应用

下面介绍几种处于发展中的压电陶瓷材料和几种新的应用。

（1）细晶粒压电陶瓷

以往的压电陶瓷是由几微米至几十微米的多畴晶粒组成的多晶材料，尺寸已不能满足需要了。减小粒径至亚微米级，可以改进材料的加工性，可将基片做得更薄，可提高阵列频率，降低换能器阵列的损耗，提高器件的机械强度，减小多层器件每层的厚度，从而降低驱动电压，这对提高叠层变压器、制动器都是有益的。减小粒径有上述如此多的好处，但同时也带来了降低压电效应的影响。为了克服这种影响，人们更改了传统的掺杂工艺，使细晶粒压电陶瓷压电效应增加到与粗晶粒压电陶瓷相当的水平，现在制作细晶粒材料的成本已可与普通陶瓷竞争了。近年来，人们用细晶粒压电陶瓷进行了切割研磨研究，并制作出了一些高频换能器、微制动器及薄型蜂鸣器（瓷片厚 $20\sim30\mu m$），证明了细晶粒压电陶瓷的优越性。随着纳米技术的发展，细晶粒压电陶瓷材料研究和应用开发仍是近期的热点。

（2）$PbTiO_3$ 系压电材料

$PbTiO_3$ 系压电陶瓷具最适合制作高频高温压电陶瓷元件。虽然存在 $PbTiO_3$ 陶瓷烧成难、极化难、制作大尺寸产品难的问题，人们还是在改性方面做了大量工作，改善其烧结性，抑制晶粒长大，从而得到各个晶粒细小、各向异性的改性 $PbTiO_3$ 材料。近几年，改良 $PbTiO_3$ 材料报道较多，其在金属探伤、高频器件方面得到了广泛应用，目前该材料的发展和应用开发，仍是许多压电陶瓷工作者关心的课题。

（3）压电陶瓷——高聚物复合材料

无机压电陶瓷和有机高分子树脂构成的压电复合材料，兼备无机和有机压电材料的性能，并能产生两相都没有的特性。因此，可以根据需要，综合两相材料的优点，制作良好性能的换能器和传感器。它的接收灵敏度很高，比普通压电陶瓷更适合于水声换能器。在其他超声波换能器和传感器方面，压电复合材料也有较大优势。国内学者对这个领域也颇感兴趣，做了大量的工艺研究工作，并在复合材料的结构和性能方面做了一些有益的基础研究工作，目前正致力于压电复合材料产品的开发。

（4）压电性特异的多元单晶压电体

传统的压电陶瓷较其他类型的压电材料压电效应要强，从而得到了广泛应用。但作为大应变、高能换能材料，传统压电陶瓷的压电效应仍不能满足要求。于是近几年来，人们为了研究出具有更优异压电性的新压电材料，做了大量工作，现已发现并研制出了 Pb $(A_{1/3}B_{2/3})\ PbTiO_3$ 单晶（A＝Zn^{2+}，Mg^{2+}）。这类单晶的 d_{33} 最高可达 2600pC/N（压电陶瓷 d_{33} 最大为 850pC/N），k_{33} 可高达 0.95（压电陶瓷 k_{33} 最高达 0.8），其应变大于 1.7%，几乎比压电陶瓷应变高一个数量级。储能密度高达 130J/kg，而压电陶瓷储能密度在 10J/kg 以内。铁电压电学者们称这类材料的出现是压电材料发展的又一次飞跃。现在美国、日本、俄罗斯和中国已开始进行这类材料的生产工艺研究，它的批量生产的成功必将带来压电材料应用的飞速发展。

（5）压电效应的新领域

近年来人工合成方法研制出许多具有压电效应和逆压电效应的聚合物材料，并将这些材料冠名为"人造肌肉"。世界各国的研究者们发起了一项挑战：看谁能够最先利用人造肌肉制造出机器人手臂，而且必须在与人的手臂的一对一掰手腕比赛中取胜。

压电式传感器也广泛应用在生物医学测量中，如心室导管式微音器就是由压电传感器制成的。

因为测量动态压力很普遍，所以压电传感器的应用非常广泛。

3.4　压磁式传感器的原理及应用

压磁式传感器是一种新型传感器，它的优点是输出功率大、信号强、结构简单、牢固可靠、抗干扰性好、过载能力强、价格便宜，缺点是测量精度不很高、频响较低。压磁式传感器常用于冶金、矿山、运输等工业部门作为测力和称重传感器。例如，用于起重运输的过载保护系统、轧钢压力及钢板厚度的控制系统、铁路货车连续称量系统（即铁道衡）。构件内应力的无损测量采用压磁式传感器比用 X 射线方法、开槽法、钻孔法和电阻应变法优越，还可用于实现转轴扭矩的非接触测量。压磁式传感器不仅用于自动控制和机械力的无损测量，而且还用于骨科和运动医学测试。对于压磁式传感器测量过程的各个变换阶段，它的理论工程计算方法，以及材料和工艺还需深入研究。

3.4.1　压磁效应

基于铁磁材料压磁效应的传感器，又称磁弹性传感器。压磁式传感器的敏感元件由铁磁材料制成，它把作用力（如弹性应力、残余应力）的变化转换成磁导率的变化，并引起绕于其上的线圈的阻抗或电动势的变化，从而感应出电信号。

铁磁材料具有结晶体的构造，在晶体形成的过程中也就形成了磁畴。各个磁畴的磁化强度矢量是随机的。在没有外磁场作用时，各个磁畴互相均衡，材料总的磁化强度为零，当有外磁场作用时，磁畴的磁化强度矢量向外磁场方向产生转动，材料呈现磁化。当外磁场很强时，各个磁畴的磁化强度矢量都转向与外磁场平行，这时材料呈现磁饱和现象。

在磁化过程中，各磁畴之间的界限发生移动，因而产生机械变形，这种现象称为磁致伸缩效应。

铁磁材料在外力的作用下，引起内部发生形变，产生应力，使各磁畴之间的界限发生移动，使磁畴磁化强度矢量转动，从而也使材料的磁化强度发生相应的变化。这种应力使铁磁材料的磁性质变化的现象，称为压磁效应。

铁磁材料的压磁效应的具体内容如下：

① 材料受到压力时，在作用力方向磁导率 μ 减小，而在作用力相垂直方向，μ 略有增大，作用力是拉力时，其效果相反；

② 作用力取消后，磁导率复原；

③ 铁磁材料的压磁效应还与外磁场有关，为了使磁感应强度与应力间有单值的函数关系，必须使外磁场强度的数值恒定。

在一定的磁场范围内，一些材料（如 Fe）的 λ_s 为正值，称为正磁致伸缩；反之，一些材料（如 Ni）的 λ_s 为负值，称为负磁致伸缩。测试表明，物体磁化时，不但磁化方向上会伸长（或缩短），在偏离磁化方向的其他方向上也同时伸长（或缩短），只是随着偏离角度的增大其伸长（或缩短）比逐渐减小，直到接近垂直于磁化方向反而要缩短（或伸长）。铁磁材料的这种磁致伸缩，是由于自发磁化时导致物质的晶格结构改变，使原子间距发生变化而产生的现象。铁磁物体被磁化时如果受到限制而不能伸缩，内部会产生应力，如果在它外部施力，也会产生应力。当铁磁物体因磁化而引起伸缩（且不管何种原因）产生应力 σ 时，其内部必然存在磁弹性能 E。分析表明，E 与 $\lambda_s\sigma$ 成正比，且同磁化方向与应力方向之间的夹角有关。由于 E 的存在，将使铁磁材料的磁化方向发生变化。

对于正磁致伸缩材料，如果存在拉应力，将使磁化方向转向拉应力方向，加强拉应力方向的磁化，从而使拉应力方向的磁导率增大。反之，压应力将使磁化方向转向垂直于压应力的方向，削弱应力方向的磁化，从而使压应力方向的磁导率减小。对于负磁致伸缩材料，情况正好相反。

这种被磁化的铁磁材料在应力影响下形成磁弹性能，使磁化强度矢量重新取向，从而改变应力方向的磁导率的现象，称为磁弹性效应，或称压磁效应。

铁磁性材料受到机械力的作用时，它的内部产生应变，导致磁导率发生变化，产生压磁效应。

如果存在拉应力，将使磁化方向转向拉应力方向，加强拉应力方向的磁化，从而使拉应力方向的磁导率增大。

压应力将使磁化方向转向垂直于压应力的方向，削弱应力方向的磁化，从而使压应力方向的磁导率减小。

3.4.2 压磁式传感器的工作原理

压磁式测力传感器的压磁元件由硅钢片粘叠而成，硅钢片上冲有四个对称的孔，如图 3-26 所示。

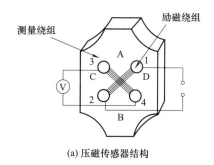
(a) 压磁传感器结构

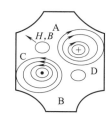
(b) 受压力前的磁力线分布

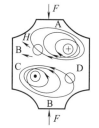
(c) 受压力时的磁力线分布

图 3-26 压磁式测力传感器的示意图

在压磁元件的中间部分开有四个对称的小孔 1、2、3 和 4，在孔 1、2 间绕有励磁绕组 N_{12}，孔 3、4 间绕有输出绕组 N_{34}。当励磁绕组中通过交变电流时，铁芯中就产生磁场。若把孔间分成 A、B、C、D 四个区域，在无外力的情况下，A、B、C、D 四个区域的磁导率是相同的。这时合成磁场强度 H 平行于输出绕组的平面，磁力线不与输出绕组交链，N_{34} 不产生感应电动势，如图 3-26(b) 所示。

在压力 F 作用下，如图 3-26(c) 所示，A、B 区域将受到一定的应力 σ，而 C、D 区域基本上仍处于自由状态，于是 A、B 区域的磁导率下降，磁阻增大，而 C、D 区域磁导率基本不变，这样励磁绕组所产生的磁力线将重新分布，部分磁力线绕过 C、D 区域闭合，于是合成磁场 H 不再与 N_{34} 平面平行，一部分磁力线与 N_{34} 交链而产生感应电动势 e。F 值越大，与 N_{34} 交链的磁通越多，e 值越大。

由上可以看出，压磁式传感器的核心部分是压磁元件，它实质上是一个力/电变换元件。

3.4.3 压磁元件

压磁式测力传感器的核心部件是压磁元件。组成压磁元件的铁芯有四孔圆弧形、六孔圆弧形、"中"字形和"田"字形等多种。

如图 3-27 所示，它由压磁元件 1、弹性支架 2、传力钢球 3 组成。冷轧硅钢片冲压成

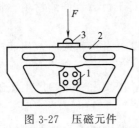

图 3-27　压磁元件
1—压磁元件；2—弹性支架；
3—传力钢球

形，经热处理后叠成一定厚度，用环氧树脂黏合在一起，然后在两对互相垂直的孔中分别绕入励磁线圈和输出线圈。压磁元件的输出特性与它的应力分布状况有关。为了在长期使用过程中保证力作用点的位置不变，压磁元件的位置和受力情况不变，采取了下列措施：机架上的传力钢球 3 保证被测力垂直集中作用在传感器上，并具有良好的重复性；压磁元件装入由弹簧钢做成的弹性机架内，机架的两道弹性梁使被测力垂直均匀地作用在压磁元件上，且机架对压磁元件有一定的预压力，预压力一般为额定压力的 5%～15%；机架与压磁元件的接合面要求具有一定的平面度。

3.4.4 激励安匝数的选择

压磁元件输出电压的灵敏度和线性度在很大程度上取决于铁磁材料的磁场强度，而磁场强度取决于激励安匝数。

激励过小或过大都会产生严重的非线性和灵敏度降低，这是因为在压磁式传感器中，铁磁材料的磁化现象不仅与外磁场的作用有关，还与各个磁畴内部磁矩的总和以及外作用力在材料内部引起的应力有关。最佳条件是外加作用力所产生的磁能与外磁场及磁畴磁能之和接近相等，而且工作在磁化曲线（B-H 曲线）的线性段，这样可以获得较好的灵敏度和线性度。

通常，在额定压力下，磁导率的变化大约是 10%～20%。对测力范围为（1～100）×10^4N 的压磁式传感器，励磁绕组为 8 匝左右，输出绕组为 10 匝左右。

压磁式传感器具有输出功率大、抗干扰能力强、过载性能好、结构与电路简单、能在恶劣环境下工作、寿命长等一系列优点。尽管它的测量精度不高（误差约为 1%），反应速度低，但由于上述优点，尤其是寿命长，对使用条件要求不高，很适合在重工业、化学工业等行业应用。

压磁元件是一个力/电变换元件，因此压磁式传感器最直接的应用是作测力传感器，不过若其他物理量可以通过力的变换测量，也可以使用压磁式传感器。

目前，这种传感器已成功地用在冶金、矿山、造纸、印刷、运输等各个工业部门。如用来测量轧钢的轧制力、钢带的张力、纸张的张力、吊车提物的自动称量、配料的称量，金属切削过程的切削力以及电梯安全保护等。

3.4.5 压磁式传感器的分类

压磁式传感器可分为阻流圈式、变压器式、桥式、电阻式、魏德曼效应和巴克豪森效应传感器，其中阻流圈式、变压器式和桥式用得较多。

① 阻流圈式　这种传感器的敏感元件是绕有线圈的用铁磁材料制成的铁芯。在线圈中通有交流电，铁芯在外力 F 的作用下磁导率发生变化，磁阻和磁通也相应变化，从而改变了线圈的阻抗，引起线圈中的电流变化。这种结构在不受力时有初始信号，需要用补偿电路加以抵消。

② 变压器式　在它的铁芯上有两个分开的线圈，一个是接交流电源的励磁线圈，另一个是输出测量线圈。改变线圈的匝数比即可得到不同档次的电压输出信号。

③ 桥式　它由两个垂直交叉放置的 Ⅱ 型铁芯构成，在两个铁芯上分别绕以励磁线圈和测量线圈。在未受力时，由于材料的各向同性，各桥臂磁阻相等，测量线圈内通过两束方向相反、大小相等的磁通，相互抵消后没有感应电动势，输出为零。当材料受扭矩力 M 时，其上发生压磁效应，两个方向的磁导率发生不同变化，磁桥失去平衡，于是测量线圈就能输出与扭矩大小成一定关系的感应信号。

压磁式传感器具有输出功率大、抗干扰能力强、过载性能好、结构和电路简单、能在恶劣环境下工作、寿命长等一系列优点。

应用特点：被测力一般比较大，测量精度不需要很高，工作环境可以比较恶劣，频率响应不高。

3.5　电容式压力及力传感器

电容式传感器是将被测量的物理量（如尺寸、压力等）的变化转换成电容量变化的一种传感器，是将被测非电量的变化转换为电容量变化的一种传感器。

电容式传感器不但广泛用于位移、振动、角度、加速度等机械量的精密测量，而且还逐步地扩大到用于压力、差压、液位、物位或成分含量等方面的测量。

3.5.1 电容式传感器的工作原理

由绝缘介质分开的两个平行金属板（图3-28）组成的平板电容器，当忽略边缘效应影响时，其电容量的计算公式为

$$C=\frac{\varepsilon S}{\delta}=\frac{\varepsilon_r\varepsilon_0 S}{\delta}$$　　　（3.35）

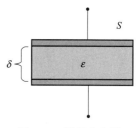

图3-28　平板电容器

式中　S——极板相对覆盖面积；

δ——极板间距离；

ε_r——相对介电常数；

ε_0——真空介电常数，$\varepsilon_0=8.854\times10^{-12}$ F/m；

ε——电容极板间介质的介电常数。

若被测量的变化使式中 δ、S、ε_r 三个参量中任意一个发生变化时，都会引起电容量的变化，再通过测量电路就可转换为电量输出。如果保持其中的两个参数不变，而仅改变另一

个参数，就可把该参数的变化变换为单一电容量的变化，再通过配套的测量电路，将电容的变化转换为电信号输出。根据电容器参数变化的特性，电容式传感器可分为极距变化型、面积变化型和介质变化型三种，如图 3-29 所示，其中极距变化型和面积变化型应用较广。

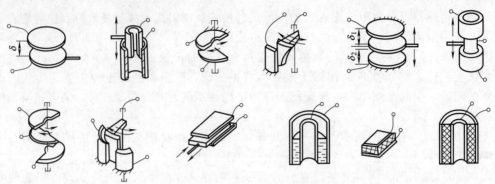

图 3-29　电容式传感元件的各种结构形式

（1）极距变化型电容式传感器/变间隙式电容传感器

初始电容的计算公式为

$$C = \frac{\varepsilon S}{d} \tag{3.36}$$

式（3.36）中各参数的定义见图 3-30。

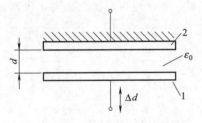

图 3-30　极距变化型电容式传感器
1—动极板；2—定极板

其中，d_0 变为 $d_0 - \Delta d$，C_0 变为 $C_0 + \Delta C$，则有：

$$C_0 + \Delta C = \frac{\varepsilon_0 S}{d_0 - \Delta d} = \frac{\varepsilon_0 S}{d_0} \times \frac{1}{1 - \Delta d/d_0}$$

$$= C_0 \frac{1}{1 - \Delta d/d_0} \tag{3.37}$$

若 $\Delta d/d_0 \ll 1$ 时，则展成级数

$$\frac{\Delta C}{C_0} = \frac{\Delta d}{d_0}\left[1 + \frac{\Delta d}{d_0} + \left(\frac{\Delta d}{d_0}\right)^2 + \cdots\right] \approx \frac{\Delta d}{d_0}\left(1 + \frac{\Delta d}{d_0}\right)$$

$$= C_0\left[1 + \frac{\Delta d}{d_0} + \left(\frac{\Delta d}{d_0}\right)^2 + \left(\frac{\Delta d}{d_0}\right)^3 + \cdots\right] \tag{3.38}$$

此时 C 与 Δd 近似呈线性关系，所以极距变化型电容式传感器只有在 $\Delta d/d_0$ 很小时，才有近似的线性关系，如图 3-31 所示。

另外，在 d_0 较小时，对于同样的 Δd 变化所引起的 ΔC 可以增大，从而使传感器灵敏度提高，但 d_0 过小，容易引起电容器击穿或短路。为此，极板间可采用高介电常数的材料（云母、塑料膜等）作介质，如图 3-32 所示，此时电容 C 变为

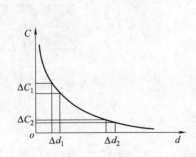

图 3-31　电容量与极板间距离的关系

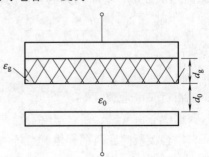

图 3-32　旋转云母片的电容器

$$C = \frac{S}{\dfrac{d_g}{\varepsilon_0 \varepsilon_g} + \dfrac{d_0}{\varepsilon_0}} \tag{3.39}$$

式中　ε_g——云母的相对介电常数，$\varepsilon_g = 7$；

　　　ε_0——空气的介电常数，$\varepsilon_0 = 1$；

　　　d_0——空气隙厚度；

　　　d_g——云母片的厚度。

式(3.39)中各参数的定义见图3-32。

云母片的相对介电常数是空气的 7 倍，其击穿电压不小于 1000kV/mm，而空气仅为 3kV/mm。因此有了云母片，极板间起始距离可大大减小。

一般变极板间距离电容式传感器的起始电容在 20～100pF 之间，极板间距离在 25～200μm 的范围内。最大位移应小于间距的 1/10，故在微位移测量中应用最广。

静态灵敏度
$$K = \frac{\Delta C / C_0}{\Delta d} = \frac{1}{d_0} \tag{3.40}$$

相对非线性误差
$$\delta_L = \frac{|(\Delta d / d_0)^2|}{|\Delta d / d_0|} \times 100\% = |\Delta d / d_0| \times 100\% \tag{3.41}$$

在实际应用中，为了提高灵敏度，减小非线性误差，大都采用差动式结构，如图3-33所示。

当动极板位移为 Δd 时

$$C_2 = C_0 \left[1 - \frac{\Delta d}{d_0} + \left(\frac{\Delta d}{d_0}\right)^2 - \left(\frac{\Delta d}{d_0}\right)^3 + \cdots\right] \tag{3.42}$$

$$C_1 = C_0 \left[1 + \frac{\Delta d}{d_0} + \left(\frac{\Delta d}{d_0}\right)^2 + \left(\frac{\Delta d}{d_0}\right)^3 + \cdots\right] \tag{3.43}$$

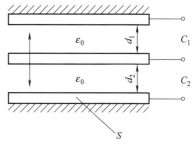

图 3-33　差动式结构

电容总的变化为 $\Delta C = C_1 - C_2 = C_0 \left[2\dfrac{\Delta d}{d_0} + 2\left(\dfrac{\Delta d}{d_0}\right)^3 + \cdots\right]$

$$\tag{3.44}$$

电容相对变化为
$$\frac{\Delta C}{C_0} = 2\frac{\Delta d}{d_0}\left[1 + \left(\frac{\Delta d}{d_0}\right)^2 + \left(\frac{\Delta d}{d_0}\right)^4 + \cdots\right] \tag{3.45}$$

灵敏度为
$$K' = \frac{\Delta C / C_0}{\Delta d} = \frac{2}{d_0} \tag{3.46}$$

相对非线性误差为
$$\delta'_L = \frac{|2(\Delta d / d_0)^3|}{|2(\Delta d / d_0)|} \times 100\% = \left(\frac{\Delta d}{d_0}\right)^2 \times 100\% \tag{3.47}$$

由上述可知差动式比单极式灵敏度提高一倍，且非线性误差大为减小。由于结构上的对称性，它还能有效地补偿温度变化所造成的误差。

（2）面积变化型电容式传感器

面积变化型电容传感器的工作原理是在被测参数的作用下变化极板的有效面积，从而得到电容量的变化。常用的有线位移型和角位移型两种。

① 直线位移式变面积式电容传感器（图3-34）

初始电容为 $C_x = \dfrac{\varepsilon ab}{d}$，当动极板移动 Δx 后

$$C_x = \frac{\varepsilon b(a - \Delta x)}{d} = \frac{\varepsilon ba - \varepsilon b \Delta x}{d} = C_0 - \frac{\varepsilon b}{d}\Delta x \tag{3.48}$$

$$\Delta C = C_x - C_0 = -\frac{\varepsilon b}{d}\Delta x \tag{3.49}$$

灵敏度
$$K = -\frac{\Delta C}{\Delta x} = \frac{\varepsilon b}{d} \tag{3.50}$$

② 角位移式电容传感器　当动片角位移 θ 时，覆盖面积 S 就改变，如图 3-35 所示。

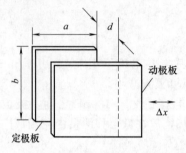　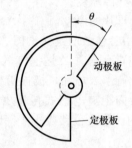

图 3-34　直线位移式电容传感器原理图　　图 3-35　角位移式电容传感器

当 $\theta = 0$ 时
$$C_0 = \frac{\varepsilon S}{d} \tag{3.51}$$

当 $\theta \neq 0$ 时
$$C_\theta = \frac{\varepsilon S(1-\theta/\pi)}{d} = C_0(1-\theta/\pi) \tag{3.52}$$

$$\Delta C = C_\theta - C_0 = -C_0\frac{\theta}{\pi} \tag{3.53}$$

一般情况下，变面积型电容式传感器常做成圆柱形，如图 3-36 所示，忽略边缘效应，圆柱形电容器的电容量为

$$C = \frac{2\pi\varepsilon L}{\ln\dfrac{D}{d}} \tag{3.54}$$

(3) 介电常数变化型电容传感器

介电常数变化型电容传感器（图 3-37）大多用于测量电介质的厚度、位移、液位，还可根据极板间介质随温度、湿度、容量改变而改变的介电常数来测量温度、湿度、容量等。

因为各种介质的相对介电常数不同，所以在电容器两极板间插入不同介质时，电容器的电容量也就不同。这种传感器可用来测量物位或液位，也可测量位移。

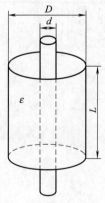　　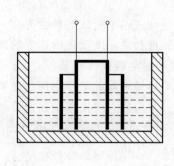

图 3-36　圆柱形电容压力计　　图 3-37　介电常数变化型电容传感器

如图 3-37 所示，介电常数变化型电容传感器两平行电极固定不动，电介质以不同深度插入电容器中，从而改变两种介质的极板覆盖面积。

这种电容传感器有较多的结构形式，可以用来测量纸张、绝缘薄膜等的厚度，也可用来测量粮食、纺织品、木材或煤等非导电固体物质的湿度。例如，电容式液位变换器结构如图 3-38 所示。

其电容的计算公式为

$$C = \frac{2\pi\varepsilon_1 h}{\ln\dfrac{D}{d}} + \frac{2\pi\varepsilon(H-h)}{\ln\dfrac{D}{d}} = \frac{2\pi\varepsilon H}{\ln\dfrac{D}{d}} + \frac{2\pi h(\varepsilon_1-\varepsilon)}{\ln\dfrac{D}{d}}$$

$$= C_0 + \frac{2\pi h(\varepsilon_1-\varepsilon)}{\ln\dfrac{D}{d}} \qquad (3.55)$$

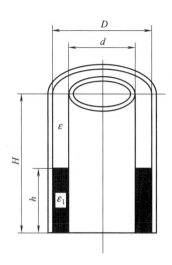

图 3-38 电容式液位变换器
结构原理图

式中 ε_1——液体介质的介电常数；

ε——空气的介电常数；

H——电极板的总长度；

d、D——电极板的内、外径；

C_0——由变换器的基本尺寸决定的初始电容值，即 $C_0 = \dfrac{2\pi\varepsilon H}{\ln\dfrac{D}{d}}$。

可见，此变换器的电容增量正比于被测液位高度 h。

【例】 某电容式液位传感器由直径为 40mm 和 8mm 的两个同心圆柱体组成。储存罐也是圆柱形，直径为 50cm，高为 1.2m。被储存液体的 $\varepsilon_r = 2.1$。计算传感器的最小电容和最大电容以及当用在储存罐内传感器的灵敏度（pF/L）。

解：

$$C_{min} = \frac{2\pi\varepsilon_0 H}{\ln\dfrac{r_2}{r_1}} = \frac{2\pi\times(8.85\text{pF/m})\times1.2\text{m}}{\ln5} = 41.46\text{pF}$$

$$C_{max} = \frac{2\pi\varepsilon_0\varepsilon_r H}{\ln\dfrac{r_2}{r_1}} = 41.46\text{pF}\times2.1 = 87.07\text{pF}$$

$$V = \frac{\pi d^2}{4}H = \frac{\pi(0.5\text{m})^2}{4}\times1.2\text{m} = 235.6\text{L}$$

$$K = \frac{C_{max}-C_{min}}{V} = \frac{87.07\text{pF}-41.46\text{pF}}{235.6\text{L}} = 0.19\text{pF/L}$$

3.5.2 电容式传感器的优点和缺点

(1) 优点

① 温度稳定性好   电容式传感器的电容值一般与电极材料无关，这有利于选择温度系数低的材料。又因本身发热极小，影响稳定性甚微。

② 结构简单 电容式传感器结构简单,易于制造和保证高的精度,可以做得非常小巧,以实现某些特殊的测量;能工作在高温,强辐射及强磁场等恶劣的环境中,可以承受很大的温度变化,承受高压力,高冲击,过载等;能测量超高温和低压差,也能带磁工作进行测量。

③ 动态响应好 电容式传感器由于带电极板间的静电引力很小(约几个 10^{-5} N),需要的作用能量极小,又由于它的可动部分可以做得很小很薄,即重量很轻,因此其固有频率很高,动态响应时间短,能在几兆赫兹的频率下工作,特别适用于动态测量。又由于其介质损耗小,可以用较高频率供电,因此系统工作频率高。它可用于测量高速变化的参数。

④ 可以非接触测量且灵敏度高 可非接触测量回转轴的振动或偏心率、小型滚珠轴承的径向间隙等。当采用非接触测量时,电容式传感器具有平均效应,可以减小工件表面粗糙度等对测量的影响。

电容式传感器除了上述的优点外,还因其带电极板间的静电引力很小,所需输入力和输入能量极小,因而可测极低的压力、力和很小的加速度、位移等,可以做得很灵敏,分辨力高,能感应 $0.01\mu m$ 甚至更小的位移。由于其空气等介质损耗小,采用差动结构并接成电桥式时产生的零残极小,因此允许电路进行高倍率放大,使仪器具有很高的灵敏度。

(2) 缺点

① 输出阻抗高且负载能力差 电容式传感器的容量受其电极的几何尺寸等限制,一般为几十至几百皮法,甚至只有几个皮法,使传感器的输出阻抗很高,尤其当采用音频范围内的交流电源时,输出阻抗高达 $10^6 \sim 10^8 \Omega$。因此传感器的负载能力很差,易受外界干扰影响而产生不稳定现象,严重时甚至无法工作,必须采取屏蔽措施,从而给设计和使用带来极大的不便。容抗大,还要求传感器绝缘部分的电阻值极高(几十兆欧以上),否则绝缘部分将作为旁路电阻而影响仪器的性能(如灵敏度降低),为此还要特别注意周围的环境,如湿度、清洁度等。

若采用高频供电,可降低传感器输出阻抗,但高频放大、传输远比低频的复杂,且寄生电容影响大,不易保证工作十分稳定。

② 寄生电容影响大 电容式传感器的初始电容量小,而连接传感器和电子线路的引线电缆电容(1~2m 导线可达 800pF)、电子线路的杂散电容以及传感器内极板与其周围导体构成的电容等所谓"寄生电容"却较大,不仅降低了传感器的灵敏度,而且这些电容(如电缆电容)常常是随机变化的,这将使仪器工作很不稳定,影响测量精度。因此对电缆的选择、安装、接法都有要求。

随着材料、工艺、电子技术,特别是集成技术的发展,使电容式传感器的优点得到发扬而缺点不断地得到克服。电容式传感器正逐渐成为一种高灵敏度、高精度,在动态、低压及一些特殊测量方面大有发展前途的传感器。

(3) 差动式结构电容传感器优点

在实际应用中,为了提高灵敏度,减小非线性误差,大都采用差动式结构电容传感器。随着电容式传感器应用问题的完善解决,它的应用优点十分明显。

① 分辨力极高,能测量低达 10^{-7} 级的电容值 $0.01\mu m$ 的绝对变化量和高达($\Delta C/C = 100\% \sim 200\%$)的相对变化量,因此适合微信息检测。

② 动极质量小,可无接触测量;自身的功耗、发热和迟滞极小,可获得高的静态精度和好的动态特性。

③ 结构简单,不含有机材料或磁性材料,对环境(除高湿度外)的适应性较强。

④ 过载能力强。

3.5.3　电容式传感器

（1）电容式位移传感器

图 3-39 所示为一种变面积型电容式位移传感器。它采用差动式结构、圆柱形电极，与测杆相连的动电极随被测位移而轴向移动，从而改变活动电极与两个固定电极之间的覆盖面积，使电容发生变化。这种传感器用于接触式测量，电容与位移呈线性关系。

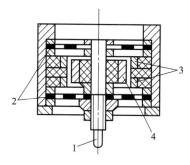

图 3-39　变面积型电容式位移传感器
1—测杆；2—开槽簧片；
3—固定电极；4—活动电极

（2）电容式力和压力传感器

图 3-40 中所示膜片为动电极，两个在凹形玻璃上的金属镀层为固定电极，构成差动电容器。

当被测压力或压力差作用于膜片并产生位移时，所形成的两个电容器的电容量，一个增大，一个减小。该电容值的变化经测量电路转换成与压力或压力差相对应的电流或电压的变化。

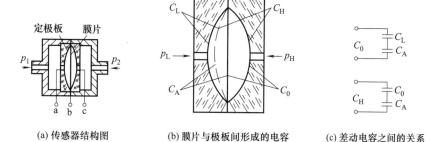

(a) 传感器结构图　　(b) 膜片与极板间形成的电容　　(c) 差动电容之间的关系

图 3-40　差动电容式压力传感器的结构图

（3）电容式称重传感器

图 3-41 所示为一种典型的小型差动电容式传感器结构。加有预张力的不锈钢膜片作为感压敏感元件，同时作为可变电容的活动极板。电容的两个固定极板是在玻璃基片上镀有金属层的球面极片。在压差作用下，膜片凹向压力小的一面，导致电容量发生变化。球面极片（图中被夸大）可以在压力过载时保护膜片，并改善性能。其灵敏度取决于初始间隙 δ，δ 越小，灵敏度越高。其动态响应主要取决于膜片的固有频率。

（4）指纹识别

目前指纹识别技术最常用的是电容式传感器，也被称为第二代指纹识别系统。它的优点是体积小、成本低，成像精度高，而且耗电量很小，因此非常适合在消费类电子产品中使用。图 3-42 所示为指纹经过处理后的成像图。

指纹识别所需电容传感器包含一个大约有数万个金属导体的阵列，其外面是一层绝缘的表面，当用户的手指放在上面时，金属导体阵列/绝缘物/皮肤就构成了相应的小电容器阵列。它们的电容值随着脊（近的）和沟（远的）与金属导体之间的距离不同而变化。

（5）电容式传感器测量液位

如图 3-43 所示，当油箱中无油时，电容传感器的电容量为 C_{X0}，调节匹配电容使 $C_0 = C_{X0}$，并使电位器 R_P 的滑动臂位于 O 点，即 R_P 的电阻值为 0。此时，电桥满足 $C_{X0}/C_0 = R_4/R_3$ 的平衡条件，电桥输出为零。伺服电动机不转动，油量表指针偏转角 $\theta = 0$。

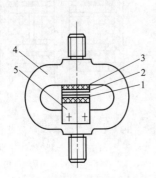

图 3-41 电容式传感器
1—动极板；2—定极板；3—绝缘材料；
4—弹性体；5—极板支架

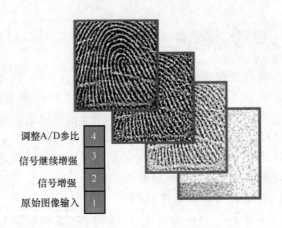

调整A/D参比 4
信号继续增强 3
信号增强 2
原始图像输入 1

图 3-42 指纹经过处理后的成像图

当油箱中注满油时，液位上升至 h 处，$C_X = C_{X0} + \Delta C_X$，而 ΔC_X 与 h 成正比，此时，电桥失去平衡，电桥的输出电压 U_X 放大后驱动伺服电动机，经减速后带动指针偏转，同时带动 R_P 的滑动臂移动，从而使 R_P 阻值增大。当 R_P 阻值大到一定值时，电桥又达到新的平衡状态，$U_X = 0$，于是伺服电动机停转，指针停留在转角为零处。

由于指针及可变电阻的滑动臂同时为伺服电动机所带动，因此 R_P 的阻值与 O 点阻值之间存在着确定的对应关系，即 O 点阻值正比于 R_P 的阻值，而 R_P 的阻值又正比于液位的高度 h。因此，可直接从刻度盘上读得液位高度 h。该装置采用了零位式测量方法，所以放大器的非线性及温漂对测量精度影响不大。

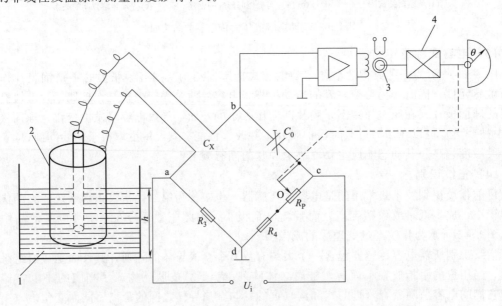

图 3-43 应用电容式传感器测量油箱液位的电容式油量表示意图
1—油箱；2—圆柱形电容器；3—伺服电动机；4—减速器

引申知识

大家都用过收音机。当你搜寻电台时有没有想过，收音机是依靠什么元器件来调谐电台的呢?如果打开收音机的后盖,就可以看到与调谐旋钮联动的是一个旋转式可变电容器。当你顺时针旋转调谐旋钮时,变面积式可变电容器的动片就随之转动,改变了与定片之间的覆盖面积 A,电容量 C 也就越来越小,谐振频率也随之改变,从而可以从 550kHz 逐渐增加到 1650kHz,就可以从一个电台转换到另一个电台。在数字式收音机中,是用变容二极管来调谐电台的。

电容器在电子仪表中可作为元器件来使用,而在非电量电测中作为测量位移的传感器来使用。

3.6　霍尔式压力计

霍尔器件是一种磁传感器,用它们可以检测磁场及其变化,也可在各种与磁场有关的场合中使用。霍尔器件以霍尔效应为其工作基础。

霍尔器件具有许多优点,它们的结构牢固、体积小、重量轻、寿命长、安装方便、功耗小、频率高(可达 1MHz)、耐震动,不怕灰尘、油污、水汽及盐雾等的污染或腐蚀。

霍尔线性器件的精度高、线性度好;霍尔开关器件无触点,无磨损,输出波形清晰、无抖动、无回跳,位置重复精度高(可达微米级)。采用了各种补偿和保护措施的霍尔器件的工作温度范围也很宽,可达 $-55\sim150℃$。

3.6.1　霍尔效应

厚度为 d 的 N 型半导体(N 型半导体中多数载流子为电子)薄片上垂直作用了磁感应强度为 B 的磁场,若在一个方向上通以电流 I,它沿与电流的相反方向运动,带电粒子在磁场中的运动会受到洛伦兹力 F_L 的作用,洛伦兹力 F_L 的方向由左手定则决定(左手平展,使大拇指与其余四指垂直,并且都跟手掌在一个平面内。把左手放入磁场中,让磁感线垂直穿入手心,四指指向电流方向,则大拇指的方向就是导体运动方向)。洛伦兹力的作用结果,使带电粒子偏向 c、d 电极,在垂直于 B 和 I 的方向上产生一感应电动势 E_H,该现象称为霍尔效应,所产生的电动势 E_H 称为霍尔电势,如图 3-44 所示。

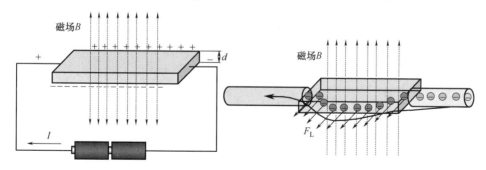

图 3-44　霍尔效应的原理

作用在半导体薄片上的磁场强度 B 越强,霍尔电势也就越高。霍尔电势 E_H 可用下式表示

$$E_H = \frac{R_H IB}{d} = K_H IB$$

$$R_H = \rho\mu \tag{3.56}$$

式中　R_H——霍尔常数;

　　　I——流过导体的电流;

69

B——磁感应强度;

d——霍尔元件的厚度;

K_H——霍尔元件的灵敏度,霍尔元件越薄灵敏度越高;

ρ——载流体电阻率;

μ——载流子迁移率。

3.6.2　霍尔元件及结构

霍尔元件分为霍尔元件和霍尔集成电路两大类,前者是一个简单的霍尔片,使用时常常需要将获得的霍尔电压进行放大。后者将霍尔片和它的信号处理电路集成在同一个芯片上。

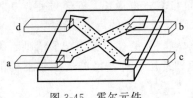

能产生霍尔效应的元件叫霍尔元件,霍尔元件可用多种半导体材料制作,如 Ge、Si、InSb、GaAs、InAs、InAsP 以及多层半导体异质结构量子阱材料等。霍尔元件是半导体四端薄片,一般做成正方形,在薄片的相对两侧对称地焊上两对电极引出线(其中 a-b 电极用于加控制电流,称控制电极;另一对 c-d 电极用于引出霍尔电势,称霍尔电势输出极),如图 3-45 所示。在基片外面用金属或陶瓷、环氧树脂等封装作为外壳。

图 3-45　霍尔元件

3.6.3　霍尔元件的基本电路及主要参数

(1) 霍尔元件的基本电路

如图 3-46 所示,控制电流由电源 E 供给,R 为调节电阻,霍尔输出端接负载 R_L,它可以是放大器的输入电阻或表头电阻。

由于霍尔元件必须在磁场与控制电流的作用下才会输出霍尔电势,实际使用时,可把 I 或 B 作为输入信号,或两者同时作输入信号,而输出信号正比于 I 和 B。由于建立霍尔效应的时间很短($10^{-14} \sim 10^{-12}$s),因此,控制电流用交流时,频率可达 10^9 Hz 以上。

(2) 霍尔元件的连接

为得到较大的霍尔输出,当元件的工作电流为直流时,可把几个霍尔元件输出串联起来,但控制电流极应并联,如图 3-47 所示。

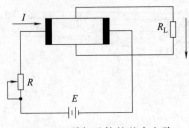

图 3-46　霍尔元件的基本电路

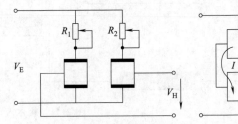

图 3-47　霍尔元件的连接

当霍尔元件的输出信号不够大时,也可采用运算放大器加以放大,元件与放大器集成在同一芯片内,如图 3-48 所示。

(3) 霍尔集成电路

随着微电子技术的发展,霍尔器件大多已集成化。霍尔集成电路有许多优点,如体积小、灵敏度高、输出幅度大、温漂小、对电源稳定性要求低等。

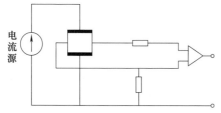
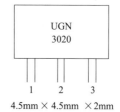

图 3-48　采用运放的霍尔元件连接图　　图 3-49　开关型霍尔集成电路外形尺寸

　　霍尔集成电路是霍尔元件与集成运放一体化的结构，是一种传感器模块，可分为线性输出型和开关输出型两大类。线性输出型是将霍尔元件和恒流源、线性放大器等做在一个芯片上，输出电压较高，使用非常方便，已得到广泛的应用。较典型的线性霍尔器件如UGN3501 等。而开关输出型是将霍尔元件、稳压电路、放大器、施密特触发器、OC 门等电路做在同一个芯片上，当外加磁场强度超过规定的工作点时，OC 门由高电阻状态变为通状态，输出变为低电平，当外加磁场强度低于释放点时，OC 门重新变为高电阻状态，输出高电平。较典型的开关型霍尔器件如 UGN3020 等。开关输出型霍尔集成元件与微型计算机等数字电路兼容，因此，应用相当广泛。

　　图 3-49 所示为开关输出型霍尔集成元件 UGN3020 的电路外形及外形尺寸。其中，1 为接地端，2 为电源端，3 为输出端。

　　开关输出型霍尔集成元件如图 3-50 所示。

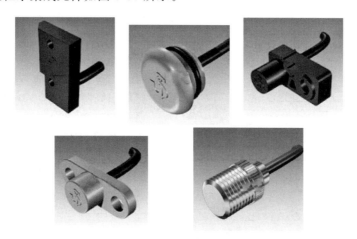

图 3-50　开关输出型霍尔集成元件

　　图 3-51 所示为开关输出型霍尔集成元件 UGN3020 的内部电路图。其中，X 为霍尔元件，A 为放大器，S 为施密特电路，VT 为输出晶体管，E 为稳定电源。

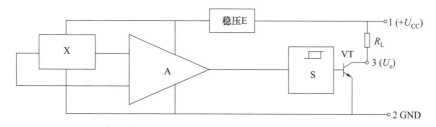

图 3-51　开关型霍尔集成内部电路图

3.6.4 霍尔型传感器的应用

霍尔电势是关于 I、B、α 三个变量的函数，即 $E=kIB\cos\alpha$，人们利用这个关系可以使其中两个变量不变，将第三个量作为变量，或者固定其中一个量、其余两个量都作为变量。三个变量的多种组合，使得霍尔传感器具有非常广阔的应用领域。霍尔传感器由于结构简单、尺寸小、无触点、动态特性好、寿命长等特点，因而得到了广泛应用，如磁感应强度、电流、电功率等参数的检测都可以选用霍尔器件。它特别适合于大电流、微小气隙中的磁感应强度、高梯度磁场参数的测量。此外，也可用于位移、加速度、转速等参数的测量以及自动控制。归纳起来，霍尔传感器主要有下列三个方面的用途：

① 维持 I、α 不变，则 $E=f(B)$，在这方面的应用有测量磁场强度的高斯计、测量转速的霍尔转速表、磁性产品计数器、霍尔式角编码器以及基于微小位移测量原理的霍尔式加速度计、微压力计等；

② 维持 I、B 不变，则 $E=f(\alpha)$，在这方面的应用有角位移测量仪等；

③ 维持 α 不变，则 $E=f(IB)$，即传感器的输出 E 与 IB 的乘积成正比，在这方面的应用有模拟乘法器、霍尔式功率计等。

下面介绍几种霍尔传感器的应用实例。

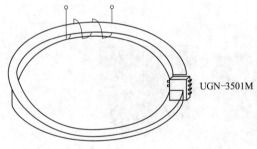

UGN-3501M

图 3-52　霍尔元件测量电流的工作原理图

(1) 电流测量

图 3-52 所示为霍尔元件用于测量电流时的工作原理图。标准圆环铁芯有一个缺口，用于安装霍尔元件，圆环上绕有线圈，当检测电流通过线圈时产生磁场，则霍尔传感器就有信号输出。若采用传感器为 UGN-3501M，当线圈为 9 匝，电流为 20A 时，其电压输出约为 7.4V。利用这种原理，也可制成电流过载检测器或过载保护装置。

将被测电流的导线穿过霍尔电流传感器的检测孔。当有电流通过导线时，在导线周围将产生磁场，磁力线集中在铁芯内，并在铁芯的缺口处穿过霍尔元件，从而产生与电流成正比的霍尔电压。

(2) 位移测量

在磁场相同而极性相反的两个磁铁气隙中放置一个霍尔元件，如图 3-53 所示。当元件的控制电流 I 恒定不变时，霍尔电势 V_H 与磁感应强度 B 成正比。若磁场在一定范围内沿 X 方向的变化梯度 $\dfrac{\mathrm{d}B}{\mathrm{d}x}$ 为一常数，如图 3-54 所示，则当霍尔元件沿 x 方向移动时，V_H 变化为

$$\frac{\mathrm{d}V_H}{\mathrm{d}x}=K_H I\frac{\mathrm{d}B}{\mathrm{d}x}=K \qquad\qquad (3.57)$$

式中，K 为位移传感器输出灵敏度。

将上式积分后得 $V_H=Kx$，霍尔电势 V_H 与位移量呈线性关系，其极性反映了元件位移的方向。由图 3-53、图 3-54 可知，磁场梯度越大，灵敏度越高，磁场梯度越均匀，输出线性度越好。当元件位于磁场中间位置上时，$V_H=0$，这是由于元件在此位置受到大小相等、方向相反的磁通作用的结果。一般可用来测量 $1\sim2$mm 的小位移，其特点是：惯性小，响应速度快，无接触测量。利用这一原理还可以测量其他非电量，如力、压力、压差、液位和加速度等。

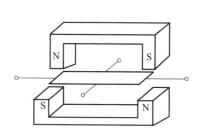

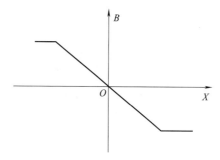

图 3-53 霍尔传感器测位移结构示意图   图 3-54 B 与位移量的关系

（3）角位移测量仪

角位移测量仪的结构如图 3-55 所示。霍尔器件与被测物连动，而霍尔器件又在一个恒定的磁场中转动，于是霍尔电势 V_H 就反映了转角 θ 的变化。不过，这个变化是非线性的（V_H 正比于 $\cos\theta$），若要求 V_H 与 $\cos\theta$ 呈线性关系，必须采用特定形状的磁极。

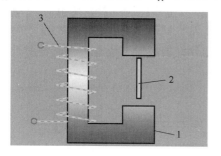

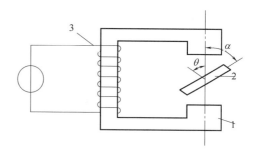

图 3-55 角位移测量仪结构示意图
1—极靴；2—霍尔器件；3—励磁线圈

（4）霍尔转速表

图 3-56 所示为霍尔转速表示意图。在被测转速的转轴上安装一个齿盘，也可选取机械系统中的一个齿轮，将线性霍尔器件及磁路系统靠近齿盘，随着齿盘的转动，磁路的磁阻也周期性地变化，测量霍尔元件输出的脉冲频率，经隔直、放大、整形后，就可以确定被测物的转速。霍尔转速表原理如图 3-57 所示。

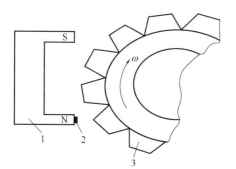

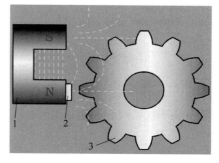

图 3-56 霍尔转速表
1—磁铁；2—霍尔器件；3—齿轮

当齿对准霍尔元件时，磁力线集中穿过霍尔元件，可产生较大的霍尔电动势，放大、整形后输出高电平；反之，当齿轮的空挡对准霍尔元件时，输出为低电平。

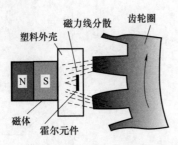
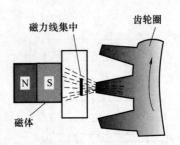

(a) 齿轮的空挡对准霍尔元件时的磁力线示意图　　　　(b) 齿对准霍尔元件时的磁力线示意图

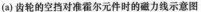

图 3-57　霍尔转速表原理

霍尔转速表的安装方式如图 3-58 所示。

只要黑色金属旋转体的表面存在缺口或突起，就可产生磁场强度的脉动，从而引起霍尔电势的变化，产生转速信号。

(5) 霍尔式微压力传感器

霍尔式微压力传感器的原理如图 3-59 所示。被测压力使弹性波纹膜盒膨胀，带动杠杆向上移动，从而使霍尔器件在磁路系统中运动，改变了霍尔器件感受的磁场大小及方向，引起霍尔电势的大小和极性的改变。由于波纹膜盒及霍尔器件的灵敏度很高，所以可用于测量微小压力的变化。

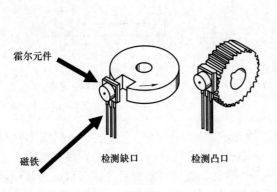

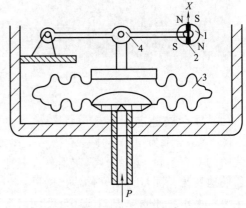

图 3-58　霍尔转速表的安装方式　　　　图 3-59　霍尔式微压力传感器原理图

1—磁路；2—霍尔器件；3—纹波膜盒；4—杠杆

用作汽车开关电路上的功率霍尔电路具有抑制电磁干扰的作用。轿车的自动化程度越高，微电子电路越多，就越怕电磁干扰。而在汽车上有许多灯具和电器，尤其是功率较大的前照灯、空调电机和雨刮器电机，在开关时会产生浪涌电流，使机械式开关触点产生电弧，产生较大的电磁干扰信号。采用功率霍尔开关电路，可以减小这些现象。

(6) 霍尔转速传感器在汽车防抱死装置（ABS）中的应用

若汽车在刹车时车轮被抱死，将产生危险。用霍尔转速传感器来检测车轮的转动状态，有助于控制刹车力的大小，如图 3-60 所示。

(7) 霍尔传感器用于测量磁场强度

使用霍尔器件检测磁场的方法极为简单，将霍尔器件做成各种形式的探头，放在被测磁场中，因霍尔器件只对垂直于霍尔片的表面的磁感应强度敏感，因而必须令磁力线和器件表面垂直，通电后即可由输出电压得到被测磁场的磁感应强度。若不垂直，则应求出其垂直分

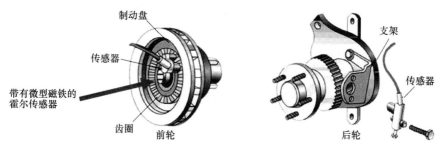

制动盘

传感器

带有微型磁铁的
霍尔传感器

齿圈 前轮

支架

传感器

后轮

图 3-60 霍尔转速传感器在 ABS 中的应用

量来计算被测磁场的磁感应强度值。而且，因霍尔元件的尺寸极小，可以进行多点检测，由计算机进行数据处理，可以得到场的分布状态，并可对狭缝、小孔中的磁场进行检测。

（8）霍尔接近开关

当磁铁的有效磁极接近并达到动作距离时，霍尔接近开关动作。霍尔接近开关还配一块钕铁硼磁铁。

当磁铁随运动部件移动到距霍尔接近开关几毫米时，霍尔 IC 的输出由高电平变为低电平，经驱动电路使继电器吸合或释放，控制运动部件停止移动，起到限位的作用。

霍尔接近开关结构简单、体积小、频率响应宽、动态范围（输出电势的变化）大、可靠性高、易于微型化和集成电路化。但其信号转换频率低、温度影响大，使用于要求转换精度高的场合时必须进行温度补偿。

霍尔器件通过检测磁场变化转变为电信号输出，可用于监视和测量汽车各部件运行参数的变化，如位置、位移、角度、角速度、转速等，并可将这些变量进行二次变换；可测量压力、质量、液位、流速、流量等。霍尔器件输出量直接与电控单元接口，可实现自动检测。目前的霍尔器件都可承受一定的振动，可在 $-40\sim150℃$ 范围内工作，全部密封不受水油污染，完全能够适应汽车的恶劣工作环境。

3.7 压力检测仪表的选择与校验

（1）仪表量程选用

为保证安全性，压力较稳定时，要求最大工作压力不超过仪表量程的 3/4，压力波动较大时，最大工作压力不超过仪表量程的 2/3。为保证准确度，最小工作压力不低于满量程的 1/3。

（2）仪表精度的选择

根据在测量时允许的最大测量误差选择仪表，可根据仪表的精度等级算出用该仪表测量可能引起的最大示值绝对误差。

另外在选择仪表时不需一味追求高精度，只要满足测量精度要求即可。我国目前弹簧管压力表量程有 1kPa、1.6kPa、2.5kPa、4.0kPa、6.0kPa 以及 $10n$ 倍精度系列，精密表 0.1 级、0.16 级、0.25 级、0.4 级，工业表 1.0 级、1.5 级、2.5 级。

【例】 有一压力容器，压力范围 $0.4\sim0.6$MPa，压力变化速度较缓，不要求远传。试选择压力仪表（给出量程和精度等级）测量该压力，测量误差不大于被测压力的 4%。

解： ① 根据最大工作压力 $\qquad A > 0.6 \div \dfrac{3}{4} = 0.8$MPa

根据最小工作压力 $\qquad A < 0.4 \div \dfrac{1}{3} = 1.2$MPa

所以可选择量程范围为 0～1.0MPa 弹簧管压力表。

② 被测压力的最大示值绝对误差 $\Delta_{max} = 0.4 \times 4\% = 0.016MPa$

所选仪表的基本误差 $\delta_{max} < \dfrac{0.016}{1.0} \times 100\% = 1.6\%$

可选择 1.5 级的压力表。

(3) 仪表类型选择

一般根据以下要求选择仪表类型：

① 被测介质压力大小；

② 被测介质的性质，例如，氧气、乙炔都有专门的测量仪表，对腐蚀性介质要采用不锈钢或其他耐腐蚀的材料；

③ 对仪表输出信号的要求，例如是否需要为电信号；

④ 使用环境。

【思考题与习题 3】　　　　【扩展知识 3】

第4章 流量检测

 学习目标

- 认识流量测量。
- 掌握差压式流量计的原理与安装。
- 了解容积式流量计的原理。
- 了解速度式流量计的原理。
- 了解振动式流量计的原理。
- 了解电磁式流量计的原理。
- 了解质量流量计的原理。
- 熟悉流量计的选择与应用。

4.1 流量测量

自古以来流量测量都是人类文明的一种标志。古埃及人用尼罗河流量来预报年成的好坏，古罗马人修渠引水，采用孔板测量流量。现今，随着国际经济和科学技术的迅速发展，流量计量日益受到重视，流量仪表随之迅速发展起来。据国内外资料表明，在不同的工业部门中所使用的流量仪表占整个仪表总数的 15％～30％。可以说流量计量是工业生产的眼睛，是计量科学技术的组成部分，它与国民经济、国防建设、科学研究有着密切的关系，做好这一工作，对于保证产品质量、提高生产效率、促进科学技术的发展，都具有重要的作用。特别是在能源危机、工业生产自动化程度愈来愈高的当今时代，流量计量在国民经济中的地位与作用更加明显。

流量计量广泛应用于工农业生产、国防建设、科学研究、对外贸易以及人民生活各个领域之中。如在石油工业生产中，从石油的开采、运输、冶炼加工直至贸易销售，流量计量贯穿于全过程中，任何一个环节都离不开流量计量。在化工行业，流量计量不准确会造成化学成分分配比失调，无法保证产品质量，严重的还会发生生产安全事故。在电力工业生产中，对液体、气体、蒸汽等介质流量的测量和调节占有重要地位。

现在常用的流量计主要有速度式流量计、容积流量计、动量式流量计、电磁流量计、超声波流量计等几十种新型流量计。

4.1.1 流量的表示方法

(1) 瞬时流量与累计流量

流量是指流经管道（或设备）某一截面的流体数量。随着工艺要求不同，它的测量又可分为瞬时流量和累积流量的测量。累积流量是瞬时流量对时间的积累。

(2) 体积流量与质量流量

当流体以体积表示时称为体积流量，当流体以质量表示时称为质量流量。体积流量的计量单位为 m^3/s，质量流量的计量单位为 kg/s；累积体积流量的计量单位为 m^3；累积质量流量的计量单位为 kg。

4.1.2 流量的主要测量方法

由于流量检测条件的多样性和复杂性，流量检测的方法非常多，是工业生产过程常见参数中检测方法最多的。据估计，全世界流量检测方法至少已有上百种，其中有十多种是工业生产和科学研究中常用的。就检测量的不同，可分为体积流量和质量流量两大类。

(1) 体积流量

① 直接法　也称容积法。在单位时间内以标准固定体积对流动介质连续不断地进行度量，以排出流体固定容积数来计算流量。基于这种检测方法的流量检测仪表，主要有椭圆齿轮流量计、旋转活塞式流量计和刮板流量计等。容积法受流体的流动状态影响较小，适用于测量高黏度的流体。

② 间接法　也称速度法。这种方法是先测出管道内的平均流速，再乘以管道截面积，求得流体的体积流量。常用来检测管道内流速的方法或仪器主要有以下几种。

a.节流式检测法。它利用节流件前后的差压与流速之间的关系，通过差压值获得流体的流速。

b.电磁式检测法。导电流体在磁场中运动产生感应电势，感应电势的大小正比于流体的平均速度。

c.变面积式检测法。它基于力平衡原理，通过锥形管内的转子把流体的流速转换成转子的位移，相应的流量检测仪表为转子流量计。

d.旋涡式检测法。流体在流动中遇到一定形状的物体会在其周围产生有规律的旋涡，旋涡释放的频率正比于流速。

e.涡轮式检测法。流体对置于管内涡轮的作用力，使涡轮转动，其转动速度在一定流速范围内与管内流体的流速成正比。

f.声学式检测法。根据声波在流体中传播速度的变化可获得流体的流速。

g.热学式检测法。利用加热体被流体冷却的程度与流速的关系来检测流速，基于此方法的流量检测仪表主要有热线风速仪等。

间接法有较宽的使用条件，可用于各种工况下的流体的流量检测，有的方法还可用于对脏污介质流体的检测。但是，由于这些方法是利用平均流速计算流量，所以管路条件的影响很大，流动产生涡流以及截面上流速分布不对称等都会给测量带来误差。

(2) 质量流量

① 直接法　这里主要介绍基于科里奥利力效应的检测方法等。

② 间接法　此法是用两个检测元件分别测出两个相应参数，通过运算间接获取流体的质量流量。

4.2 差压式流量计的原理与安装

4.2.1 节流装置的工作原理

如果在管道中安置一个固定的阻力件，它的中间是一个比管道截面小的孔，当流体通过该阻力件的小孔时，由于流体流束的收缩而使流速加快、静压力降低，其结果是在阻力件前后产生一个较大的压力差。它与流量（流速）的大小有关，流量愈大，差压也愈大，因此只要测出差压就可以推算出流量。把流体通过阻力件时流束的收缩造成压力变化的过程称为节流过程，如图 4-1 所示。

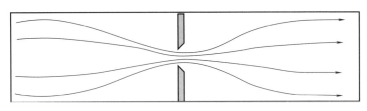

图 4-1　孔板附近流体流动示意图

其中的阻力件称为节流件。标准节流元件有标准孔板、标准喷嘴、文丘里管、文丘里喷嘴、长径喷嘴，如图 4-2～图 4-4 所示。

图 4-2　标准孔板　　　　图 4-3　标准喷嘴　　　　图 4-4　文丘里管

当遇到一些特殊流体或特殊测量情况时，如高黏度、易结晶、易沉淀或液固混合物等，若仍用上述标准节流装置测量流量，则测量误差大，甚至无法测量，这时要采用圆喷嘴、双重孔板、圆缺孔板及道尔管等一些特殊节流装置，如图 4-5、图 4-6 所示。

图 4-5　双重孔板　　　　　　　图 4-6　圆缺孔板

4.2.2 取压方式

各种节流件的取压方式不同，就是说取压孔在取压件的前后位置不同，孔板节流装置是目前应用于流量测量中较为普遍的节流装置，它由于易安装、不易堵塞、使用寿命长等优点被广泛应用。对于孔板节流装置，有如下五种取压方式。

（1）角接取压法

角接取压法是将上下游取压管中心位于节流件前后端面处。角接取压的主要缺点是对取压点的安装要求严格，如果安装不准确，对差压测量精度影响较大。另外，它取到的差压值较理论取压法的差压小，取压管的脏污和堵塞不易排除。角接取压法中角接钻孔取样标准孔板结构如图4-7所示，角接环室取压标准孔板节流装置如图4-8所示。

（2）法兰取压法

此法是将上下游取压孔中心至孔板前后端面的间距均为（25.4±0.8）mm或叫作"1英寸法兰取压法"，如图4-9所示。

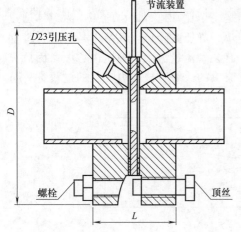

图4-7 角接钻孔取样标准孔板结构

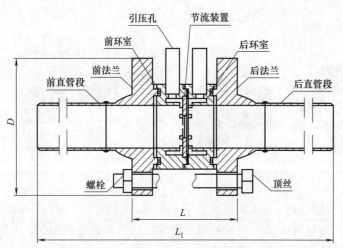

图4-8 角接环室取压标准孔板节流装置

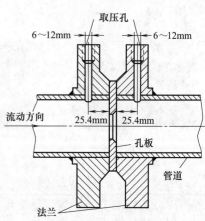

图4-9 法兰取压节流装置

（3）理论取压法

此法是将上游的取压孔中心至孔板前端面距离等于管道内径，下游的取压孔中心至孔板前端面的间距取决于孔板孔径与管道内径比值d/D，如d/D在0.1～0.8时，取压孔位置分别在$0.84D$～$0.34D$范围内变动，如图4-10所示。

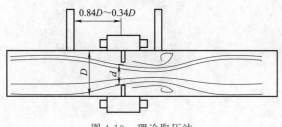

图4-10 理论取压法

（4）径距取压

此法是将上游取压孔中心至孔板前端面的间距为 D，下游取压孔中心至孔板前端面间距为 $D/2$，如图 4-11 所示。

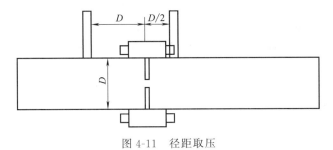

图 4-11 径距取压

（5）管接取压法

此法是将上游取压孔中心至孔板前端面为 $2.5D$，下游取压孔中心至孔板后端面为 $8D$，也称损失降压法，如图 4-12 所示。

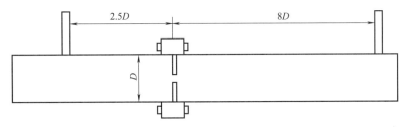

图 4-12 管接取压法

标准节流装置的使用条件如下。

① 被测流体应充满管道连续流动。

② 管道内流体的流动状态是稳定的。

③ 被测流体在通过节流装置时不发生相变，即液体的蒸发或气体的液化。

④ 节流元件前后各 $2D$ 长的一段管道内表面上不能有凸出物或明显的粗糙不平；在节流元件前 $10D$，节流元件后 $5D$ 范围内，必须是直管段。

⑤ 各种标准节流装置使用管内径 D 的最小值要符合要求。

4.2.3 节流装置的安装要求

节流装置的安装正确可靠与否，对能否保证差压计的准确取出和传递到差压变送器上十分重要。节流装置的安装必须保证如下要求。

① 节流装置必须安装在直管道上，节流元件的上下游应有足够的直管长度。

② 节流装置的开孔直径 d 与管道内径 D 必须同轴，且入口端面与管道轴线垂直。

③ 节流装置在安装之前应保护好开孔边缘的尖锐和表面光洁度。

为保证取出的压力能够正确传递还应做到以下几方面。

① 引压管的长度为 $3\sim50\mathrm{m}$，管内径为 $\phi10\sim\phi12\mathrm{mm}$，管道弯曲处应有均匀的圆角。

② 引压管应尽量垂直安装。若必须水平安装时，也应保持不小于 $1:10$ 的倾斜率。在引压管的最高或最低弯曲处，应加装集气器、凝液器或微粒收集器、沉降器等装置。保证取出的压力能够正确传递。

③ 引压管要采取防烘烤、防冻结等措施。

④ 全部引压管管路要密封无漏，并装有必要的切断、冲洗、排污等所需的阀门。

⑤ 测量黏性或腐蚀性流体时，应加隔离罐或分离器。

为保证测量出准确的差压，差压计最好装在节流装置下部。如果差压计一定要装在上部时，引压管的最高、最低处要安装集气器、沉降器，以便排除管内的气体或沉积物。保证测量出准确的差压。如果测量气体流量时，差压计最好安装在节流装置上部。如果一定要装在下部时，引压管的最低处要安装沉降器，以便排除冷凝液或污物。在测量水蒸气流量时，可按照测量液体的做法安装差压计的位置。为了防止差压计受高温蒸汽的影响，在靠近节流装置处安装两个冷凝器，且使两个冷凝器液面高度相同，以防影响差压计的测量。

4.3 容积式流量计

4.3.1 椭圆齿轮流量计

椭圆齿轮流量计是由计量箱和装在计量箱内的一对椭圆齿轮，与上下盖板构成一个密封的初月形空腔（由于齿轮的转动，所以不是绝对密封的）作为一次排量的计算单位（图 4-13）。当被测液体经管道进入流量计时，由于进出口处产生的压力差推动一对齿轮连续旋转，不断地把经初月形空腔计量后的液体输送到出口处，椭圆齿轮的转数与每次排量 4 倍的乘积即为被测液体流量的总量，如图 4-14 所示。

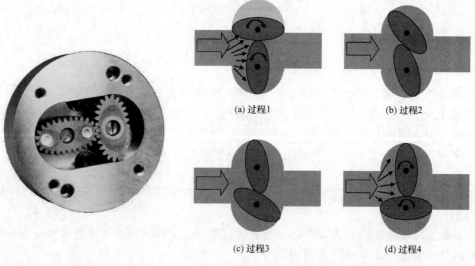

图 4-13　椭圆齿轮流量计

(a) 过程1　　(b) 过程2　　(c) 过程3　　(d) 过程4

图 4-14　椭圆齿轮流量计工作过程

4.3.2 腰轮流量计

腰轮流量计又称罗茨流量计，其工作原理与椭圆齿轮流量计相同。腰轮流量计的转子是一对不带齿的腰形轮，在转动过程依靠套在壳体外的与腰轮同轴上的啮合齿轮来完成驱动，如图 4-15 所示。

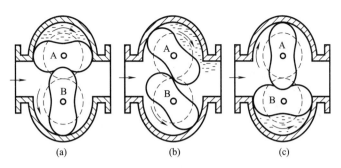

图 4-15 腰轮流量计工作过程

4.3.3 刮板式流量计

刮板式流量计结构如图 4-16 所示,转子在流量计进、出口差压作用下转动,每当相邻两刮板进入计量区时均伸出至壳体内壁且只随转子旋转而不滑动,形成具有固定容积的测量室,当离开计量区时,刮板缩入槽内,流体从出口排出,同时后一刮板又与其另一相邻刮板形成测量室。转子旋转一周,排出 4 份固定体积的流体,由转子的转数就可以求得被测流体的流量,如图 4-17 所示。

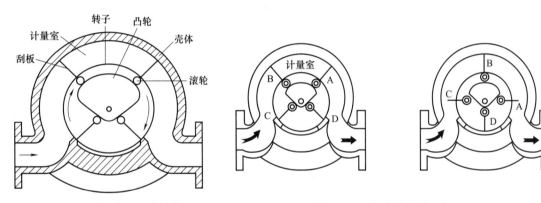

图 4-16 刮板式流量计结构 　　　　　　图 4-17 刮板式流量计工作过程

4.4 速度式流量计

4.4.1 叶轮流量计

水表即为典型的叶轮流量计,其通过叶轮盒的分配作用,将多束水流从叶轮盒的进水口切向冲击叶轮使之旋转,然后通过齿轮减速机构连续记录叶轮的转数,从而记录流经水表的累积流量,如图 4-18 所示。

4.4.2 涡轮流量计

(1) 工作原理与结构

如图 4-19 所示,当被测流体流过传感器时,在流体作用下,叶轮受力旋转,其转速与

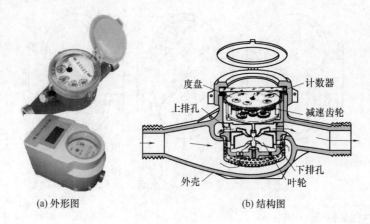

(a) 外形图　　　　　　　　　　(b) 结构图

图 4-18　水表

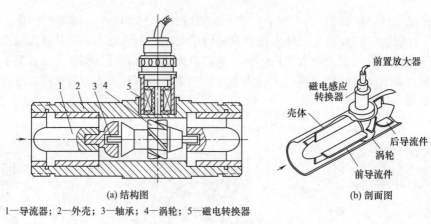

(a) 结构图　　　　　　　　(b) 剖面图

1—导流器；2—外壳；3—轴承；4—涡轮；5—磁电转换器

图 4-19　涡轮流量计结构

管道平均流速成正比，叶轮的转动周期地改变磁电转换器的磁阻值，检测线圈中磁通随之发生周期性变化，产生周期性的感应电势，即电脉冲信号，经放大器放大后，送至显示仪表显示。在一定范围内，涡轮的转速与流体的平均流速成正比，通过磁电转换装置将涡轮转速变成电脉冲信号，以推导出被测流体的瞬时流量和累积流量。

（2）涡轮流量计的特点和应用

优点：其测量精度高，复现性和稳定性均好；量程范围宽，量程比可达（10～20）：1，刻度线性；耐高压，压力损失小；对流量变化反应迅速，可测脉动流量；抗干扰能力强，信号便于远传及与计算机相连。

缺点：制造困难，成本高。

通常涡轮流量计主要用于测量精度要求高、流量变化快的场合，还用作标定其他流量的标准仪表。

4.5　振动式流量计

4.5.1　涡街流量计结构与工作原理

涡街流量计（图 4-20）为典型的振动式流量计，其原理为：在均匀流动的流体中，垂直地插入一个具有非流线型截面的柱体，称为旋涡发生体，则在其两侧会产生旋转方向相反、交替出现的旋涡，并随着流体流动，在下游形成两列不对称"卡门涡街"，如图 4-21 所示。

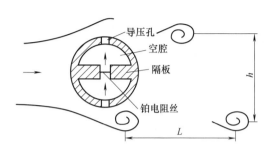

导压孔
空腔
隔板
铂电阻丝

图 4-20　涡街流量计　　　　　　　　　图 4-21　涡街流量计原理

其体积流量方程式为

$$q_v = uA = \frac{\pi D^2 fd}{4St}\left(1 - 1.25\frac{d}{D}\right) \tag{4.1}$$

式中　f——旋涡产生的频率；

　　　u——流体流速；

　　　d——直径旋涡发生体的特征尺寸；

　　　St——斯特劳哈尔数；

　　　D——管道内径；

　　　A——在旋涡发生体处的流通截面积。

4.5.2　涡街流量计特点

优点：涡街流量计测量精度较高；量程比宽，可达 30∶1；使用寿命长，压力损失小，安装与维护比较方便；测量几乎不受流体参数变化的影响，用水或空气标定后的流量计无须校正即可用于其他介质的测量；易与数字仪表或计算机接口，对气体、液体和蒸汽介质均适用。

缺点：流体流速分布情况和脉动情况将影响测量准确度，因此适用于紊流流速分布变化小的情况，并要求流量计前后有足够长的直管段。

4.6　电磁式流量计

4.6.1　电磁流量计的结构及原理

电磁流量计是基于法拉第电磁感应原理制成的一种流量计，其结构如图 4-22 所示。当被测导电流体在磁场中沿垂直磁力线方向流动而切割磁力线时，对称安装在流通管道两侧的电极上将产生感应电势，此电势与流速成正比，如图 4-23 所示。

流体流量方程为

$$q_v = \frac{1}{4}\pi D^2 u = \frac{\pi D}{4B}E = \frac{E}{k} \tag{4.2}$$

式中　　B——为磁感应强度；

　　　　D——管道内径；

　　　　u——流体平均流速；

　　　　E——感应电动势。

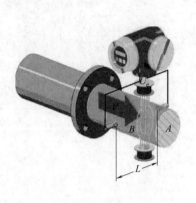

图 4-22　电磁流量计结构

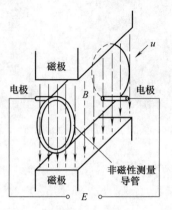

图 4-23　电磁流量计原理

4.6.2　电磁流量计的特点

图 4-24　电磁流量计的应用

优点：压力损失小，适用于含有颗粒、悬浮物等流体的流量测量；可以用来测量腐蚀性介质的流量；流量测量范围大；流量计的管径小到 1mm，大到 2m 以上；测量精度为 0.5～1.5 级；电磁流量计的输出与流量呈线性关系；反应迅速，可以测量脉动流量。

缺点：被测介质必须是导电的液体，不能用于气体、蒸汽及石油制品的流量测量；流速测量下限有一定限度；工作压力受到限制；结构也比较复杂，成本较高。

电磁流量计的应用如图 4-24 所示。

4.6.3　电磁流量计误差产生的原因

（1）管内液体未充满

实例　某造船厂有一台电磁流量计用来测量水流量，运行人员反映关闭阀门后流量为零时，输出反而达到满度值。现场检查发现传感器下游仅有一段短管，水直接排入大气，截止阀却装在传感器上游，阀门关闭后传感器测量管内水全部排空。将阀门改装位置后，故障便迎刃而解。这类故障原因在制造厂售后服务事例中是经常碰到的，属工程设计之误。

（2）导电沉积层短路效应

电磁流量传感器测量管绝缘衬里，若沉积导电物质，流量信号将被短路而使仪表失效。由于导电物质是逐渐沉积，本类故障通常不会出现在调试期，而要运行一段时期后才显露出来。

实例　某柴油机厂工具车间电解切削工艺试验装置上，流量计测量和控制饱和食盐电解液流量以获取最佳切削效率。起初该仪表运行正常，间断使用2个月后，感到流量显示值越来越小，直到流量信号接近为零。现场检查，发现绝缘层表面沉积一层黄锈，擦拭清洁后仪表运行正常。黄锈层是电解液中大量氧化铁沉积所致。凡是开始运行正常，随着时间推移，流量显示越来越小，就应分析有此类故障的可能性。

（3）有可能结晶的液体

有些易结晶的化工物料在温度正常的情况下能正常测量，由于输送流体的导管都有良好的保温，在保温工作时不会结晶，但是电磁流量传感器的测量管难以实施伴热保温，因此，流体流过测量管时易因降温而引起内壁结上一层固体。

实例　湖南某冶炼厂安装一批电磁流量计测量溶液流量，因电磁流量传感器的测量管难以实施保温，数星期后内壁和电极上就结了一层结晶物，导致信号源内阻变得很大，仪表示值失常。

（4）液体电导率超过允许范围引发的问题

液体电导率若接近下限值，也有可能出现流量测量不准现象。

4.7　质量流量计

流体的体积是流体温度、压力和密度的函数。质量流量计的测量方法可分为间接测量和直接测量两类。间接式测量方法通过测量体积流量和流体密度经计算得出质量流量，这种方式又称为推导式；直接式测量方法则由检测元件直接检测出流体的质量流量。

4.7.1　间接式质量流量计

一般是采用体积流量计和密度计或两个不同类型的体积流量计组合，实现质量流量的测量。常见的组合方式主要有三种。

① 节流式流量计与密度计的组合见图4-25。

② 体积流量计与密度计的组合见图4-26。

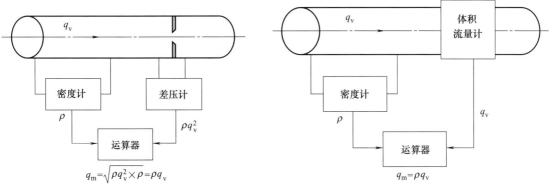

图 4-25　间接式质量流量计1　　　　图 4-26　间接式质量流量计2

③ 节流式流量计和其他体积流量计组合见图4-27。

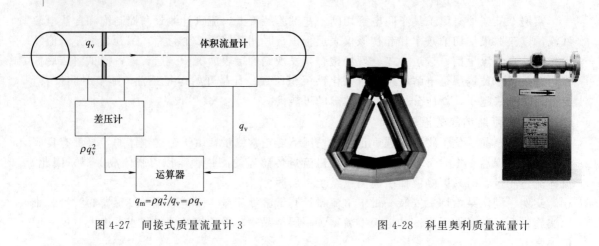

图 4-27 间接式质量流量计 3 　　　　　　图 4-28 科里奥利质量流量计

4.7.2 直接式质量流量计

典型的直接式质量流量计为科里奥利质量流量计（图 4-28）。其原理为流体在旋转的管内流动时会对管壁产生一个力，它是科里奥利在 1832 年研究水轮机时发现的，简称科氏力。质量流量计以科氏力为基础，在传感器内部有两根平行的 T 形振管，中部装有驱动线圈，两端装有拾振线圈，变送器提供的激励电压加到驱动线圈上时，振动管做往复周期振动，工业过程的流体介质流经传感器的振动管，就会在振管上产生科氏力效应，使两根振管扭转振动，安装在振管两端的拾振线圈将产生相位不同的两组信号，这两个信号差与流经传感器的流体质量流量成比例关系。计算机解算出流经振管的质量流量，不同的介质流经传感器时，振管的主振频率不同，据此解算出介质密度。

4.8 流量计的选择与应用

4.8.1 各种流量计的优缺点比较

① 差压式流量计　结构牢固，性能稳定可靠，使用寿命长，应用范围广泛，可用于测量大多数液体、气体和蒸汽的流速。但测量精度普遍偏低、范围度（量程比，即最大量程与最小量程的比值）窄，现场安装条件要求高、压损大。

② 容积式流量计　精度高，可用于高黏度的液体测量，测量范围大，清晰明了，操作简便。但是体积比较大，被测介质的种类、口径、介质工作状态局限性较大，不适合用于高、低温场合，且大部分仪表只适用于洁净的单相流体，会产生噪声及振动，也会产生不可恢复的压力误差，以及需装有移动部件。

③ 涡轮流量计　流体流经涡轮流量计时，流体使转子旋转。转子的旋转速度与流体的速度相关。涡轮流量计结构简单、重量轻、维修方便、流通能力大（同样口径可通过的流量大），可适应高参数（高温、高压和低温）等。但是它不能长期保持校准特性，流体物理特性对流量测量有较大影响，同时也会产生不可恢复的压力误差，需要移动部件。

④ 电磁流量计　具有传导性的流体在流经电磁场时，通过测量电压可得到流体的速度。测量通道是一段光滑直管，不会阻塞，适用于测量含固体颗粒的液固二相流体，如纸浆、泥

浆、污水等，不产生流量检测所造成的压力损失，所测体积流量实际上不受流体密度、黏度、温度、压力和电导率变化的明显影响，流量范围大，口径范围宽，可应用腐蚀性流体。但是它不能测量电导率很低的液体，如石油制品，不能测量气体、蒸汽和含有较大气泡的液体，不能用于较高温度。

⑤ 涡街流量计的特点　结构简单牢靠、安装方便、维护费用较低，应用范围广泛，可适用于液体、气体和蒸汽，精度较高，范围度宽，压损小，无可动部件，可靠性高。但安装需要的直管段较长，会产生噪声，而且要求流体具有较高的流速，以产生旋涡。

4.8.2　流量计的选型原则

流量仪表的选型对仪表能否成功使用往往起着很重要的作用。由于被测对象的复杂状况以及仪表品种繁多、性能指标各异，使得仪表的选型感到困难。没有一种十全十美的流量计，各类仪表都有各自的特点，选型的目的就是在众多的品种中扬长避短，选择自己最合适的仪表。一般选型可以从五个方面进行考虑：仪表性能方面、流体特性方面、安装条件方面、环境条件方面和经济因素方面。五个方面的详细因素如下。

① 仪表性能　准确度、重复性、线性度、范围度、流量范围、信号输出特性、响应时间、压力损失等。

② 流体特性　流体温度、压力、密度、黏度、化学腐蚀、磨蚀性、结构、堵塞、混相、相变、电导率、热导率、比热容等。

③ 安装条件　管道布置方向、流量方向、检测件上下游侧直管段长度、管道口径、维修空间、电源、接地、辅助设备（过滤器、消气器）安装、脉动等。

④ 环境条件　环境温度、湿度、电磁干扰、安全性、防爆、管道振动等。

⑤ 经济因素　仪表购置费、安装费、运行费、校验费、维修费、仪表使用寿命、备品备件等。

【思考题与习题 4】　　　　　　【扩展知识 4】

第 **5** 章

物位及厚度检测

 学习目标

- 了解浮力式物位检测原理及应用。
- 了解静压式物位检测原理及应用。
- 掌握电容式物位检测原理及应用。
- 掌握超声波物位检测原理及应用。
- 掌握电涡流厚度检测原理及应用。

物位是液位、料位和相界面的统称。用来对物位进行测量的传感器称为物位传感器，由此制成的仪表称为物位计。液位是指容器中液体介质的高低，料位是指容器中固体物质的堆积高度，相界面是指两种密度不同液体介质的分界面的高度。测量液位的仪表叫液位计，测量料位的仪表叫料位计，测量两种密度不同液体介质的分界面的仪表叫界面计。

物位测量的目的在于正确地测知容器中所储藏物质的容量或质量；随时知道容器内物位的高低，对物位上、下限进行报警；连续地监视生产和进行调节，使物位保持在所要求的高度。物位测量对于保证设备的安全运行亦十分重要。如锅炉汽包水位太高，将使蒸汽带液增加，蒸汽品质变坏，日久还将导致过热器结垢。

在生产过程的物位测量中，不仅有常温、常压、一般性介质的液位、料面、界面的测量，而且还常常会遇到高温、低温、高压、易燃易爆、黏性及多泡沫沸腾状介质的物位测量问题。为满足生产过程物位测量的要求，目前已建立起各种各样的物位测量方法，如直读法、浮力法、静压法、电容法、超声波法以及激光法、微波法等。

5.1 浮力式物位检测的原理及应用

浮力式物位检测的基本原理，是通过测量漂浮于被测液面上的浮子（也称浮标）随液面变化而产生的位移来检测液位；或利用沉浸在被测液体中的浮筒（也称沉筒）所受的浮力与液面位置的关系来检测液位。前者一般称为恒浮力式检测，后者一般称为变浮力式检测。

5.1.1 恒浮力式物位检测

恒浮力式物位检测是一种最为简单、直观的测量方法，其原理如图 5-1 所示，将液面上的浮子用绳索连接并悬挂在滑轮上，绳索的另一端挂有平衡重锤，利用浮子所受重力和浮力

之差与平衡重锤的重力相平衡，使浮子漂浮在液面上。其平衡关系为

$$W-F=G \tag{5.1}$$

式中　W——浮子的重力；

　　　F——浮力；

　　　G——重锤的重力。

当液位上升时，浮子所受浮力 F 增加，则 $W-F<G$，使原有平衡关系被破坏，浮子向上移动。但浮子向上移动的同时，浮力 F 下降，$W-F$ 增加，直到 $W-F$ 又重新等于 G 时，浮子将停留在新的液位上，反之亦然，因而实现了浮子对液位的跟踪。由于式(5.1)中 W 和 G 可认为是常数，因此浮子停留在任何高度的液面上时，F 值不变，故称此法为恒浮力法。该方法的实质是通过浮子把液位的变化转换成机械位移（线位移或角位移）的变化。

浮球阀应用于抽水马桶的水箱，是恒浮力式液位计的一种，图 5-2 所示为浮球阀工作示意图。当冲洗水箱进水时，浮球阀上的浮球会随着液位的升高而升高，同时带动链条，打开排水控制橡皮塞，反之会关闭橡皮塞，浮球随着水位的高低而上下活动，从而达到开启或关闭阀门活塞的作用。

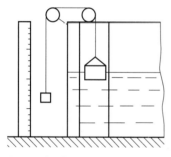

图 5-1　恒浮力式物位检测原理图

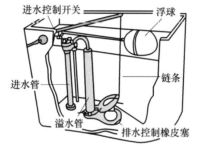

图 5-2　浮球阀工作示意图

5.1.2　变浮力式物位检测

浮筒式液位计属于变浮力液位计，其原理如图 5-3 所示。当被测液面位置变化时，浮筒浸没体积变化，所受浮力也变化，通过测量浮力变化可以确定出液位的变化量。将横截面积为 A、质量为 m 的圆筒形空心金属浮筒挂在弹簧上，由于弹簧的下端被固定，因此弹簧因浮筒的重力被压缩，当浮筒的重力与弹簧的弹力达到平衡时，浮筒才停止移动，平衡条件为

$$Cx_0=G \tag{5.2}$$

式中　G——浮筒的重力；

　　　C——弹簧的刚度；

　　x_0——弹簧由于受浮筒重力压缩所产生的位移。

当浮筒的一部分被浸没时，浮筒受到液位对它的浮力作用而向上移动，当弹力和浮筒的重力平衡时，浮筒停止移动。设液位高度为 H，浮筒由于向上移动实际浸没在液体中的长度为 h，浮筒移动的距离即弹簧的位移改变量 Δx 为

$$\Delta x=H-h \tag{5.3}$$

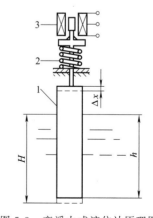

图 5-3　变浮力式液位计原理图

1—浮筒；2—弹簧；3—差动变压器

根据力平衡可知

$$G - Sh\rho = C(x_0 - \Delta x) \qquad (5.4)$$

从而被测液位 H 可表示为

$$H = \frac{C\Delta x}{S\rho} \qquad (5.5)$$

由式(5.5)可知，当液位变化时，是浮筒产生位移，其位移量 Δx 与液位高度 H 成正比关系，因此变浮力式物位检测方法实质上就是将液位变化转化成敏感元件浮筒的位移变化。可以应用信号技术进一步将位移转换成电信号，结合显示仪表在现场或控制室进行液位指示和控制。

5.2 静压式物位检测的原理及应用

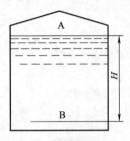

图 5-4 静压式物位
检测原理图

静压式物位检测的方法是根据液柱静压与液柱高度成正比的原理来实现的，其原理如图 5-4 所示。根据流体静力学原理的 A、B 两点之间的压力差为

$$\Delta p = p_B - p_A = H\rho g \qquad (5.6)$$

式中　p_A——密闭容器中 A 点的静压；

　　　p_B——密闭容器中 B 点的静压；

　　　H——液柱高度；

　　　ρ——液体密度。

当被测对象为敞口容器时，则 p_A 为大气压，上式可变为

$$p = p_B - p_A = H\rho g \qquad (5.7)$$

式中　p——B 点的表压。

在测量中，如果 ρ 为常数，则在密闭容器中 A、B 两点的压差与液位高度 H 成正比，而在敞口容器中则 p 与 H 成正比。也就是说测出 p 或 ΔP 就可以知道敞口容器或密闭容器中的液位高度。因此，凡是能够测量压力或差压的仪表，只要量程合适，皆可测量液位。同时还可以看出，根据上述原理还可以直接求出容器内储存液体的质量。因为式(5.6)、式(5.7)中 p 或 Δp 代表了单位面积上一段高为 H 的液柱所具有的质量，所以，测出 p 或 Δp 也就可以知道敞口容器或密闭容器中单位面积上的液体质量，再乘以容器的截面积，就可以得到容器中全部液体的质量。

5.2.1 压力式液位计

(1) 压力计式液位计

压力计式液位计是根据测压仪表测量液位的原理制成的，用来测量敞口容器中的液位高度，其原理如图 5-5 所示。测压仪表通过取压导管与容器底部相连，由式(5.6)可知，当液体密度 ρ 为常数时，由测压仪表的指示值便可知液位的高度。因此，用此法测量时，要求液体密度 ρ 必须为常数，否则会引起误差。另外，压力仪表实际指示的是液面至压力仪表入口之间的静压力，当压力仪表与取压点（零液位）不在同一水平位置时，应对其位置高度差而引起的固定压力进行修正，不然仪表指示值不能直接用式(5.6)和式(5.7)进行计算而得到液位。

（2）法兰式液位计

图 5-6 所示为法兰式压力变送器测量物位的原理图，由于容器与压力表之间用法兰连接管路，故称"法兰液位计"。对于黏稠液体或有凝结性的液体，应在导压片处加隔离膜片，导压管内充入硅油，借助硅油传递压力。

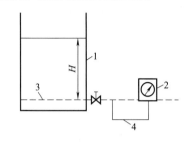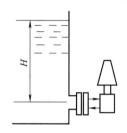

图 5-5 压力计式液位计原理图
1—容器；2—压力表；3—液位零面；4—导压管

图 5-6 法兰式压力变送器
测量物位的原理示意图

（3）吹气式液位计

在测量具有腐蚀性、高黏度或含有悬浮颗粒的液体的液位时，也可用吹气法进行测量，如图 5-7 所示。在敞口容器中插入一根导管，压缩空气经过滤器、减压阀、节流元件、转子流量计，最后从导管下端敞口处逸出。当导管下端有微量气泡逸出时，导管内的气压几乎与液封静压相等。因此，由压力表所指示的压力值即可反映出液位高度 H。当液位上升或下降时，液封压力随之升高或降低，致使从导管逸出的气量也要随之减少或增加。由于节流元件的稳流作用，供气量是恒定不变的，则导管内的压力势必随液封压力的升降而升降，因此压力计可以随时指示出液位的变化。如果需要将信号远传，可以采用压力或差压变送器代替压力计进行检测发送。

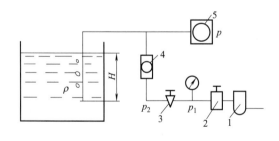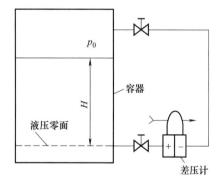

图 5-7 吹气式液位计原理图
1—过滤器；2—减压阀；3—节流元件；
4—转子流量计；5—压力计

图 5-8 差压式液位计示意图

5.2.2 差压式液位计

在对密闭容器液位进行测量时，容器下部的液体压力除与液位高度有关外，还与液面上部介质的压力有关。根据式（5.6）可知，在这种情况下，可以用测量压差的方法来获得液位，如图 5-8 所示。和压力检测法一样，差压检测法的差压指示值除了与液位高度有关外，还与液体密度和差压仪表的安装位置有关，当这些因素影响较大时必须进行修正。

5.2.3 量程迁移

无论是压力检测法还是差压检测法，都要求取压口（零液位）与压力（差压）检测仪表的入口在同一水平高度，否则会产生附加静压误差。但是，在实际安装时不一定能满足这个要求，如地下储槽，为了读数和维护的方便，压力检测仪表不能安装在所谓零液位的地方。采用法兰式差压变送器时，由于从膜盒至变送器的毛细管充以硅油，无论差压变送器在什么高度，一般均会产生附加静压。在这种情况下，可通过计算进行校正，而更多的是对压力（差压）变送器进行零点调整，使它在只受附加静压（静压差）时输出为"零"，这种方法称为"量程迁移"。

正、负迁移的实质是通过迁移弹簧改变变送器的零点，即同时改变量程的上、下限，而量程的大小不变，如图 5-9 所示。

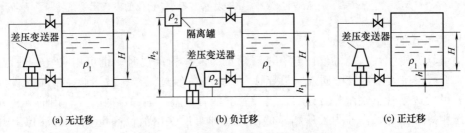

(a) 无迁移   (b) 负迁移   (c) 正迁移

图 5-9 差压变送器测量液位原理图

(1) 无迁移

如图 5-9 (a) 所示，将差压变送器的正负压室分别与容器下部的取压点相连通，如果被测液体的密度为 ρ，则作用于变送器正负压室的差压为 $\Delta p = H\rho_1 g$。

当液位 H 由零变化到最高液位时，压差由零变化到最大差压，变送器输出从 0.02MPa 变化到 0.1MPa。假如对液位变化所要求的仪表量程 Δp 为 $0 \sim 5000$Pa，则变送器的特性曲线如图 5-10 中的曲线 1 所示。

(2) 负迁移

在实际应用中，为了防止容器内液体和气体进入变送器的取压室造成管线堵塞或腐蚀，以及为了保持负压室的液柱高度恒定，在变送器正或负压室与取压点之间分别装有隔离罐 [图 5-9(b)]，并充以隔离液 ρ_2（通常 $\rho_2 > \rho_1$），这时正或负压室的压力分别为

$$p_1 = h_1\rho_2 g + H\rho_1 g + p_气 \tag{5.8}$$

$$p_2 = h_2\rho_2 g + p_气 \tag{5.9}$$

正负压室的压差为

$$\Delta p = p_1 - p_2 = H\rho_1 g + h_1\rho_2 g - h_2\rho_2 g = H\rho_1 g - B \tag{5.10}$$

式中 p_1、p_2——分别为正、负压室的压力，Pa；

        ρ_1、ρ_2——被测液体及隔离液的密度，kg/m³；

        h_1、h_2——最低液位及最高液位至变送器的高度，m；

        $p_气$——容器中的气相压力，Pa；

        B——固定压差，$B = (h_2 - h_1)\rho_2 g$。

根据式(5.10) 可知，当 $H = 0$ 时，$\Delta p = -(h_2 - h_1)\rho_2 g$，势必使差压变送器的挡板远离喷嘴，输出压力远小于 0.02MPa。因实际工作中，往往 $\rho_2 > \rho_1$，所以当最高液位时，负压室的压力也要大于正压室的压力，使变送器的输出仍小于 0.02MPa。这样就破坏了变送

器输出与液位之间的正常关系。调整变送器上的迁移弹簧，使变送器在 $H=0$，$\Delta p=-(h_2-h_1)$ $\rho_2 g$ 时，输出气压为 0.02MPa，在变送器量程符合要求的条件下，当 $H=H_{max}$（最高液位），最大差压 $\Delta p_{max}=H_{max}\rho_1 g-(h_2-h_1)\rho_2 g$ 时，变送器输出为 0.1MPa，这样就实现了变送器输出与液位之间的正常关系。

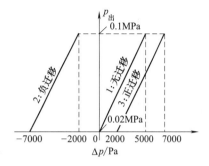

假如 $-B=-(h_2-h_1)\rho_2 g=-700\mathrm{Pa}$，对应液位变化范围所要求的仪表量程和无迁移时相同，为 5000Pa，则当 $H=0$ 时，$\Delta p=-7000\mathrm{Pa}$，变送器输出为 0.02MPa；当 $H=H_{max}$ 时，$\Delta p_{max}=5000-7000=-2000\mathrm{Pa}$，变送器输出为 0.1MPa。差压变送器的特性曲线如图 5-10 中的曲线 2 所示。

（3）正迁移

在实际测量中，变送器的安装位置往往不和最低液位在同一水平面上，如图 5-9（c）所示，变送器的位置比最低液位 H_{min} 低 h 距离，这时液位高度 H 与压差之间的关系式为

图 5-10　差压变送器的正、负迁移示意图

$$\Delta p=H\rho_1 g+h\rho_1 g \tag{5.11}$$

由式（5.11）可知，当 $H=0$ 时，$\Delta p=h\rho_1 g$，变送器输出大于 0.02MPa；当 $H=H_{max}$ 时，最大压差 $\Delta p_{max}=H_{max}\rho_1 g+h\rho_1 g$，变送器输出大于 0.1MPa。应该调整变送器的迁移弹簧，使变送器在 $H=0$，$\Delta p=h\rho_1 g$ 时，变送器输出为 0.02MPa，在变送器量程符合要求的条件下，当 $H=H_{max}$，$\Delta p_{max}=H_{max}\rho_1 g+h\rho_1 g$ 时，变送器输出为 0.1MPa，这样，便实现了变送器输出与液位之间的正常关系。

若 $h\rho_1 g=2000\mathrm{Pa}$，仪表的量程仍为 5000Pa，则当 $H=0$ 时，$\Delta p=2000\mathrm{Pa}$，变送器输出为 0.02MPa；当 $H=H_{max}$ 时，$\Delta p_{max}=5000+2000=7000\mathrm{Pa}$，变送器输出为 0.1MPa。变送器的特性曲线如图 5-10 中的曲线 3 所示。

从以上所述可知，正、负迁移的实质是通过迁移弹簧改变变送器的零点，即同时改变量程的上、下限，而量程的大小不变。通常在差压变送器的规格中注有是否带正、负迁移装置和迁移量。一般用 A 表示正迁移（图 5-10 中曲线 3 表示正迁移量 $A=2000\mathrm{Pa}$），用 B 表示负迁移（图 5-10 中曲线 2 表示负迁移量 $B=7000\mathrm{Pa}$）。

5.3　电容式物位检测的原理及应用

电容式物位传感器是利用被测物的介电常数与空气（或真空）不同的特点进行检测的，一般由电容式物位传感器和检测电容的测量电路组成。它适用于各种导电、非导电液体的液位或粉状料位的远距离连续测量和指示，也可以和电动单元组合仪表配套使用，以实现液位或料位的自动记录、控制和调节。由于它的传感器结构简单，没有可动部分，应用范围较广，基本上不需要专门维护，其动态响应很快（约数十微秒），能及时反映瞬态变化。

5.3.1　电容式物位计的原理

应用电容法测量物位，首先是通过电容传感器把物位变化转换成电容量的变化，然后再用测量电容的方法求知物位的数值。

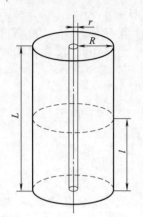

图 5-11　圆筒电容器结构

电容传感器是根据圆筒电容器的原理进行工作的，结构如图 5-11 所示，由两个长度为 L，半径分别为 R 和 r 的圆筒形金属导体，中间隔以绝缘物质，便可构成圆筒形电容器。当中间所充介质是介电常数为 ε_1 的气体时，则两圆筒间的电容量为

$$C = \frac{2\pi\varepsilon_1 l}{\ln\dfrac{R}{r}} \qquad (5.12)$$

如果电极的一部分被介电常数为 ε_2 的液体（非导电性的）所浸没，则必然会有电容量的增量 ΔC 产生（因 $\varepsilon_2 > \varepsilon_1$），此时两极间的电容量为

$$C = C_1 + \Delta C \qquad (5.13)$$

假如电极被浸没的长度为 l，则电容量的数值为

$$\Delta C = \frac{2\pi(\varepsilon_1 - \varepsilon_2) l}{\ln\dfrac{R}{r}} \qquad (5.14)$$

从式（5.14）可知，当 ε_1、ε_2、R、r 不变时，电容增量 ΔC 与电极浸没的长度 l 成正比，因此测出电容增量的数值便可知道液体的高度。

如果被测介质为导电性液体，电极要用绝缘物（如聚四氟乙烯）覆盖作为中间介质，而液体和外圆筒一起作为外电极。假如中间介质的介电常数为 ε_3，电极被导电液体浸没的长度为 l，则此时电容器所具有的电容量可表示为

$$C = \frac{2\pi\varepsilon_3 l}{\ln\dfrac{R}{r}} \qquad (5.15)$$

式中，R、r 分别为绝缘覆盖层的外半径和内电极的外半径。

由于式（5.15）中的 ε_3 为常数，所以 C 与 l 成正比，由 C 的大小即可知道 l 的值。

由于许多工厂中金属容器的形状大多数是圆筒形的，因此在其中插入一圆筒金属电极，以被测介质或其他介质为绝缘介质，就可以构成圆筒形电容传感器，对物位进行测量。

5.3.2　电容式物位计的分类

（1）导电介质液位的测量

如图 5-12 所示，在液体中插入一根带绝缘套管的电极。由于液体是导电的，容器和液体可看作为电容器的一个电极，插入的金属电极作为另一电极，绝缘套管为中间介质，三者组成圆筒形电容器。

当液位变化时，就改变了电容器两极覆盖面积的大小，液位越高，覆盖面积就越大，电容器的电容量就越大。其关系式见式（5.15）。

当容器为非导电体时，必须引入一辅助电极（金属棒），其下端浸至被测容器底部，上端与电极安装法兰有可靠的导电连接，以使两电极中有一个与大地及仪表地线相连，以保证仪表的正常测量。

必须指出，如果液体是黏滞性介质，当液体下降时，由于电极套管上仍黏附一层被测介质，会造成虚假的液位示值，使仪表所显示的液位比实际液位高。

（2）非导电介质液位的测量

当测量较稀的非导电液体，如轻油、某些有机液体以及液态气体的液位时，可采用一个

光电极，外部套上一根金属管（如不锈钢），两者彼此绝缘，以被测介质为中间绝缘物质构成同轴套筒形电容器，如图 5-13 所示。绝缘垫上有小孔，外套管上也有孔和槽，以便被测液体自由地流进或流出。测量原理表达式同式(5.14)。

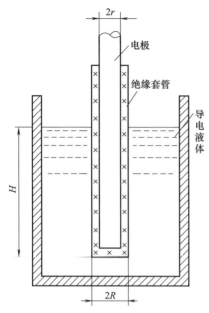

图 5-12　导电液体液位测量示意图　　　　图 5-13　非导电液体液位测量示意图

当测量粉状非导电固体料位和黏滞性非导电液体液位时，可采用光电极直接插入圆筒形容器的中央，将仪表地线与容器相连，以容器作为外电极，料或液体作为绝缘物质构成圆筒形电容器，其测量原理与上述相同。

（3）固体料位的测量

由于固体物料的流动性较差，故不宜采用双筒式电极。对非导电固体物料的料位测量通常采用一根电极棒，插入容器内的被测物料中作为内电极，容器壁作为外电极，如图 5-14 所示。其电容变化量与被测料位的关系仍可用非导电液位的表达式来描述，只是此时 ε 代表固体物料的介电常数，R 代表容器器壁内径。

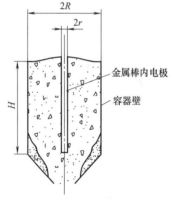

图 5-14　非导电固体料位测量

5.3.3　电容式物位计的应用

电容式物位计既可用于液位的测量，也可用于料位的测量，但要求介质的介电常数保持稳定。在实际使用过程中，当现场温度、被测液体的浓度、固体介质的湿度或成分等发生变化时，介质的介电常数也会发生变化，应及时对仪表进行调整才能达到预想的测量精度。

（1）电容式物位传感器

电容式物位变送器探头与容器壁形成一个电容器。电容极板（探头与容器壁）的表面积、两极板之间的距离及被测物料的介电常数决定电容量的大小。当探头固定安装于容器壁上后，被测物料的介电常数不变时，此刻的电容量仅取决于被测物料的高度，并与物位成正

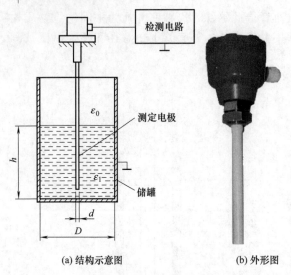

测定电极

储罐

(a) 结构示意图　　　　(b) 外形图

图 5-15　电容式料位传感器

比，然后，变送器将测出的电容量转换为连续的 $4 \sim 20 \text{mA}$ 模拟信号输出。图 5-15 所示为电容式料位传感器。

电容量与料位的关系为

$$C = \frac{2\pi(\varepsilon_1 - \varepsilon_0)h}{h\dfrac{D}{d}} \qquad (5.16)$$

（2）电容式物位限位传感器

液位限位传感器与液位变送器的区别在于：它不给出模拟量，而是给出开关量。当液位到达设定值时，它输出低电平，但也可以选择输出为高电平的型号。

智能化液位传感器的设定方法十分简单，用手指压住设定按钮，当液位达到设定值时，放开按钮，智能仪器就会记住该设定。正常使用时，当水位高于该点后，即可发出报警信号和控制信号。

（3）电容式油量表

电容式油量表为电容式传感器，其工作原理见 3.5.3 节（5）。

当油箱中的油位降低时，伺服电机反转，指针逆时针偏转（示数减小），同时带动 R_P 的滑动臂移动，使 R_P 阻值减小。当 R_P 阻值达到一定值时，电桥又达到新的平衡状态，$U_X = 0$，于是伺服电机再次停转，指针停留在与液位相对应的转角 θ 处。从以上分析可知，该装置采用了类似于天平的零位式测量方法，所以放大器的非线性及温漂对测量精度的影响不大。

5.4　超声波物位检测的原理及应用

5.4.1　超声波检测的原理

（1）声波的分类

波动（简称波），是指振动在弹性介质内的传播。根据频率不同，波可以分为声波、次声波、超声波和微波，如图 5-16 所示。

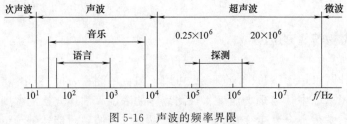

图 5-16　声波的频率界限

声波是频率在 $16 \sim 2 \times 10^4 \text{Hz}$ 之间，能被人耳所听到的机械波。次声波是频率低于 20Hz 的机械波，人耳听不到，但可与人体器官发生共振，$7 \sim 8 \text{Hz}$ 的次声波会引起人的恐怖感，使动作不协调，甚至导致心脏停止跳动。微波是频率在 $3 \times 10^8 \sim 3 \times 10^{11} \text{Hz}$ 之间的波。

超声波是频率高于 20kHz 的机械振动波。它的指向性很好，能量集中，因此穿透本领大，能穿透几米厚的钢板，而能量损失不大。在遇到两种介质的分界面（例如钢板与空气的交界面）时，能产生明显的反射和折射现象，超声波的频率越高，其声场指向性就越好。

（2）超声波的波形及其传播速度

声源在介质中的施力方向与波在介质中的传播方向不同，会使声波的波形也不同。通常有以下几种。

① 纵波　质点的振动方向与波的传播方向一致的波，它能在固体、液体和气体介质中传播。

② 横波　质点的振动方向垂直于传播方向的波，它只能在固体介质中传播。

③ 表面波　质点的振动介于横波与纵波之间，沿着介质表面传播，其振幅随深度增加而迅速衰减的波，它只在固体的表面传播。

超声波的传播速度与介质的密度和弹性特性有关。超声波在气体和液体中传播时，由于不存在剪切应力，所以仅有纵波的传播，其传播速度 c 为

$$c = \sqrt{\frac{1}{\rho B_n}} \tag{5.17}$$

式中　ρ——介质的密度；

B_n——绝对压缩系数。

上述的 ρ、B_n 都是温度的函数，超声波在介质中的传播速度随温度的变化而变化。声速随温度的增加而减小。此外，水质、压强也会引起声速的变化。

在固体中，纵波、横波及其表面波三者的声速有一定的关系，通常可认为横波声速为纵波的一半，表面波声速为横波声速的 90%。气体中纵波声速为 344m/s，液体中纵波声速在 900～1900m/s。

（3）超声波的反射和折射

由物理学可知，当波在两种介质中传播时，在它们的界面上部分波将被反射回原介质中，称为反射波；另一部分能透过界面，在另一介质中继续传播称为折射波，如图 5-17 所示。当波在界面上产生反射时，入射角 α 的正弦与反射角 α' 的正弦之比等于波速之比。当波在界面处产生折射时，入射角 α 的正弦与折射角 β 的正弦之比，等于入射波在第一介质中的波速 c_1 与折射波在第二介质中的波速 c_2 之比，即

$$\frac{\sin\alpha}{\sin\beta} = \frac{c_1}{c_2} \tag{5.18}$$

（4）超声波的衰减

声波在介质中传播时，随着传播距离的增加能量逐渐衰减，其衰减的程度与声波的扩散、散射及吸收等因素有关。其声压和声强的衰减规律为

$$P_x = P_0 e^{-\alpha x} \tag{5.19}$$

$$I_x = I_0 e^{-2\alpha x} \tag{5.20}$$

式中　P_x、I_x——距声源 x 处的声压和声强；

x——声波与声源间的距离；

α——衰减系数。

在理想介质中，声波的衰减仅来自声波的扩散，即随声波传播距离的增加而引起声能的减弱。如图 5-18 所示，超声波入射介质时的强度为 I_0，通过厚度为 δ 的介质后的强度为 I。

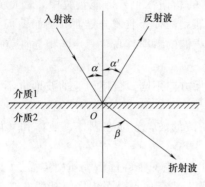

图 5-17　波的反射与折射

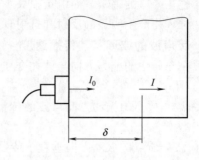

图 5-18　超声波能量衰减

散射衰减是指超声波在介质中传播时，固体介质中的颗粒界面或流体介质中的悬浮粒子使声波产生散射，其中一部分声能不再沿原来传播方向运动，而形成散射。散射衰减与散射粒子的形状、尺寸、数量、介质的性质和散射粒子的性质有关。

吸收衰减是由于介质黏滞性，使超声波在介质中传播时造成质点间的内摩擦，从而使一部分声能转换为热能，通过热传导进行热交换，导致声能的损耗。

5.4.2　超声波传感器

超声波传感器，也称为超声波换能器、超声波探头。利用超声波在超声场中的物理特性和各种效应而研制的装置，可称为超声波换能器、探测器或传感器。

超声波探头按其工作原理可分为压电式、磁致伸缩式、电磁式等，其中以压电式最为常用。超声波探头又分为直探头、斜探头、双探头、表面波探头、聚焦探头、冲水探头、水浸探头、高温探头、空气传导探头以及其他专用探头等。

压电式超声波探头常用的材料是压电晶体和压电陶瓷，这种传感器统称为压电式超声波探头。它是利用压电材料的压电效应来工作的：逆压电效应将高频电振动转换成高频机械振动，从而产生超声波，可作为发射探头。而正压电效应是将超声振动波转换成电信号，可作为接收探头。

（1）直探头

超声波探头的结构如图 5-19 所示，外形如图 5-20 所示，它主要由压电晶片、吸收块（阻尼块）、保护膜、引线等组成。

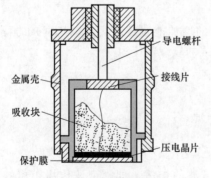

导电螺杆

接线片

金属壳

吸收块

保护膜

压电晶片

图 5-19　直探头式超声波
传感器的结构

图 5-20　直探头式超声波
传感器的外形

压电晶片多为圆形板，厚度为 δ，是探头的核心零件，由它来实现电-声能量的转换。超声波频率 f 与其厚度 δ 成反比。压电晶片的两面镀有银层，作导电的极板。

为使较脆晶片在与试件接触移动时不易损坏，常在晶片前面附一耐磨材料，称之为保护膜，常见保护膜有硬性保护膜和软性保护膜两种。硬性保护膜中目前以刚玉使用较为普遍，软性保护模适用于探测面比较粗糙或有一定曲率的工件检测。

阻尼块的作用是降低晶片的机械品质，吸收声能量。如果没有阻尼块，当激励的电脉冲信号停止时，晶片将会继续振荡，加长超声波的脉冲宽度，使分辨率变差。

（2）斜探头

压电晶片粘贴在与底面成一定角度（如 30°、45° 等）的有机玻璃斜楔块上，当斜楔块与不同材料的被测介质（试件）接触时，超声波将产生一定角度的折射，倾斜入射到试件中，可产生多次反射，而传播到较远处。

（3）双晶直探头

将两个单晶探头组合装配在同一壳体内，其中一片发射超声波，另一片接收超声波，两晶片之间用一片吸声性能强、绝缘性能好的薄片加以隔离。双晶探头的结构虽然复杂些，但检测精度比单晶直探头高，且超声信号的反射和接收的控制电路较单晶直探头简单。

（4）聚焦探头

出于超声波的波长很短（毫米级），所以它也类似光波，可以被聚焦成非常细的声束，其直径可小到 1mm 左右，可以分辨试件中细小的缺陷，这种探头称为聚焦探头。

聚焦探头可以采用曲面晶片来发出聚焦的超声波，可以采用两种不同声速的塑料来制作声透镜，也可以利用类似光学反射镜的原理制作声凹面镜来聚焦超声波。

（5）空气超声探头

空气超声探头发射器和接收器一般是分开设置的，两者的结构也略有不同。图 5-21 所示为空气超声探头发射器和接收器的结构图。发射器的压电片上粘贴了一只锥形共振盘，如图 5-21(a) 所示，以便提高发射效率和增强方向性。而接收器则在共振盘上还增加了一只阻抗匹配器，以提高接受效率，如图 5-21(b) 所示。

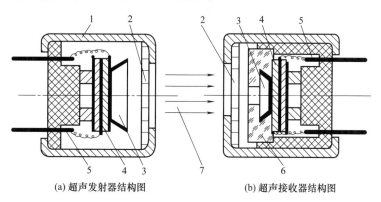

(a) 超声发射器结构图　　　　(b) 超声接收器结构图

图 5-21　空气传导型超声发射器、接收器的结构
1—外壳；2—金属丝网罩；3—锥形共振盘；4—压电晶片；5—引脚；
6—阻抗匹配器；7—超声波束

（6）耦合剂

超声探头与被测物体接触时，探头与被测物体表面之间存在一层空气薄层，空气会引起三个界面间强烈的杂乱反射波，造成干扰，并造成很大的衰减。为此，必须将接触面之间的空气排挤掉，使超声波能顺利地入射到被测介质中。在工业中，经常使用一种称为耦合剂的液体物质，使之充满在接触层中，起到传递超声波的作用。常用的耦合剂有自来水、机油、甘油、水玻璃、胶水、化学糨糊等。

5.4.3　超声波传感器的应用

（1）连续式物位检测

超声波物位传感器是利用超声波在两种介质的分界面上的反射特性而制成的。如果从发射超声脉冲开始到接收换能器接收到反射波为止的这个时间间隔为已知，就可以求出分界面的位置。利用这种方法可以对物位进行测量。

根据发射和接收换能器的功能，传感器又可分为单换能器和双换能器。

图 5-22 所示为两种超声物位传感器的原理。超声波发射和接收换能器可设置在液体介质中，让超声波在液体介质中传播，如图 5-22(a) 所示。由于超声波在液体中的衰减比较小，所以即使发射的超声脉冲幅度较小也可以传播。超声波发射和接收换能器也可以安装在液面的上方，让超声波在空气中传播，如图 5-22(b) 所示。这种方式便于安装和维修，但超声波在空气中的衰减比较厉害。

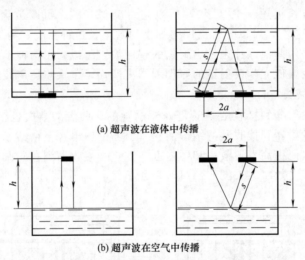

(a) 超声波在液体中传播

(b) 超声波在空气中传播

图 5-22　超声物位传感器的结构

对于单换能器来说，超声波从发射器到液面，又从液面反射到换能器的时间为

$$t = \frac{2h}{c} \tag{5.21}$$

则

$$h = \frac{ct}{2} \tag{5.22}$$

式中　h——换能器距液面的距离；

c——超声波在介质中传播的速度。

对于如图 5-23 所示的单换能器，超声波从发射到接收经过的路程为 $2s$，而

$$s = \frac{ct}{2} \tag{5.23}$$

因此液位高度为

$$h = \sqrt{s^2 - a^2} \tag{5.24}$$

式中　s——超声波从反射点到换能器的距离；

　　　a——两换能器间距之半。

从以上公式可以看出，只要测得超声波脉冲从发射到接收的时间间隔，便可以求得待测的物位。

超声物位传感器具有精度高和使用寿命长的特点，但若液体中有气泡或液面发生波动，便会产生较大的误差。在一般使用条件下，它的测量误差为 $\pm 0.1\%$，检测物位的范围为 $10^{-2} \sim 10^{4}$ m。

图 5-23 所示为超声波在空气中传播的单换能器液位测量原理图。在被测液体液位的上方安装一个空气传导型的超声波发生器和接收器，按超声波脉冲反射原理，根据超声波的往返时间就可测得液体的液面高度。

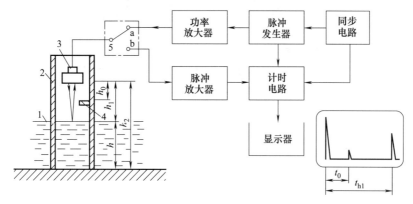

图 5-23　超声波在空气中传播的单换能器液位测量原理图

1—液面；2—直管；3—空气超声探头；4—反射小板；5—电子开关

超声波液位测量有许多优点：与介质不接触，无可动部件，电子元件只以声频振动，振幅小，仪器寿命长；超声波的传播速度比较稳定，光线、介质黏度、湿度、介电常数、电导率、热导率等对检测几乎无影响，因此适用于有毒、腐蚀性或高黏度等特殊场合的液位测量；不仅可进行连续测量和定点测量，还能方便地提供遥测或遥控信号。

超声波液位测量也有缺点：超声波仪器结构复杂，价格相对昂贵；当超声波传播介质的温度或密度发生变化时，声速也将发生变化，对此超声波液位计应有相应的补偿措施，否则会严重影响测量精度；有些物质对超声波有强烈的吸收作用，选用测量方法和测量仪器时要充分考虑液位测量的具体情况和条件。

（2）定点式物位检测

液介穿透式超声波液位计是定点式超声物位计的一种，其工作原理是利用超声换能器在液体中和气体中发射系数的显著差异来判断被测液面是否到达换能器安装高度，其结构如图 5-24 所示。平行放置的压电陶瓷分别构成超声波的发射头和接收头，当间隙内充满液体时，超声波穿透界面时损耗较小，接收头可以检测到声波。当间隙内是气体时，由于固体与气体声阻抗率差别极大，超声波穿透固、气界面时衰减极大，接收头检测不到声波。由此可判断液面是否到达预定高度。

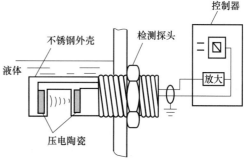

图 5-24　液介穿透式超声波液位计

如果将两换能器相对安装在预定高度的一直线上，使其声路通过空气保持畅通。发射换能器和放大器接成正反馈振荡回路，振荡在发射换能器的谐振频率上。当被测料位升高而遮断声路时，接收换能器收不到超声波，控制器内继电器动作，发出相应的控制信号。其工作原理如图 5-25 所示。

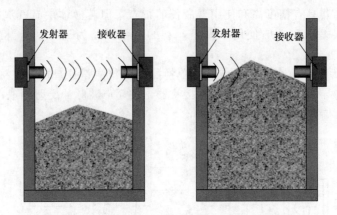

图 5-25　定点式超声物位传感器的工作原理

由于超声波在空气中传播，故频率选择得较低（20～40kHz）。这种物位计适用于粉状、颗粒状、块状等固体料位的极限位置检测。

（3）厚度检测

根据超声波脉冲的反射原理进行测量，当探头发射的超声波脉冲通过被测物体到达材料分界面时，脉冲被反射回探头，通过精确测量超声波在材料中传播的时间来确定被测材料的厚度。图 5-26 所示为超声波测厚仪实物，测厚仪的原理如图 5-27 所示。

图 5-26　超声波测厚仪实物

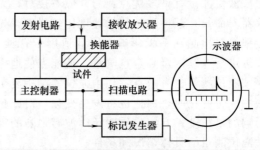

图 5-27　脉冲回波法测厚原理图

如果超声波在工件中的声速 c 是已知的，设工件厚度为 δ，脉冲波从发射到接收的时间间隔 t 可以测量，因此可求出工件的厚度为

$$\delta = \frac{1}{2}ct \tag{5.25}$$

（4）无损探伤

无损探伤是人们在使用各种材料（尤其是金属材料）的长期实践中形成的对缺陷的一种检测手段。缺陷的检测手段有破坏性试验和无损探伤。由于无损探伤以不损坏被检验对象为前提，所以得到广泛应用。超声波探伤是目前应用十分广泛的无损探伤手段，它既可检测材料表面的缺陷，又可检测内部几米深的缺陷。

超声波探伤仪是一种便携式工业无损探伤仪器，它能够快速、便捷、无损伤、精确地进行工件内部多种缺陷（裂纹、疏松、气孔、夹杂等）的检测、定位、评估和诊断，既可以用于实验室，也可以用于工程现场，广泛应用在锅炉、压力容器、航天、航空、电力、石油、化工、海洋石油、军工、船舶制造、汽车、机械制造、冶金、金属加工业、铁路交通、核能电力等行业。

超声波探伤仪的原理是产生电振荡并加于换能器（探头）上，激励探头发射超声波，同时将探头送回的电信号进行放大，再通过一定方式显示出来，从而得到被探工件内部有无缺陷及缺陷位置和大小等信息。

按缺陷显示方式分类，超声波探伤仪可分为三种。

A 型：A 型显示是一种波形显示，探伤仪屏幕上的横坐标代表声波的传播距离，纵坐标代表反射波的幅度。由反射波的位置可以确定缺陷位置，由反射波的幅度可以估算缺陷大小。

B 型：B 型显示是一种图像显示，屏幕上的横坐标代表探头的扫查轨迹，纵坐标代表声波的传播距离，因而可直观地显示出被探工件任一纵截面上缺陷的分布及缺陷的深度。

C 型：C 型显示也是一种图像显示，屏幕上的横坐标和纵坐标都代表探头在工件表面的位置，探头接收信号幅度以光点辉度表示，因而当探头在工件表面移动时，屏上显示出被探工件内部缺陷的平面图像，但不能显示缺陷的深度。

目前，探伤中广泛使用的超声波探伤仪都是 A 型显示脉冲反射式探伤仪。图 5-28 所示为 A 型显示脉冲反射式超声波探伤示意图。

工作时，探头放置在被测工件上，并在工件上来回移动进行检测。探头发出的超声波以一定的速度向工件内部传播，如果工件中没有缺陷，则超声波传播到工件底部便产生反射，在荧光屏上只产生开始脉冲 T 和底部脉冲 B，如图 5-28(a) 所示。如果工件中有缺陷，一部分声波脉冲在缺陷处产生反射，另一部分继续传播到工件底部产生反射，这样在荧光屏上除了仍会出现开始脉冲 T 和底部脉冲 B 以外，还会出现缺陷脉冲 F，如图 5-28(b) 所示。荧光屏上的水平亮线为扫描线（时间基线），其长度与工件的厚度成正

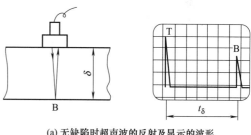

(a) 无缺陷时超声波的反射及显示的波形

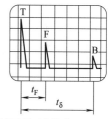

(b) 有缺陷时超声波的反射及显示的波形

图 5-28　A 型显示脉冲反射式超声波探伤示意图

比（可调整），通过判断缺陷脉冲在荧光屏上的位置，可以确定缺陷在工件中的深度。亦可通过缺陷脉冲幅度的高低差别来判断缺陷的大小。如果缺陷面积大，则缺陷脉冲的幅度就高，而 B 脉冲的幅度就低。通过移动探头还可确定缺陷的大致长度和走向。

【例】　在图 5-29 中，显示器的 x 轴为 $10\mu s/div$（格），现测得 B 波与 T 波的距离为 6 格，F 波与 T 波的距离为 2 格。

求：① t_δ 及 t_F；

② 钢板的厚度 δ 及缺陷与表面的距离 X_F。

解：
$$t_\delta = 10\mu s/div \times 6div = 60\mu s$$
$$t_F = 10\mu s/div \times 2div = 20\mu s$$

③ 查得纵波在钢板中的声速 $v = 5.9 \times 10^3 m/s$，则

$$\delta = vt_{\delta}/2 = 5.9 \times 10^3 \times 60 \times 10^{-6}/2 \approx 0.35 \mathrm{m}$$
$$X_{\mathrm{F}} = vt_{\mathrm{F}}/2 = 5.9 \times 10^3 \times 20 \times 10^{-6}/2 \approx 0.06 \mathrm{m}$$

超声波传感器除了可以进行物位与厚度检测之外，还可以用于防盗报警器、接近开关、距离测量、流量测量等领域。

5.5 电涡流厚度检测的原理及应用

5.5.1 电涡流传感器的原理

根据法拉第电磁感应定律，当穿过一个闭合导体回路所围面积的磁通量发生变化时，回路中就会有电流，这种现象叫作电磁感应现象，回路中所出现的电流叫作感应电流。电磁感应定律是涡流效应的基础，电涡流传感器是基于电涡流效应制成的传感器。

（1）涡流效应

金属导体置于交变磁场中，导体内会产生感应电流，这种电流像水中旋涡那样在导体内转圈，所以称之为电涡流或涡流。这种现象就称为涡流效应。

形成涡流必须具备下列两个条件：

① 存在交变磁场；

② 导电体处于交变磁场中。

（2）高频反射式涡流传感器

① 工作原理　高频反射式涡流传感器的工作原理如图 5-29 所示。如果把一个线圈置于一块电阻率为 ρ、磁导率为 μ、厚度为 h 的金属板附近，当线圈中通一正弦交流电时，线圈周围空间就产生了正弦交变磁场 H，处于交变磁场中的金属板内就会产生涡流，此涡流也将产生与 H 方向相反的交变磁场，该磁场反作用于线圈，从而使产生磁场的线圈阻抗发生变化。测量电路将被测线圈阻抗的变化转化为电压的变化，从而达到测量的目的。

线圈的阻抗可用如下函数表示

$$Z = F(\rho, \mu, x, f) \tag{5.26}$$

当金属板的电阻率 ρ、磁导率 μ、励磁频率 f 保持不变时，上式可写成

$$Z = F(x) \tag{5.27}$$

当距离 x 变化时，电涡流线圈等效阻抗 Z 就会变化，通过被测电路将其转换为电压的变化，从而达到测量的目的。

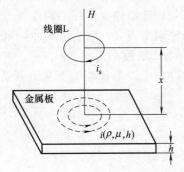

图 5-29　高频反射式涡流传感器的原理

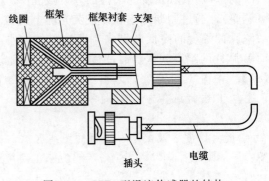

图 5-30　CZF1 型涡流传感器的结构

② 结构形式　高频反射式涡流传感器的结构很简单，主要是一个安装在框架上的线圈，线圈可以绕成一个扁平圆形，粘贴在框架上，也可以在框架上开一个槽，导线绕制在槽内而形成一个线圈。线圈的导线一般采用高强度漆包铜线，如要求高一些，可用银或银合金线，在较高温度的条件下，需用高温漆包线。图 5-30 所示为 CZF1 型涡流传感器的结构。

CZF1 型涡流传感器的性能如表 5-1 所示。

表 5-1　CZF1 型涡流传感器的性能

型　号	线性范围/μm	线圈外径/mm	分辨率/μm	线性误差	使用温度范围/℃
CZF1-1000	1000	7	1	<3%	$-15\sim80$
CZF1-3000	3000	15	3	<3%	$-15\sim80$
CZF1-5000	5000	28	5	<3%	$-15\sim80$

由表 5-1 可知，探头的直径越大，测量范围就越大，但分辨力就越差，灵敏度也越低。

为了充分利用涡流效应，被测体为圆盘状物体的平面时，物体的直径应大于线圈直径的 2 倍以上，否则将使灵敏度降低；被测体为轴状圆柱体的圆弧表面时，它的直径必须为线圈直径的 4 倍以上，才不影响测量结果。而且被测体的厚度也不能太薄，一般情况下，只要厚度在 0.2mm 以上，测量就不受影响。另外，在测量时，传感器线圈周围除被测导体外，应尽量避开其他导体，以免干扰高频磁场，引起线圈的附加损失。

(3) 低频透射式涡流传感器

① 低频透射式涡流传感器测厚原理　如图 5-31 所示，发射线圈 L_1 和接收线圈 L_2 是两个绕于胶木棒上的线圈，分别位于被测材料 M 的上方和下方。由振荡器产生的音频电压 u 加到 L_1 的两端后，线圈中即流过一个同频率的交流电流，并在其周围产生一交变磁场。

如果在两线圈之间不存在被测材料 M，E 由音频电压 u 的幅值、频率及线圈 L_1、L_2 的结构和相对位置决定，为定值。

如果在两线圈之间存在被测材料 M，E 随 M 的厚度 h 变化，故可测 h。

② 应注意的问题

a. M 中的涡流 i 的大小不仅取决于 h，且与金属板 M 的电阻率 ρ 有关，因此会引起相应的测试误差，并限制了测厚范围。

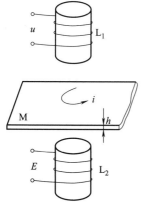

图 5-31　低频透射式涡流传感器的原理

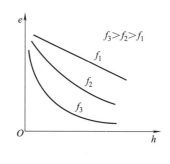

图 5-32　不同频率下的 $E=f(h)$ 曲线

b. 为使交变电势 E 与厚度 h 得到较好的线性关系，应选用较低的测试频率 f，通常选 1kHz。此时灵敏度较低（图 5-32）。

c. 频率 f 一定，当被测材料的电阻率 ρ 不同时，会引起 $E = f(t)$ 曲线形状的变化。

5.5.2 电涡流传感器测量电路

测量电路的作用是把线圈阻抗的变化转换为电压或电流的输出。

(1) 电桥电路

电桥电路的原理如图 5-33 所示，图中 A、B 为传感器线圈，它们与 C_1、C_2、R_1、R_2 组成电桥的四个臂。电桥电路的电源由振荡器供给，振荡频率根据涡流式传感器的需要选择，当传感器线圈的阻抗变化时，电桥失去平衡。电桥的不平衡输出经线性放大和检波，就可以得到与被测量（距离）成比例的电压输出。这种方法电路简单，主要用在差分式电涡流传感器中。

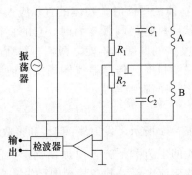
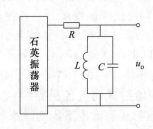

图 5-33　涡流式传感器桥式电路　　　　图 5-34　调幅式电路原理图

(2) 谐振调幅电路

调幅电路是以输出高频信号的幅度来反映涡流探头与被测金属之间的关系。图 5-34 是高频调幅式电路的原理图，石英晶体振荡器通过耦合电阻 R 向由探头线圈和一个微调电容 C 组成的并联谐振回路提供一个稳频稳幅的高频激励信号，相当于一个恒流源。

在没有金属导体的情况下，调整电路的 LC 谐振回路的谐振频率 $f_0 = 1/2\pi\sqrt{LC}$ 等于激励振荡器的振荡频率（如 1MHz），这时 LC 回路呈现阻抗最大，输出电压的幅值也是最大。当传感器接近被测金属导体时，线圈的等效电感 L 发生变化，谐振回路的谐振频率也随着一起变化，导致回路失谐而偏离激励频率，谐振峰将向左或右移动，从而使输出电压下降，

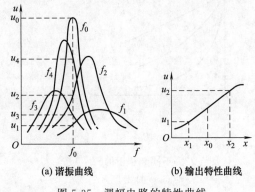

(a) 谐振曲线　　　(b) 输出特性曲线

图 5-35　调幅电路的特性曲线

如图 5-35(a) 所示。若被测体为非磁性材料，线圈的等效电感减小，回路的谐振频率提高，谐振峰向右偏离激励频率，如图 5-35(a) 中 f_1、f_2 所示；若被测材料为软磁材料，线圈的等效电感增大，回路的谐振频率降低，谐振峰向左偏离激励频率，如图 5-35(a) 中 f_3、f_4 所示。

L 的变化与传感器和金属导体的距离 x 有关，因此回路输出电压也随距离 x 变化。输出电压经放大、检波后，由仪表直接显示出 x

的大小。

以非磁性材料为例，电路输出电压幅值与位移的关系曲线如图 5-35（b）所示，由图可知，特性曲线是非线性的，在一定范围内（$x_1 \sim x_2$）是线性的。使用时传感器应安装在线性段中间 x_0 表示的间距处，这个距离的安装位置称之为理想安装位置。

（3）调频式测量电路

图 5-36 所示为调频法测量转换电路。传感器线圈接在 LC 振动器中作为振荡器的电感，与可调电容 C_0 组成振荡器，以振荡器的频率 f 作为输出量。

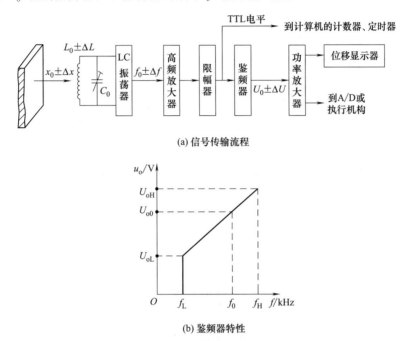

(a) 信号传输流程

(b) 鉴频器特性

图 5-36　调频式测量转换电路原理图

当涡流线圈与被测金属导体的距离 x 改变时，传感器的等效电感 L 发生变化，从而引起振荡器的振荡频率变化。该频率可直接由数字频率计测得，或通过频率/电压转换后用数字电压表测量出对应的电压。振荡器的频率是 x 的函数。

$$f \approx \frac{1}{2\pi\sqrt{L(x)C}} \tag{5.28}$$

5.5.3　电涡流传感器厚度检测的应用

涡流传感器可非接触地测量金属板厚度和非金属板的镀层厚度，如图 5-37（a）所示。当金属板的厚度变化时，传感器与金属板之间的距离改变，从而引起输出电压的变化，由于在工作过程中金属板会上下波动，这将影响其测量精度，因此常用比较方法测量，在板的上下各安装一涡流传感器，如图 5-37（b）所示，其距离为 x，而它们与板的上、下表面分别相距为 x_1 和 x_2，这样板的厚度 δ 为

$$\delta = x - (x_1 + x_2) \tag{5.29}$$

涡流传感器还可以测量位移、振动、转速，在安全监测领域以及表面探伤领域都有典型的应用，是一种应用十分广泛的传感器。

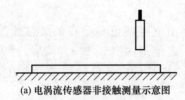

(a) 电涡流传感器非接触测量示意图

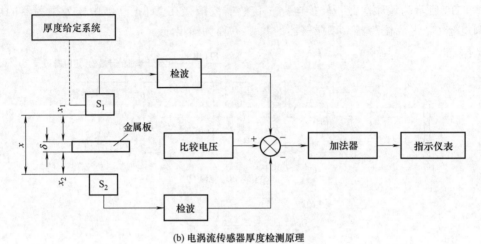

(b) 电涡流传感器厚度检测原理

图 5-37 电涡流传感器厚度检测

【思考题与习题 5】

第6章

位移传感器

学习目标

- 掌握电感式传感器原理及其应用。
- 掌握电位器传感器原理及其应用。
- 掌握感应同步器原理及其应用。
- 掌握光栅位移测试原理及其应用。
- 掌握码盘式传感器原理及其应用。

机械量检测中最重要的检测参数——位移，不仅为机械加工、设计、安全生产以及提高产品质量提供了重要的数据，也为其他参数检测，如机械手旋转位置、速度检测等提供了基础。

位移可以分为角位移和线位移。线位移指的是物体沿某一直线移动的距离，一般称为线位移的检测为长度检测。角位移是指物体绕着某一点转动的角度，一般角位移的检测为角度。传感器根据转换结果可分两种：一种是位移量转换成模拟量，如差分变压式位移传感器、电涡流传感器、电感式位移传感器、霍尔式位移传感器等；另一种是将位移量转换成数字量，如光栅式位移传感器、光电码盘、感应同步器等。

本章就目前使用比较广泛的几种位移传感器做简要的讲述。

6.1　电感式传感器的原理及应用

将被测量转换成电感变化的传感器，称为电感式传感器。电感式传感器是建立在电磁感应定律基础上的，它把被测位移转换成自感系数的变化，然后将 L 接入一定的转换电路，位移的变化可以变成电信号。实物图如图 6-1 所示。

图 6-1　电感式传感器

6.1.1　电感传感器的工作原理及分类

（1）自感和互感原理

当线圈中有电流通过时，线圈的周围就会产生磁场。当线圈中电流发生变化时，其周围的磁场也产生相应的变化，此变化的磁场可使线圈自身产生感应电动势（电动势用以表示有源元件理想电源的端电压），这就是自感。

两个电感线圈相互靠近时，一个电感线圈的磁场变化将影响另一个电感线圈，这种影响就是互感。互感的大小取决于电感线圈的自感与两个电感线圈耦合的程度。

（2）电感传感器的工作原理

电感传感器由线圈、铁芯和衔铁三部分组成，铁芯和衔铁由导磁材料制成，结构示意图如图 6-2 所示。

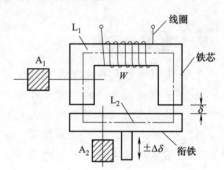

图 6-2　电感式位移传感器结构示意图

线圈中电感量可由下式确定

$$R_m = R_c + R_\delta = \frac{l}{\mu A} + \frac{2\delta}{\mu_0 A_0} \qquad (6.1)$$

式中　　R_m——磁路总磁阻；

R_c、R_δ——分别为铁芯和衔铁的电阻、空气隙的电阻；

l——铁芯和衔铁的磁路长度，m；

μ——铁芯和衔铁的磁导率，H/m；

A——铁芯和衔铁的横截面，m^2；

A_0——空气隙的导磁横截面积，m^2；

δ——气隙长度，m；

μ_0——空气隙的磁导率，H/m。

由于铁芯和衔铁通常是用高磁导率的材料制成的，工作在非饱和状态下，其磁导率远大于空气隙的磁导率，故 R_c 可以忽略不计，即

$$R_m \approx R_\delta \approx \frac{2\delta}{\mu_0 A_0} \qquad (6.2)$$

$$L = \frac{N^2}{R_m} = \frac{N^2 \mu_0 A_0}{2\delta} \qquad (6.3)$$

式中，N 为线圈匝数。在铁芯和衔铁之间有气隙，传感器的运动部分与衔铁相连。当衔铁移动时，气隙厚度 δ 发生改变，引起磁路中磁阻变化，从而导致电感线圈的电感值变化，因此只要能测出这种电感量的变化，就能确定衔铁位移量的大小和方向。

根据式（6.3），可将电感式传感器分为三类，如图 6-3 所示。

①变间隙式传感器　变间隙式传感器的线圈是套在铁芯上的，在铁芯与衔铁之间有一个空气隙，空气隙厚度为 δ，传感器的运动部分与衔铁相连，当运动部分产生位移时，空气隙厚度发生变化，从而使电感值发生变化。

②变面积式传感器　当气隙长度变化时，铁芯和衔铁之间相对而言覆盖面积随被测量的变化而变化，线圈电感量与磁通横截面 S 成正比，是一种线性关系，这种传感器成为变面积式电感式传感器。

③螺管式传感器　螺管式传感器也称为螺管插铁式电感传感器，其结构如图 6-3（c）所示，主要元件由一只螺线管和一根柱形衔铁构成。螺管式传感器工作时，衔铁随被测对象的移动而移动，线圈磁力线路径上的磁阻发生变化，线圈的电感也随之变化。线圈的电感与铁

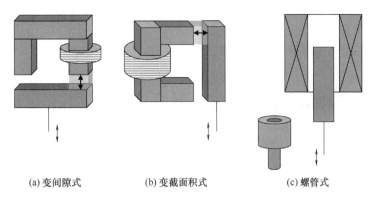

(a) 变间隙式   (b) 变截面积式   (c) 螺管式

图 6-3 三类电感式传感器

芯插入线圈的深浅程度有关。

④ 差动式电感传感器 前面几种类型的电感式传感器
都存在着严重的非线性问题，为了减小非线性，在实际使用
中常采用两个相同的传感器线圈共用一个活动的衔铁，构成
差动式电感传感器，来提高系统灵敏度，减小测量误差。
图 6-4 是差动式电感传感器的电路图。

(3) 电感式传感器的输出特性

为了正确使用这类传感器，须了解电感式传感器的输出
特性。

① 变间隙式特性 由式（6.1）可知，改变间隙 δ 的自
感传感器的输出特性如图 6-5 所示，其 L 与 δ 呈双曲线关
系，即输出特性为非线性。其灵敏度为

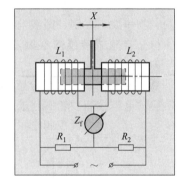

图 6-4 差动式电感传感器电路图

$$K = \frac{\mathrm{d}L}{\mathrm{d}\sigma} = \frac{N^2 \mu_0 S_0}{2\sigma^2} = \frac{L}{\sigma} \tag{6.4}$$

由上式可知，在 δ 小的情况下，具有很高的灵敏度，传感器的初始间隙 σ_0 之值不
能过大，通常 $\sigma_0 = 0.1 \sim 0.5\mathrm{mm}$。为了使传感器有较好的线性输出特性，必须限制测
量范围，衔铁的位移一般不能超过 $(0.1 \sim 0.2)\sigma_0 \ \mathrm{mm}$，故这种传感器多用于微小位移
测量。

② 变面积式特性 由式（6.5）可知，改变气隙截面积 S 的自感传感器输出特性如图 6-6
所示，其 L 与 s 呈线性关系，灵敏度为

$$K = \frac{\mathrm{d}L}{\mathrm{d}S} = -\frac{N^2 \mu_0}{2\sigma} = 常数 \tag{6.5}$$

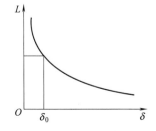

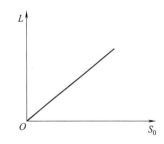

图 6-5 变间隙式电感传感器的输出特性   图 6-6 变面积式电感传感器的输出特性

这种传感器在改变截面时，其衔铁行程受到的限制小，故测量范围较大。因衔铁易做成转动式，故多用于角位移测量。螺管式电感传感器，由于磁场分布不均匀，故从理论上分析较困难。由实验可知，其输出特性为非线性关系，且灵敏度较前两种形式低，但测量范围广，且结构简单，装配容易，又因螺管可以做得较长，故宜于测量较大的位移。

6.1.2 电感式传感器的应用

带有模拟输出的电感式接近传感器是一种测量控制位置偏差的电子信号发生器，其用途非常广泛。例如，可测量弯曲和偏移、振荡的振幅高度，可控制尺寸的稳定性、定位、对中心率或偏心率。

电感式传感器还可用作磁敏速度开关、齿轮测速等，该类传感器广泛应用于纺织、化纤、机床、机械、冶金、机车汽车等行业的链轮齿速度检测，链输送带的速度和距离检测，齿轮计数转速表及汽车防护系统的控制等。另外，该类传感器还可用在给料管系统中小物体检测、物体喷出控制、断线监测、小零件区分、厚度检测和位置控制等。

（1）自感式传感器在磨削测量系统中的应用

砂轮顺时针旋转，加工工件逆时针旋转，接触到时开始磨削，先在计算机中输入设定值，对系统供电，电感是传感器输出当前测量值，计算机即得到设定值与实际值之间的差值，启动电机控制砂轮右移磨削工件，此过程电感传感器检测实际值变换，直到比较器得到差值为零时，计算机控制电机停止工作，工件加工完成，如图 6-7 所示。

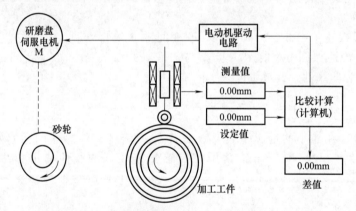

图 6-7　自感式传感器在磨削测量系统中的应用示意图

（2）自感式传感器在压力计上的应用

自感式压力传感器的结构原理如图 6-8 所示，它属于变隙式差动传感器中的一种，其弹性敏感元件为弹簧管，其测量电路为变压器式交流电路，其电压输出应接相敏整流电路。

当被测压力 p 变换时，弹簧管 1 发生形变，其自由端 A 产生位移，带动与之刚性连接的衔铁 3 移动。衔铁的移动使得传感器线圈中气隙厚度发生变化，其电感量也将变化。衔铁若向上的气隙变小，它的电感量变大，线圈的气隙变大，其电感量变小。反之，衔铁若向下移动，则线圈的气隙变小，此时线圈电感量变小，电感量变大。又因为线圈气隙减小的距离就是线圈气隙增大的距离（反之亦然），因而当移动时，传感器线圈的电感量总是发生大小相等、符号相反的变化。通过衔铁和交流电桥测量电路，即可将此电感量的变化转换成电压输出，其输出电压的大小与被测压力成正比。

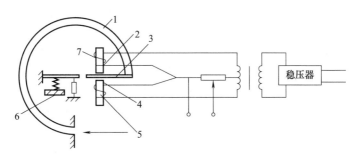

图 6-8　BYM 型自感式压力传感器

1—弹簧管；2,4—铁芯；3—衔铁；5,7—线圈；6—调节螺钉

（3）电感式传感器测厚仪

图 6-9 所示为自感测厚仪，它采用差动结构，其测量电路为带有半波电压输出型相敏整流电路的交流电桥。该电路将变隙式差动传感器的两个自感线圈作为电桥的两个桥臂，另外两个桥臂由固定电感构成。当被测物的厚度发生变化时，引起测杆上下移动，带动可动铁芯产生位移，从而改变了气隙的厚度，使自感线圈的电感量发生相应的变化。此电感变化量经过带相敏整流的交流电桥测量后，送测量仪表显示，其大小与被测物的厚度成正比。

（4）电感式传感器在生产中测量产品的长度

在生产漆包线、钢丝、钢带、布匹时，可使用如图 6-10 所示的方法进行长度的测量。

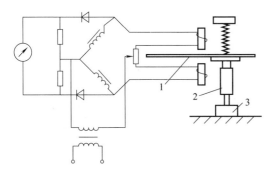
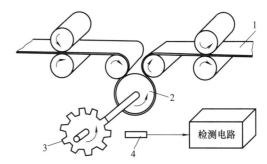

图 6-9　可变气隙式电感测微计原理图

1—可动铁芯；2—测杆；3—被测物

图 6-10　电感式传感器测量产品长度的工作原理图

1—被测物体；2—测长辊子；3—齿形盘；4—接近传感器

（5）电感式传感器在液位测量中的应用

图 6-11 是采用了电感式传感器的沉筒式液位计。由于液位的变化，沉筒所受浮力也产生变化，这一变化转变成衔铁的位移，从而改变了差动变压器的输出电压，这个输出值反映液化的变化值。

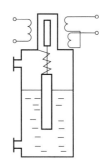

图 6-11　沉筒式液位计

6.1.3　选用电感式传感器

电感式传感器有差动式与非差动式之分，前面叙述的变面积、变气隙长度、螺管式几种类型指的是非差动式电感传感器，虽然结构简单、运用方便，但存在着缺点，如自感线圈流向负载的电流不可能等于 0、衔铁受到吸力，线圈电阻受温度影响，有温度误差，不能反映被测量的变化方向等。因此，在实际中应用较少，而常采用差动式电感传感器。

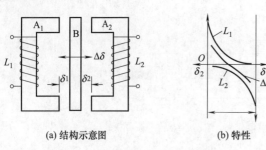

(a) 结构示意图　　　　(b) 特性

图 6-12　差动变间隙式电感传感器

差动式电感传感器是特有公共衔铁的两个相同自感传感器结合在一起的一种传感器，上述三种类型的电感式传感器都有相应的差动形式。图 6-12 为差动变间隙式电感传感器结构及特性。

通过以上可知差动方式工作比相同情况下单边方式工作有如下优点。

① 衔铁在中间位置附近时，差动方式比单边方式的灵敏度高一倍；

② 差动方式工作实际上是将 L_1 和 L_2 接在电桥的相邻臂上，故有温度自补偿作用和抗外磁场干扰能力较强的优点；

③ 差动方式工作，由于结构对称，故衔铁受到的电磁吸力为上下两部分电磁吸力之差，这在某种程度上可以得到补偿，且线性度高。

6.2　电位器式传感器的原理及应用

6.2.1　电位器式传感器的工作原理及结构

(1) 基本工作原理

被测量的变化导致电位器阻值变化的敏感元件称为电位器式传感器，其实物图如图 6-13 所示。

电位器式电阻传感器的工作原理是基于均匀截面导体的电阻计算，即

$$R = \rho \frac{L}{S} \tag{6.6}$$

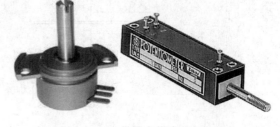

图 6-13　电位器式传感器实物图

式中　ρ——导体的电阻串，$\Omega \cdot m$；

L——导体的长度，m；

S——导体的截面积，m^2。

由式(6.6) 可知，当 ρ 和 S 一定时，其电阻 R 与长度 L 成正比。如将上述电阻做成线性电位计，如图 6-14 所示，并通过被测量改变电阻丝的长度，即移动电刷位置，则可实现位移与电阻间的线性转换，这就是电位器式传感器的工作原理。

图 6-14(a) 为直线式电位计，可测线位移；图 6-14(b) 为旋转式电位计，可测角位移。为了正确使用这种传感器，须了解负载对传感器特性的影响。

(2) 电位器式电阻传感器输出特性

电位器式电阻传感器在实际使用时，其输出端是接负载的，如图 6-15 所示。图中 R_L 是负载电阻，可理解为测量仪表的内阻或放大器的输入电阻，直线电位计的全长；R 为电位计的总电阻；x 为电刷的位移量；R_x 为随电刷位移 x 而变化的电阻，其值为

$$R_x = \frac{x}{l} R \tag{6.7}$$

当电位计的工作电压为 U 时，其输出电压为

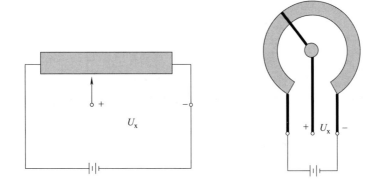

(a) 直线式电位计　　　　　　　　(b) 旋转式电位计

图 6-14　电位器式传感器结构示意图

$$U_\mathrm{x} = \cfrac{\cfrac{R_\mathrm{x} R_\mathrm{L}}{R_\mathrm{x} + R_\mathrm{L}}}{(R - R_\mathrm{x}) + \cfrac{R_\mathrm{x} R_\mathrm{L}}{R_\mathrm{x} + R_\mathrm{L}}} \times U \qquad (6.8)$$

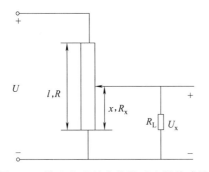
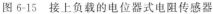

图 6-15　接上负载的电位器式电阻传感器

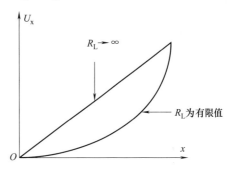

图 6-16　电位器式传感器的输出特性

由式(6.8) 可知，当传感器接上负载后，其输出电压 U_x 与位移 x 呈非线性关系；只有当 $R_\mathrm{L} \to \infty$ 时，其输出电压才与位移成正比（图 6-16），即

$$U_\mathrm{x} = \frac{R_\mathrm{x}}{R} U = \frac{U}{l} x \qquad (6.9)$$

为消除非线性误差的影响，在实际使用时，应使 $R_\mathrm{L} > 20R$，这时可保证非线性误差小于 1.5％。上述条件在一般情况下均能满足，如不能满足这一条件，则必须采取特殊补偿措施。

（3）电位器式传感器结构

电位器式传感器由骨架、电阻丝和电刷（活动触点）等组成。电刷是由回转轴、滑动触点元件以及其他被测量相连接的机构所驱动。

① 电阻丝　电位器式传感器对电阻丝的要求是：电阻系数大，温度系数小，对铜的热电势应尽可能小；对于细丝的表面要有防腐蚀措施，柔软，强度高。此外，要求能方便地锡焊或点焊以及在端部易银焊、镀银，且熔点要高，以免在高温下发生蠕变。

常用的材料有铜镍合金类、铜锰合金类、铀铱合金类、镍铬丝、卡玛丝（镍铬铁铝合金）及银钯丝等。

裸丝绕制时，线间必须存在间隔，而涂漆或经氧化处理的电阻丝可以绕制成电阻体，但电刷的轨道上需清除漆皮或氧化层。

② 骨架　对骨架材料要求形状稳定（其热膨胀系数和电阻丝的相近），表面绝缘电阻高，并希望有较好的散热能力。常用的有陶瓷、酚醛树脂和工程塑料等，也可用经绝缘处理的金属材料，这种骨架因传热性能良好，适用于大功率电位器。

③ 电刷　电刷结构上往往反映出电位器的噪声电平。只有当电刷与电阻丝材料配合恰当、触点有良好的抗氧化能力、接触电势小，并有一定的接触压力时，才能使噪声降低。否则，电刷可能成为引起振动噪声的源。采用高固有频率的电刷结构效果较好，常用电位器的接触能力在 $0.005\sim0.05\mu m$ 之间。

电位器式传感器具有结构简单、成本低、输出信号大、精度高、性能稳定等优点，虽然存在着电噪声大、寿命短等缺点，但仍被广泛应用于线位移或角位移的测量之中。

6.2.2　电位器式传感器的应用

电位器式传感器在雷达天线中的应用，该雷达天线伺服控制系统是一个电位器位置随动系统，用来实现雷达天线的跟踪控制，由位置检测仪器、电压比较放大器、可逆功率放大器、执行机构组成。

如图 6-17 所示，当两个电位器位置一样时，电位器输出电压为 0，电机转速为 0，系统静止；当转动手轮，经减速器带动雷达天线转动，雷达天线通过机械机构带动电位器 2 转轴转动，只要角度 θ 小于角度 θ^*，电动机就带动雷达天线缩小偏差的方向运动，当角度相同，系统才会静止。

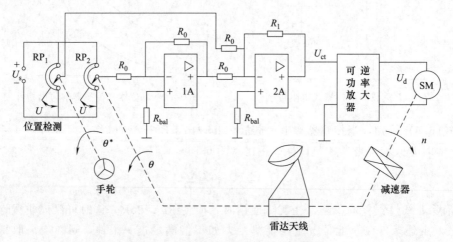

图 6-17　雷达天线伺服控制系统原理图

6.2.3　电位器式位移传感器的选用

电位器是人们常用到的一种机电传感元件。电位器的种类繁多，这里就工业传感器用的电位器予以介绍。

（1）线绕电位器式传感器

线绕电位器的电阻体由电阻丝缠绕在绝缘物上构成。电阻丝的种类很多，电阻丝的材料是根据电位器的结构、容纳电阻丝的空间、电阻值和温度系数来选择的。电阻丝越细，在给定空间内越能获得较大的电阻值和分辨率。但电阻丝太细,在使用过程中容易断开,影响传感器的寿命。

（2）非线绕电位器式传感器

为了克服线绕电位器存在的缺点,人们在电阻的材料及制造工艺上下了很多功夫,发展了各种非线绕电位器。

① 合成膜电位器　合成膜电位器的电阻体是用具有某一电阻值的悬浮液喷涂在绝缘骨架上形成电阻膜而成的。这种电位器的优点是分辨率较高、电阻范围很宽（$100\Omega\sim4.7M\Omega$）、耐磨性较好、工艺简单、成本低、输入/输出信号的线性度较好等,其主要缺点是接触电阻大、功率不够大、容易吸潮、噪声较大等。

② 金属膜电位器　金属膜电位器由合金、金属或金属氧化物等材料通过真空溅射或电镀方法,沉积在瓷基体上一层薄膜制成。

金属膜电位器具有无限的分辨率,接触电阻很小,耐热性好,它的满负荷温度可达70℃。与线绕电位器相比,它的分布电容和分布电感很小,所以特别适合在高频条件下使用。它的噪声信号仅高于线绕电位器。金属膜电位器的缺点是耐磨性较差,阻值范围窄,一般在 $10\sim100k\Omega$ 之间。由于这些缺点限制了它的使用。

③ 导电塑料电位器　导电塑料电位器又称为有机实心电位器,这种电位器的电阻体是由塑料粉及导电材料的粉料经塑压而成。导电塑料电位器的耐磨性好,使用寿命长,允许电刷接触压力很大,因此它在振动、冲击等恶劣的环境下仍能可靠地工作。此外,它的分辨率较高,线性度较好,阻值范围大,能承受较大的功率。导电塑料电位器的缺点是阻值易受温度和湿度的影响,故精度不易做得很高。

④ 导电玻璃釉电位器　导电玻璃釉电位器又称为金属陶瓷电位器,它是以合金、金属化合物或难熔化合物等为导电材料,以玻璃釉为黏结剂,经混合烧结在玻璃基体上制成的。导电玻璃釉电位器的耐高温性好,耐磨性好,有较宽的阻值范围,电阻温度系数小且抗湿性强。导电玻璃釉电位器的缺点是接触电阻变化大、噪声大、不易保证测量的高精度。

（3）光电电位器式传感器

光电电位器是一种非接触式电位器,它用光束代替电刷。光电电位器主要是由电阻体、光电导层和导电电极组成。光电电位器的制作过程是先在基体上沉积一层硫化镉或硒化镉的光电导层,然后在光电导层上再沉积一条电阻体和一条导电电极。在电阻体和导电电极之间留有一个窄的间隙。平时无光照时,电阻体和导电电极之间由于光电导层电阻很大而呈现绝缘状态。当光束照射在电阻体和导电电极的间隙上时,由于光电导层被照射部位的亮电阻很小,使电阻体被照射部位和导电电极导通,于是光电电位器的输出端就有电压输出。输出电压的大小与光束位移照射到的位置有关,从而实现了将光束位移转换为电压信号输出。

光电电位器最大的优点是非接触型,不存在磨损问题,它不会对传感器系统带来任何有害的摩擦力矩,从而提高了传感器的精度、寿命、可靠性及分辨率。光电电位器的缺点是接触电阻大,线性度差。由于它的输出阻抗较高,需要配接高输入阻抗的放大器。尽管光电电位器有着不少的缺点,但由于它的优点是其他电位器所无法比拟的,因此在许多重要场合仍得到应用。

6.3　感应同步器的原理及应用

感应同步器是利用两个平面形印刷电路绕组的互感随其位置变化的原理制成的,如

图 6-18 所示。按其用途可分为直线感应同步器和圆感应同步器两大类，前者用于直线位移的测量，后者用于转角位移的测量。

图 6-18   感应同步器实物图

感应同步器具有精度和分辨力高、抗干扰能力强、使用寿命长、工作可靠等优点，被广泛应用于大位移静态与动态测量。

6.3.1   感应同步器的工作原理及结构

（1）基本工作原理

当励磁绕组用 10kV 的正弦电压励磁时，会产生同频率的交变磁通。这个交变磁通与感应绕组耦合，在感应绕组上产生同频率的交变电势。这个电势的幅值除了与励磁频率、感应绕组耦合的导体组、耦合长度、励磁电流、两绕组间隙有关外，还与两绕组的相对位置有关。为了说明感应电势和位置的关系，当滑尺上的正弦绕组 s 和定尺上的绕组位置重合（A 点）时，耦合磁通最大，感应电势最大；当继续平行移动滑尺时，感应电势慢慢减小，当移动到 1/4 节距位置处（B 点），在感应绕组内的感应电势相抵消，总电势为 0；继续移动到半个节距时（C 点），可得到与初始位置极性相反的最大感应电势；在 3/4 节距处（D 点）又变为 0。移动到下一个节距时，又回到与初始位置完全相同的耦合状态，感应电势为最大。这样感应电势随着滑尺相对定尺的移动而呈周期性变化。同理可以得到定尺绕组与滑尺上余弦绕组 c 之间的感应电势周期变化图像，如图 6-19 所示。

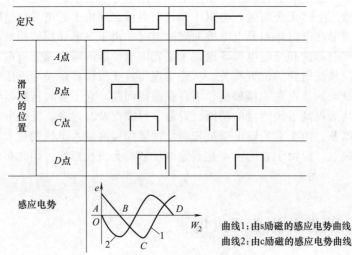

曲线1：由s励磁的感应电势曲线
曲线2：由c励磁的感应电势曲线

图 6-19   感应电势与两绕组相对位置的关系

适当加大励磁电压，将获得较大的感应电势，但过大的励磁电压将引起过大的励磁电流，致使温升过高而不能正常工作，一般选用 $1 \sim 2V$。当励磁频率 f 等一些参数选定之后，通过信号处理电路，就能得到被测位移与感应电势的对应关系，从而达到测量的目的。

（2）感应同步器结构

直线感应同步器由定尺和滑尺组成，如图 6-20 所示。

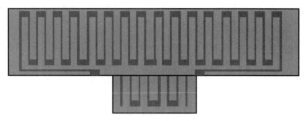

图 6-20　直线感应同步器的外形

定尺和滑尺上均做成印刷电路绕组，定尺为一组长度为 250mm 均匀分布的连续绕组，如图 6-21(a) 所示，节距 $W_2 = 2(a_2 + b_2)$，其中 a_2 为导电片片宽，b_2 为片间间隔。滑尺包括两组节距相等，两组间相差 $90°$ 电角交替排列的正弦绕组和余弦绕组。为此两相绕组中心线距应为 $L_1 = (n/2 + 1/4)W_2$，其小 n 为正整数。两相绕组节距相同，都为 $W_1 = 2(a_1 + b_1)$，其中 a_1 为片宽，b_1 为片间隔。目前一般取 $W_2 = 2mm$。滑尺有图 6-21（b）所示的 W 形和图 6-21（c）所示的 U 形。

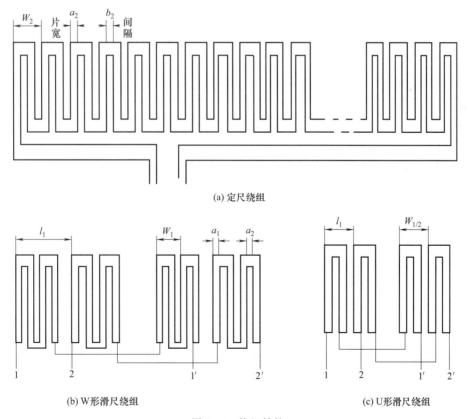

(a) 定尺绕组

(b) W 形滑尺绕组　　　　　　　　　　(c) U 形滑尺绕组

图 6-21　绕组结构

定尺、滑尺截面结构如图6-22所示。定尺绕组表面上涂一层耐切削液绝缘清漆涂层。滑尺绕组表面有带绝缘层的铝箔，起静电屏蔽作用。将滑尺用螺钉安装在机械设备上时，铝箔起着自然接地的作用。它应足够薄，以免产生较大涡流，不但损耗功率，而且影响电磁耦合和造成去磁现象。可选用带塑料的铝箔（铝金纸），总厚度约为0.04mm左右。

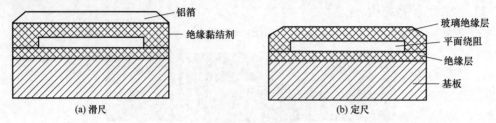

图6-22　定尺、滑尺的截面结构

常用电解铜箔构成平面绕组导片，要求厚薄均匀，无缺陷。一般选用0.1mm以下，容许通过的电流密度为$5A/mm^2$。基板用磁导率高、矫顽磁力小的导磁材料制成，一般用优质碳素结构钢。其厚度为10mm左右。

用酚醛玻璃环氧丝布和聚乙烯醇缩丁醛胶或采用聚酰胺作固化剂的环氧树脂为绝缘层的黏合材料，其黏着力强、绝缘性好。一般绝缘黏合薄膜厚度小于0.1mm。

(3) 感应同步器滑尺接线方式

为了减小由于定尺和滑尺工作面不平行或气隙不均匀带来的误差，正弦和余弦绕组交替排列。为了消除U形绕组各横向段导线部分产生的环流电势，两同名（正弦或余弦）相邻绕组要反串接线。端部环流电势抵消示意图如图6-23所示。

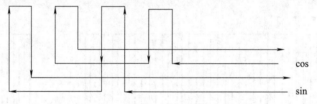

图6-23　端部环流电势抵消示意图

6.3.2　感应同步器的应用

感应同步器的应用很广泛，它与数字位移显示装置（简称感应同步器数显表）配合，能进行各种位移的精密测量，并能实现数字显示，实现整个测量系统的自动化。

在感应同步器鉴相型系统中，供给滑尺的正、余弦绕组的励磁信号是频率、幅值相同的交流电压，并根据定尺的感应电压的相位来测定滑尺和定尺之间的相对位移量，即鉴别定尺上感应电压的相位。

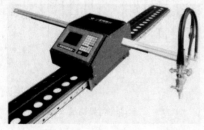

图6-24　数控切割机实物图

可测得定尺和滑尺之间的相对位移。数控切割机（图6-24）闭环系统采用鉴相型系统时，当切割机工作时，由于定尺和滑尺之间产生了相对位移，则定尺上感应电压的相位发生了变化，其值与指令信号的相位角度不同时，鉴相器有信号输出，使切割机伺服驱动机构带动主传动机构移动。当滑尺和定尺的相对位移达到指令要求值时，鉴相器输出电压为零，以达到位置检测的目的，并定位切割。

6.3.3 感应同步器的选用

（1）感应同步器的分类

上述介绍是以直线式感应同步器为例的，在角位移的测量中会利用原理相同的圆感应同步器，其结构如图 6-25 所示。圆感应同步器又称旋转式感应同步器，其转子相当于直线感应同步器的定尺，定子相当于滑尺。目前按感应同步器直径，大致可分成 302mm、178mm、76mm、50mm 四种。其径向导体数也称极数，有 360 极、720 极、1080 极和 512 极。一般来说，在极数相同的情况下，圆感应同步器的直径做得越大，越容易做得准确，精度也就越高。

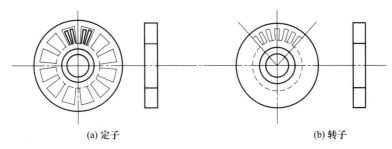

(a) 定子   (b) 转子

图 6-25 圆感应同步器的结构示意图

（2）感应同步器的技术参数

通过电气参数的分析，可进一步了解感应同步器的工作原理。感应同步器的电气原理与变压器相同，故可用同一等效电路来表征，但由于感应同步器是弱磁场空气耦合器件，因而与一般的铁芯电机有很大的差别。

① 感抗　同步器绕组处在磁导率为 μ_0 的介质中（即使是铁基板，也还存在很大的气隙），因而在通常所采用的工作频率下（$f=1\sim10\text{kHz}$），绕组的感抗小于电阻，感抗值大约是后者的 2%。

② 输出电压　由于原、副端之间存在很大的气隙，大致相当于极距的 25% 左右，原、副端耦合很松，故励磁电压远比输出电压大。当原、副端耦合的电压最大时，两者之比称为电压传递系数 k_u。电压传递系数与感应同步器的尺寸、极数、工作频率及气隙大小有关，其变化很大，通常在几十到几百之间。

③ 输入电压失真系数大于励磁电压失真系数　由于励磁电压几乎全部变为电阻压降，所以励磁电流的大小只取决于励磁电压和绕组电阻，而与频率无关。在励磁电压存在失真的情况下，次谐波电压成分对基波电压成分的比值，经过感应同步器，在其输出电压中将与谐波次数成正比地增大。故输出电压的失真系数要大于励磁电压的失真系数。

④ 抗干扰能力　输出阻抗的绝对值较小，约为几欧到几十欧，因而虽然输出信号较小，但构成的系统仍有较强的抗干扰能力。

⑤ 相位移　相位移是指输出电压相对励磁电压的相位变化，相位移近似等于 90°。对于次级输出电压的参考相位，也应取和初级励磁电压大致成 90° 的相位，而不应取 0° 的相位。

⑥ 电枢反应　在感应同步器系统中，负载电流远比励磁电流小，又由于输出电动势几乎和励磁电流成 90° 的正交关系，所以电枢反应可以忽略。

6.4 光栅位移测试的原理及应用

很早以前，人们就将光栅的衍射现象应用于光谱分析和测量光波波长等方面，但直到 20 世纪 50 年代，才开始利用光栅的莫尔条纹现象把光栅作为测量长度的计量元件，从而出现了光栅式位移传感器。现在人们把这种光栅称为计量光栅。由于它的原理简单、装置也不十分复杂、测量精度高、可实现动态测量、具有较强的抗干扰能力，被广泛应用于长度和角度的精密测量，如图 6-26 所示。

图 6-26 光栅位移传感器

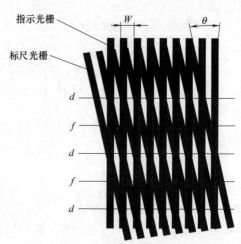

图 6-27 光栅莫尔条纹形成

6.4.1 光栅位移传感器的工作原理及结构

（1）基本工作原理

① 基本原理　把两块栅距 W 相等的光栅平行安装，当它们的刻痕之间有较小的夹角 θ 时，光栅上会出现若干条明暗相间的条纹，这种条纹称莫尔条纹，它们沿着与光栅条纹几乎垂直的方向排列，如图 6-27 所示。

② 莫尔条纹　光栅式传感器的基本工作原理是利用光栅的莫尔条纹现象来进行测量。所谓莫尔条纹是指当指示光栅与主光栅的线纹相交一个微小的夹角，由于挡光效应或加衍射，这时在与光栅线纹大致垂直的方向上产生明暗相间的条纹，如图 6-27 所示。在刻线重合处，光从缝隙透过形成亮带，如图 6-27 所示，两块光栅的线纹彼此错开，由于挡光作用而形成黑带，如图 6-27 中 f-f 所示。这时亮带、黑带之间就形成了明暗相间的条纹，即为莫尔条纹。莫尔条纹的方向与刻线的方向相垂直，故又称横向条纹。

（2）光栅位移传感器结构

主光栅和指示光栅在平行光的照射下，形成莫尔条纹。如图 6-28、图 6-29 所示，主光栅是光栅测量装置中的主要部件，整个测量装置的精度主要由主光栅的精度来决定。光源和聚光镜组成照明系统，光源放在聚光镜的聚焦平面上，光线经聚光镜成平行光投向光栅。光源主要有白炽灯等普通光源和砷化镓（GaAs）为主的固态光源。白炽灯有较大的输出功率，较高的工作范围，而且价格便宜；但存在着辐射热量大、体积大和不易小型化等弱点，故而

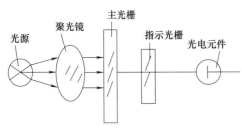

图 6-28 黑白透射光栅光路

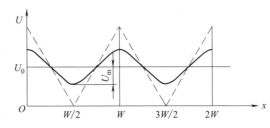

图 6-29 主栅和指示栅的结构

应用越来越少。砷化镓发光二极管有很高的转换效率，而且功耗低，散热少，体积小，近年来应用较为普遍。光电元件主要有光电池和光敏晶体管，它把由光栅形成的莫尔条纹的明暗强弱变化转换为电量输出。光电元件最好选用敏感波长与光源相接近的，以获得较大的输出，一般情况下，光敏元件的输出都不是很大，要同放大器、整形器一起将信号变为要求的输出波形。

（3）光栅位移传感器输出特性

莫尔条纹的位移与光栅的移动成比例。光栅每移动过一个栅距 W，莫尔条纹就移动过一个条纹间距 B，莫尔条纹具有位移放大作用。莫尔条纹的间距 B 与两光栅条纹夹角之间关系为

$$B = \frac{W}{2\sin\frac{\theta}{2}} \approx \frac{W}{\theta} \tag{6.10}$$

通过光电元件，可将莫尔条纹移动时光强的变化转换为近似正弦变化的电信号，如图 6-30 所示。

通过前面分析可知，主光栅移动一个栅距 W，莫尔条纹就变化一个周期，通过光电转换元件，可将莫尔条纹的变化变成近似的正弦波形的电信号。电压小的相应于暗条纹，电压大的相应于明条纹，它的波形看成是一个直流分量上叠加一个交流分量。

图 6-30 莫尔条纹转换的电信号曲线

$$U = U_0 + U_m \sin\left(\frac{x}{W}360°\right) \tag{6.11}$$

式中　W——栅距；
　　　x——主光栅与指示光栅间瞬时位移；
　　　U_0——直流电压分量；
　　　U_m——交流电压分量幅值；
　　　U——输出电压。

由上式可见，输出电压反映了瞬时位移的大小。当 x 从 0 变化到 W 时，相当于电角度变化了 360°，如采用 50 线/mm 的光栅时，若主光栅移动了 x mm，即 $50x$ 条。将此条数用计数器记录，就可知道移动的相对距离。

由于光栅传感器只能产生一个正弦信号，因此不能判断 x 移动的方向。为了能够辨别方向，还要在间隔 1/4 个莫尔条纹间距 B 的地方设置两个光电元件。辨向环节的方框图如图 6-31 所示。

125

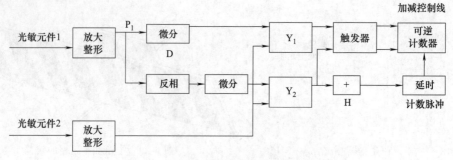

图 6-31　光栅位移传感器的辨向转换电路

正向运动时，光敏元件 2 比光敏元件 1 先感光，此时与门 Y_1 有输出，将加减控制触发器置"1"，使可逆计数器的加减控制线为高电位。同时 Y_1 的输出脉冲又经或门送到可逆计数器的计数输入端，计数器进行加法计数。反向运动时，光敏元件 1 比光敏元件 2 先感光，计数器进行减法计数，这样就可以区别旋转方向。

6.4.2　光栅位移传感器的应用

由于光栅传感器测量精度高，动态测量范围广，可进行无接触测量，易实现系统的自动化和数字化，因而在机械工业中得到广泛应用。特别是在量具、数控机床的闭环反馈控制等方面，光栅传感器起着重要作用。

光栅位移传感器在机床上的应用如下。

光栅传感器通常作为测量元件应用于机床定位、长度和角度计量仪器中，并用于测量速度、加速度、振动等。用于机床上的光栅头，采用直接接收光学系统。光源发出的光经准直镜获得平行光，垂直照射到光栅与主光栅上。主光栅装在机床的导轨上，莫尔条纹信号用光电接收元件接收，挡光螺钉是用来调整信号的。在这个装置中，采用位置四倍频细分原理对莫尔信号进行电子细分。为了防止灰尘、切屑等污染物的影响，光栅安装上后，要用密封式防护罩保护。图 6-32 是光栅装在机床上的示意图，图中防护罩等是用来保护光栅的。

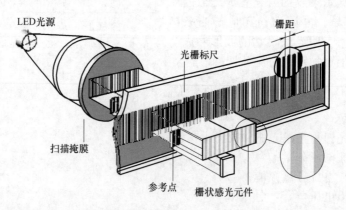

图 6-32　光栅装在机床上的示意图

6.4.3　光栅位移传感器的选用

在几何量精密测量领域内，光栅按其用途分长光栅和圆光栅两类。

刻画在玻璃尺上的光栅称为长光栅，也称光栅尺，用于测量长度或几何位移。根据栅线形式的不同，长光栅分为黑白光栅和闪烁光栅。黑白光栅是指只对入射光波的振幅或光强进行调制的光栅。闪烁光栅是指对入射光波的相位进行调制，也称相位光栅。根据光线的走向，长光栅还分为透射光栅和反射光栅。透射光栅是将栅线刻制在透明材料上，常用光学玻璃和制版玻璃。反射光栅的栅线刻制在具有强反射能力的金属上，如不锈钢或玻璃镀金属膜（如铝膜），光栅也可刻制在钢带上，再黏结在尺基上。

刻画在玻璃盘上的光栅称为圆光栅，也称光栅盘，用来测量角度或角位移。根据栅线刻画的方向，因光栅分两种，一种是径向光栅，其栅线的延长线全部通过光栅盘的圆心；另一种是切向光栅，其全部栅线与一个和光栅盘同心的小圆相切。按光线的走向，圆光栅只有透射光栅。计量光栅的分类可如图6-33所示。

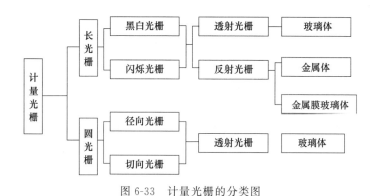

图6-33　计量光栅的分类图

6.5　码盘式传感器的原理及应用

码盘又称角数字编码器，它建立在编码器的基础上，是测量轴角位置和位移的方法之一。只要编码器保证一定的制作精度，并配置合适的读出部件，这种传感器可以达到较高的精度。另外，它的结构简单，可靠性高，因此，在空间技术和数控机械系统等方面获得了广泛的应用。

编码器从原理上看，类型很多，如磁电式、电容式和光电式等，本节只讨论光电式。通常将光电式称之为光电编码器。

编码器包括码盘和码尺，码盘用于测量角度，码尺用于测量长度。由于测量长度的实际应用较少，测量角度应用较广，故这里只讨论光电码盘式传感器。

6.5.1　光电码盘式传感器的工作原理及结构

（1）基本工作原理

光电编码器的码盘通常是一块光学玻璃，玻璃上刻有透光和不透光的图形。编码器光源产生的光经光学系统形成一束平行光投射在码盘上，位于码盘的另一面排列有光敏元件接受透过码盘的光束，对应每一码道有一个光敏元件。当码盘处于不同位置时，各光敏元件根据受光照与否转换输出相应的电平信号。

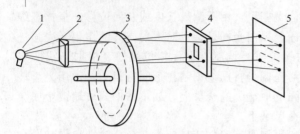

图 6-34 光电码盘式传感器的工作原理

1—光源；2—柱面镜；3—码盘；4—狭缝；5—光电元件

（2）光电码盘式传感器结构

图 6-34 为光电码盘式传感器工作原理。由光源 1 发出的光线，经柱面镜 2 变成一束平行光或会聚光，照射到码盘 3 上，码盘由光学玻璃制成，其上刻有许多同心码道，每位码道上都有按一定规律排列着的若干透光和不透光部分，即亮区和暗区。通过亮区的光线经狭缝 4 后，形成一束很窄的光束照射在光电元件 5 上，光电元件的排列与码道一一对应。当有光照射时，对应于亮区和暗区的光电元件输出的信号相反，例如前者为"1"，后者为"0"。光电元件的各种信号组合，反映出按一定规律编码的数字量，代表了码盘轴的转角大小。由此可见，码盘在传感器中是将轴的转角转换成代码输出的主要元件。

6.5.2 光电码盘式传感器的应用

光电码盘测角装置，光源通过大孔径非球面聚光镜形成狭长的光束照射到码盘上。由码盘转角位置决定位于狭缝后面的光电元件与输出的信号。输出信号经放大、鉴幅（检测"0"或"1"电平）、整形，必要时加纠错和寄存电路，再经当量变换，最后译码显示。

光电码盘的优点是没有触点磨损，因而允许转速高，高频率响应，稳定可靠、坚固耐用、精度高。同时具有结构较复杂、价格较贵等弱点。目前已在数控机床、伺服电机、机器人、回转机械、传动机械、仪器仪表及办公设备、自动控制技术和检测传感技术领域得到广泛的应用，且应用领域不断扩大。

把输出的脉冲 f 和 g 分别输入到可逆计数器的正、反计数端进行计数，可检测到输出脉冲的数量，把这个数量乘以脉冲当量（转角/脉冲），就可测出编码盘转过的角度。为了能够得到绝对转角，在起始位置时，对可逆计数器清零。

在进行直线距离测量时，通常把它装到伺服电动机轴上，伺服电机又与滚珠丝杠相连。当伺服电动机转动时，由滚珠丝杠带动工作台或刀具移动，这时编码器的转角对应直线移动部件的移动量，因此可根据伺服电机和丝杠的传动以及丝杠的导程来计算移动部件的位移。

光电编码器的典型应用产品是轴环式数显表，它是一个将光电编码器与数字电路装在一起的数字式转角测量仪表，如图 6-35、图 6-36 所示。它适用于车床、铣床等中小型机床的进给量和位移量的显示。例如，将轴环数显表安装在车床进给刻度轮的位置，就可直接读出整个

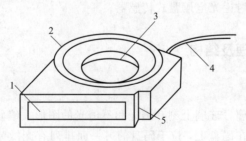

图 6-35 轴环式数显表

1—数显表面板；2—轴环；3—穿轴孔；
4—电源线；5—复位机构

图 6-36 轴环式数显表外形

进给尺寸，从而可以避免人为的读数误差，提高加工精度。特别是在加工无法直接测量的内台阶孔和制作多头螺纹的分头时，更显得优越。它是用数显技术改造老式设备的一种简单易行手段。

　　轴环式数显表由于设置有复零功能，可在任意进给、位移过程中设置机械零位，因此使用方便。

6.5.3　光电码盘式传感器的选用

（1）光电码盘式传感器的材料与分类

　　光电编码器分为增量式和绝对式的。所谓增量式就是转过一个角度就有数个脉冲发生，但查不出现在处于什么位置，只能记录从现在起得到了多少个脉冲，换算出转过多大的角度。绝对式光电编码器不仅可以查到转过去了多大角度，还可得知目前转轴所处的空间位置。

　　① 增量式编码器　光电增量式编码器的基本结构如图 6-37 所示。它主要由安装在旋转轴上的编码圆盘、固定的标度指示盘以及安装在编码圆盘两边的光源和光敏器件组成。在编码圆盘上刻有均匀分布的主信号窗口和零信号窗口，主信号窗口用来产生角度分割的脉冲信号，而零信号窗口则在转轴每旋转一周时产生一个脉冲信号。在指示标度盘上有三个窗口，除了一个作为零信号使用外，其余两个窗口可以获得 0° 和 90° 二相的主信号输出。

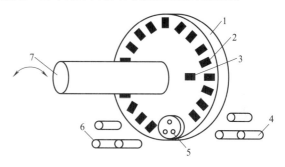

图 6-37　增量式编码器的结构

1—编码圆盘；2—主信号窗口；3—零位信号窗口；
4—发光二极管；5—指示标度盘；
6—光敏三极管；7—旋转轴

　　② 绝对式光电编码器　绝对式光电编码器一般做成二进制编码，码盘的图案由若干个同心圆环构成。从编码器角度来说，这称为码道，码道的道数与二进制的位数（bit）相同。靠近圆心的码道代表高位数码，越往外，位数越低，最外面的是最低位。绝对式光栅的栅线一般都做成光栅条纹。绝对式光电编码器的码盘形式，黑色扇形区表示遮光区，白色扇形区表示透光区。图 6-38 是标准二进制码盘，图 6-39 是循环二进制码（格雷码）盘。标准二进制码盘存在读数模糊问题。由于刻线的不精确问题，扇形的宽度不可能没有误差，这样在扇形边界读数处于临界位置时，会造成很大

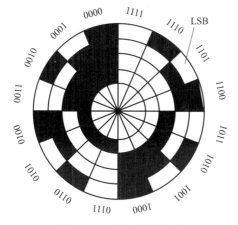

图 6-38　标准二进制码盘

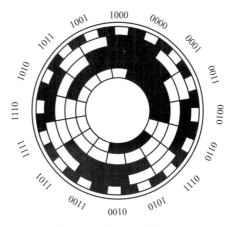

图 6-39　循环二进制码盘

的误差，出现两个以上的不同数字输出，称为模糊现象。模糊现象的出现是由于在某些进位点（如 111111～00000、000111～001000），有两位以上的数码同时改变状态。为了克服模糊现象，可采用表 6-1 所示的循环二进制码。

循环二进制码是一种单位间隔编码。在这种编码方式中，任意两个相邻的数字量之间只有一位数码发生变化，这样，当读数头处于任意两个相邻扇形区的交界线上时，最多只有 ± 1LSB 的误差，因而没有模糊现象。自然二进制码和循环二进制码的比较见表 6-1。

表 6-1 自然二进制码和循环二进制码的比较

D(十进制)	B(二进制)	R(循环码)	D(十进制)	B(二进制)	R(循环码)
0	0000	0000	8	1000	1100
1	0001	0001	9	1001	1101
2	0010	0011	10	1010	1111
3	0011	0010	11	1011	1110
4	0100	0110	12	1100	1010
5	0101	0111	13	1101	1011
6	0110	0101	14	1110	1001
7	0111	0100	15	1111	1000

（2）光电码盘式传感器主要技术指标

① 分辨率　分辨率即每一转所能产生的脉冲数。由于刻线和偏心误差的限制，码盘的图案不能过细，一般线宽 $20 \sim 30 \mu m$。进一步提高分辨率可采用电子细分的方法，现已经达到 100 倍细分的水平。

② 输出信号的电特性　指输出信号的形式(代码形式、输出波形) 和信号电平以及电源要求等参数。

③ 频率特性　对高速转动的响应能力取决于光敏器件的响应和负载电阻以及转子的机械惯量。一般的响应频率为 $30 \sim 80$kHz，最高可达 100kHz。

④ 使用特性　包括器件的几何尺寸和环境温度，采用光敏器件温度差动补偿的方法，其温度范围可达 $-5 \sim 50$℃。外形尺寸有 $\phi 30 \sim \phi 200$mm 不等，它随分辨率提高而加大。

【思考题与习题 6】   【扩展知识 6】

第 7 章

速度及加速度检测

 学习目标

- 认识磁电感应式速度传感器。
- 认识光电式转速计。
- 认识测速发电机。
- 认识光束切断法。
- 认识多普勒测速。
- 认识电磁脉冲式转速计。
- 认识加速度传感器。

速度、转速及加速度是物体机械运动的重要参数，也是工业、农业和国防等领域的经常性检测项目，相应的传感器和检测方法很多，物体运动的速度可分为速度和角速度（转速）。随着生产过程自动化程度的提高，开发出了各种各样的检测线速度和角速度的方法，如磁电式速度计、光电转速计、电磁转速计、测速发电机、离心转速表、差动变压器测速仪等。加速度传感器主要有压电式、电阻应变片式、压阻式等多种加速度传感器。

本章对目前应用最广的电磁式转速计、光电式转速计、测速发动机以及压电式、力平衡式加速度传感器等的原理、结构、特性及应用做简要讲述。

7.1 磁电感应式速度传感器

磁电感应式传感器也称为感应式传感器或电动式传感器。它是利用导体和磁场发生相对运动产生感应电动势的一种机-电能量变换型传感器。不需要供电电源、电路简单、性能稳定、输出阻抗小、频率响应范围广，适用于动态测量，通常用于振动、转速、扭矩等测量。

7.1.1 磁电式传感器的变换原理

根据电磁感应定律，把被测参数变换为感应电动势的传感器称磁电式传感器或磁电感应式传感器。

由电磁感应定律，具有 N 匝线圈的感应电动势 e，其大小取决于磁通 Φ 的变化率，即

$$e = N \frac{\mathrm{d}\Phi}{\mathrm{d}t} \tag{7.1}$$

在电磁感应现象中，关键是磁通量的变化率。线圈中磁通变化率越大，感应电动势 e 越大。磁通量 Φ 的变化实现办法：磁铁与线圈之间做相对运动、磁路中磁阻的变化、恒定磁场中线圈面积的变化。

当线圈在磁场中做直线运动时产生感应电动势的磁电传感器，它所产生感应电动势 e 为

$$e = NBl\sin\theta \frac{\mathrm{d}x}{\mathrm{d}t} = NBlv\sin\theta \tag{7.2}$$

式中　B——磁场气隙磁感应强度；

　　　l——线圈导线长度；

　　　N——线圈的匝数；

　　　v——线圈和磁铁间相对运动的线速度，$v = \dfrac{\mathrm{d}x}{\mathrm{d}t}$；

　　　θ——运动方向和磁感应矢量的夹角。

当 $\theta = 90°$ 时，式(7.2) 可写成

$$e = NBlv \tag{7.3}$$

当线圈在磁场中做旋转运动时产生感应电动势的磁电传感器，它所产生感应电动势 e 为

$$e = NBA\sin\theta \frac{\mathrm{d}\theta}{\mathrm{d}t} = NBA\omega\sin\theta \tag{7.4}$$

式中　ω——角频率，$\omega = \dfrac{\mathrm{d}\theta}{\mathrm{d}t}$；

　　　A——单匝线圈的截面积；

　　　N——线圈的匝数；

　　　θ——线圈法线方向与磁场之间的夹角。

当 $\theta = 90°$ 时，式(7.4) 可写成

$$e = NBA\omega \tag{7.5}$$

由式(7.2) 和式(7.4) 可看出，当传感器结构一定时，B、A、N、l 均为常数，因此，感应电动势 e 与线圈对磁场的相对运动速度 $\mathrm{d}x/\mathrm{d}t$（或 $\mathrm{d}\theta/\mathrm{d}t$）成正比，它可用来测定线速度和角速度。如果在感应电动势测量电路中接一积分电路，那么输出电压就与运动的位移成正比；如果在测量电路中接一微分电路，那么输出电压就与运动的加速度成正比。所以，磁电传感器除可测量速度外，还可测量位移和加速度。

7.1.2　磁电式传感器的分类

按工作原理不同，磁电感应式传感器可分为两种：恒定磁通式和变磁通式，即动圈式传感器和磁阻式传感器。

动圈式磁电感应式传感器的基本形式是速度传感器，能直接测量线速度或角速度，还可以用来测量位移或加速度，如图 7-1 所示。磁电感应式传感器只适用于动态测量。

动圈式磁电感应式传感器可以分为线速度型和角速度型等。

磁阻式传感器又称为变磁通式传感器或变间隙式传感器，常用来测量旋转物体的角速度，可分为开路变磁通式传感器和闭合磁路变磁通式传感器。

变磁通式传感器对环境条件要求不高，能在 $-150\sim90℃$ 的温度下工作，也能在油、水雾、灰尘等条件下工作。但它的工作频率下限较高，约为 $50\mathrm{Hz}$，上限可达 $100\mathrm{Hz}$。

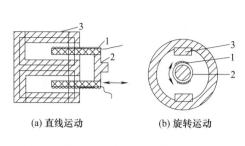

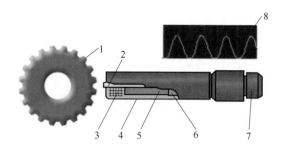

| (a) 直线运动 | (b) 旋转运动 |

图 7-1　磁电感应式速度传感器工作原理
1—线圈；2—运动部分；3—永久磁铁

图 7-2　变磁通感应式速度/角速度传感器
1—测量齿轮；2—软铁；3—线圈；4—外壳；
5—永磁铁；6—填料；7—插座；8—示波器

如图 7-2 所示，线圈 3 和永磁铁 5 静止不动，测量齿轮 1（导磁材料制成）每转过一个齿，传感器磁路磁阻变化一次，线圈 3 产生的感应电动势的变化频率等于测量齿轮 1 上齿轮的齿数和转速的乘积。

7.1.3　磁电式传感器的结构

磁电式传感器主要由磁路系统和线圈构成，如图 7-3 所示。

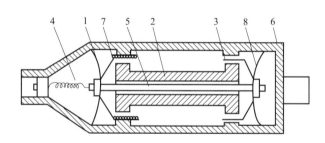

图 7-3　磁电式振动传感器的结构原理图
1,8—弹簧片；2—永久磁铁；3—阻尼器；4—引线；5—芯杆；6—外壳；7—线圈

（1）磁路系统
由磁路系统产生恒定直流磁场。为了减小传感器的体积，一般都采用永久磁铁。
（2）线圈
由线圈运动切割磁力线产生感应电动势。作为一个完整的磁电式传感器，除了磁路系统和线圈外，还有一些其他元件，如壳体、支承、阻尼器、接线装置等。
该传感器在使用时，把它与被测物体紧固在一起，当物体振动时，传感器外壳随之振动，此时线圈、阻尼环和芯杆的整体由于惯性而不随之振动，因此它们与壳体产生相对运动，位于磁路气隙间的线圈就切割磁力线，于是线圈就产生正比于振动速度的感应电动势。该电动势与速度成一一对应关系，可直接测量速度，经过积分或微分电路便可测量位移或加速度。

（3）特点

传感器的输出电势取决于线圈中磁场变化速度，因而它是与被测速度成一定比例关系的。当转速太低时，输出电势很小，以致无法测量。所以这种传感器有一个下限工作频率，一般为 50Hz 左右。

7.2　光电式转速计

光电式转速计将转速的变化转换成光通量的变化，再通过光电转换元件将光通量的变化转换成电量的变化。

7.2.1　直射式光电转速计

如图 7-4 所示，输入轴上装有带孔的圆盘，圆盘的一边设置光源，另一边设置光电管，开孔圆盘的输入轴与被测轴相连接，光源发出的光，通过开孔圆盘和缝隙板照射到光敏元件上被光敏元件所接收，光敏元件产生一个电脉冲，将光信号转为电信号输出。开孔圆盘上有许多小孔，转轴连续转动，光敏元件就输出一列与转速及圆盘上的孔数成正比的电脉冲数。在孔数一定时，该列脉冲数就和转速成正比。开孔圆盘旋转一周，光敏元件输出的电脉冲个数等于圆盘的开孔数，因此，可通过测量光敏元件输出的脉冲频率，得知被测转速 ［式(7.6)］。为了获得线光源，在光源与圆盘之间放置开有同样窄槽的光栅。

电脉冲送入测量电路放大和整形，再送入频率计显示，也可专门设计一个计数器进行计数和显示。

被测转速的计算公式为

$$n = f/N \qquad (7.6)$$

式中　n——转速；

f——脉冲频率；

N——圆盘开孔数。

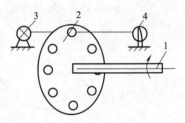

图 7-4　直射式光电转速计
测量转速的工作原理
1—被测轴；2—圆盘；
3—光源；4—光电管

7.2.2　反射式光电转速计

在生产中，物体转速的准确测定常关系到产品的质量和工效。例如，由织布机轮盘的转速可以计算布匹的产量；水力发电机叶轮的转速是计算发电机电功率必不可少的数据等。测量转速的方法很多，有机械式、电磁式和光电式。机械式测转速常要通过齿轮耦合，并需配备计时装置，而且只能测量中速和低速。电磁式测转速虽可测高速，但仍需与被测物体直接接触。工程上需要有一种既能测高速，又避免与被测物直接接触的测速方法。

光电效应规律指出，当照射在金属表面上的入射光的频率大于截止频率时，金属内有电子从表面溢出，而且溢出的电子数与入射光的强度成正比。溢出的电子数愈多，光电流则愈大。如果能测到光从转动物体表面反射后，带回物体转速的信息，那么通过这个信息就可以把转速测量出来。下面扼要介绍应用反射式光电转速计测量转速的工作原理。

如图 7-5 所示，被测转动物体 6 上贴有反射纸，反射纸上画有等间隔的对光反射强弱不同的图案。从光源 1 发射出的光线，经透镜 2 成为平行光，照射在半透明膜片 5 上。一部分光

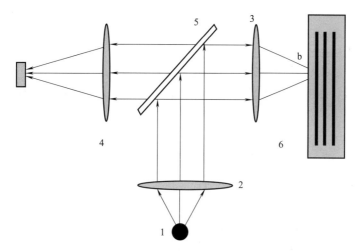

图 7-5　反射式光电转速计测量转速的工作原理
1—光源；2~4—透镜；5—半透明膜片；6—光电管

透过膜片后被管壁所吸收，另一部分光被膜片反射后经透镜 3 聚焦于点 b，光点 b 落在被测转动物体 6 的表面上。若光点 b 恰好照在强反射的图案上，反射光的强度较大，它射到光电管上可获得较大的光电流；若光点 b 照在弱反射的图案上，光电流很微弱。这样物体转动时，将获得与反射图案数目相等的脉冲光信号，使光电管阳极上输出同频率的电脉冲，从而完成光信号到电信号的转变。把与转速成正比的电脉冲与相应的数字测量电路配合，就组成了反射式光电测速计。

工程上常用的光电测转速的方法有测频法、测周期法及计数法三种形式。这三种方式各有特点，但无论哪种形式，其共同点都是要把光电管获得的电脉冲信号输入到数字电路中去进行放大，整形成方波后再输入到计算电路中去，最后由显示器显示被测信号的方波数目，这方波数目由被测转速大小决定。记录下显示方波数 n，并按公式 $n' = 60n/Pt$ 进行计算，即可获得物体每分钟实际转速 n'，上式中 P 称作倍频，它是物体每转一周时光电传感器输出的电脉冲信号数，P 的数值完全由转动物表面贴的反射图案决定，而式中的 t 是仪器的选定测量时间，单位为 s。

光电法测转速是一种快速测速法，方法简单，测速范围广。最高速可达 25000r/min，而且精度也较高，是其他方法不易达到的。

7.3　测速发电机

横穿导体的磁通发生变化时，该导体将产生电动势，这一现象称为电磁感应作用。这样产生的电压称为感应电动势。测速发电机是利用电磁感应原理制成的一种把转动的机械能转换成电信号输出的装置，与普通发电机不同之处是它有较好的测速特性，例如，输出电压与转速之间有较好的线性关系，较高的灵敏度等。测速发电机也分为直流和交流两类。

测速发电机的绕组和磁路经精确设计，其输出电动势 E 和转速 n 呈线性关系，即 $E = Kn$，K 是常数。改变旋转方向时输出电动势的极性即相应改变。在被测机构与测速发电机同轴连接时，只要检测出输出电动势，就能获得被测机构的转速，故又称速度传感器。

为保证电机性能可靠，测速发电机的输出电动势应具有斜率高、特性成线性、无信号区小或剩余电压小、正转和反转时输出电压不对称度小、对温度敏感低等特点。此外，直流测速发电机要求在一定转速下输出电压交流分量小，无线电干扰小；交流测速发电机要求在工作转速变化范围内输出电压相位变化小。

测速发电机广泛用于各种速度或位置控制系统。在自动控制系统中作为检测速度的元件，以调节电动机转速或通过反馈来提高系统稳定性和精度；在解算装置中可作为微分、积分元件，也可作为加速或延迟信号用或用来测量各种运动机械在摆动或转动以及直线运动时的速度。

7.3.1 直流测速发电机

(1) 分类

有永磁式和电磁式两种。其结构与直流发电机相近。永磁直流测速发电机定子磁极由永久磁钢做成，没有激磁绕组。电磁式直流测速发电机定子激磁绕组由外部电源供电，通电时产生磁场。永磁式电机结构简单，省掉激磁电源，便于使用，并且温度变化对激磁磁通的影响也小；但永磁材料价格较贵，常应用于小型测速成发电机中。永磁式采用高性能永久磁钢励磁，受温度变化的影响较小、输出变化小、斜率高、线性误差小，这种电机在20世纪80年代因新型永磁材料的出现而发展较快。电磁式采用他励式，不仅复杂且因励磁受电源、环境等因素的影响，输出电压变化较大，因此用得不多。用永磁材料制成的直流测速发电机还分有限转角测速发电机和直线测速发电机，它们分别用于测量旋转或直线运动速度，其性能要求与直流测速发电机相近，但结构有些差别。

(2) 自动控制系统对直流测速发电机的要求

自动控制系统对其元件的要求主要是精确度高、灵敏度高、可靠性好等。据此，直流测速发电机在电气性能方面应满足以下几项要求：

① 输出电压和转速的关系曲线（即为输出特性）应为线性；
② 温度变化对输出特性的影响要小；
③ 输出特性的斜率要大；
④ 输出电压的纹波要小，即要求在一定的转速下输出电压要稳定，波动要小；
⑤ 正、反转两个方向的输出特性要一致。实际应用中一般都是不一致的，稍有差别。

第③项要求是为了提高测速成发电机的灵敏度。因为输出特性斜率大，即速度变化相对的电压变化大，这样，测速成机的输出对转速的变化很灵敏。第①、②、④、⑤项的要求是为了提高测速成发电机的精度。因为只有输出电压和转速呈线性关系，并且正、反转时特性一致，温度变化对特性的影响越小，输出电压越稳定，则输出电压就越能精确地反映转速，这样才能对提高整个系统的精度有利。

(3) 直流测速发电机的误差产生原因及其减小的方法

① 温度影响　电机周围环境温度的变化以及电机本身发热都会引起电机绕组电阻的变化。当温度升高时，励磁绕组电阻增大，励磁电流减小，磁通也随之减小，输出电压就降低。反之，当温度下降时，输出电压便升高。

处理方法：在励磁回路中串联一个阻值比励磁绕组电阻大几倍的附加电阻来稳流，这样，尽管温度升高将引起励磁绕组电阻增大，但整个励磁回路的总电阻增加不多；附加电阻可以用温度系数较低的合金材料制成。

② 电枢反应　测速运行时，其电枢绕组的电流产生电枢磁场，它对励磁绕组磁场有去磁效应。而且负载电阻越小或是转速越高，负载电流就越大，去磁作用就越明显，造成输出

特性曲线非线性误差增加。

处理方法：为了减小电枢反应对输出特性的影响，在直流测速发电机的技术条件中标有最大转速和最小负载电阻值；在使用时，转速不得超过最大转速，所接负载电阻不得小于给定的电阻值，以保证非线性误差较小。

③ 延迟换向去磁　电枢绕组的电流方向是发电刷为其分界线的。当电枢绕组元件从一个支路经过电刷进入另一个支路时，其电流便由 $+i$ 就成 $-i$，但是当元件经过电刷而被电刷短路的瞬间，它的电流是处于由 $+i$ 变到 $-i$ 的过渡过程，这个过程叫作元件的换向过程。进行换向的元件叫作换向元件。换向元件流有电流时便产生磁通，该磁通和主磁通方向相反，对主磁通起去磁作用（这样的去磁作用叫作延迟换向去磁）。

处理方法：为了改善线性度，对于小容量的测速机一般采取限制转速的措施来削弱延迟换向去磁作用。

④ 纹波　测速发电机的输出电动势并非随时间变化而稳定的直流电动势，其输出电动势总是带着微弱的脉动，通常把这种脉动称为纹波。

处理方法：纹波主要由电机本身的固有结构及加工误差所引起，不可避免。

⑤ 电刷接触压降　测速电机输出为线性关系的一个条件是电枢回路总电阻为恒值。实际上总电阻中包含的电刷和换向器的接触电阻不是一个常数。它与材料、电流密度、电流方向、电刷接触压力、接触表面温度等因素有密切关系。电刷接触压降会在转速较低时，输出电压对转速的反应不灵敏，造成不灵敏区。

处理方法：采用接触压降较小的银-石墨电刷、高精度测速发电机采用铜电刷；并在电刷与换向器接触的表面上镀上银层，使换向器不易磨损。

（4）直流测速发电机对旋转机械作速度控制的应用

为了使旋转机械保持恒速，可以在电动机的输出轴上耦合一测速发电机，并将其输出电压和给定电压相减后加入放大器，经放大后供给直流伺服电动机。当电动机转速上升，测速发电机的输出电压增大，给定电压和输出电压的差值变小，经放大后加到直流电动机的电压减小，电动机减速；反之，若电动机转速下降，测速电机的输出电压减小，给定电压和输出电压的差值变大，经放大后加给电动机的电压变大，电动机加速。这一方法保证了电动机转速变化很小，近似于恒速。

7.3.2　交流测速发电机

交流测速发电机分为同步测速发电机和异步测速发电机。在实际应用中异步测速发电机使用较广泛。异步测速发电机有空心杯转子异步测速发电机、笼式转子异步测速发电机和同步测速发电机三种。

（1）空心杯转子异步测速发电机

空心杯转子异步测速发电机结构原理如图 7-6 所示，主要由内定子、外定子及在它们之间的气隙中转动的杯形转子所组成。励磁绕组、输出绕组嵌在定子上，彼此在空间相差 $90°$ 电角度。杯形转子是由非磁性材料制成。当转子不转时，励磁后由杯形转子电流产生的磁场与输出绕组轴线垂直，输出绕组不产生感应电动势；当转子转动时，由杯形转子产生的磁场与输出绕组轴线重合，在输出绕组中产生感应的电动势大小正比于杯形转子的转速，而频率和励磁电压频率相同，与转速无关。反转时输出电压相位也相反。杯形转子是传递信号的关键，其质量好坏对性能起很大作用。由于它的技术性能比其他类型交流测速发电机优越，结构不很复杂，同时噪声低，无干扰且体积小，是目前应用最为广泛的一种交流测速发电机。

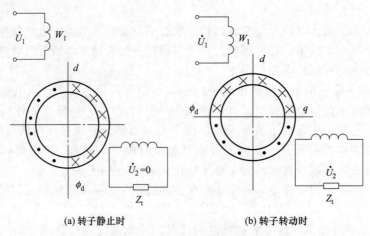

(a) 转子静止时　　　　　　(b) 转子转动时

图 7-6　空心杯转子异步测速发电机原理图

（2）笼式转子异步测速发电机

与交流伺服电动机相似，因输出的线性度较差，仅用于要求不高的场合。

（3）同步测速发电机

同步测速发电机是以永久磁铁作为转子的交流发电机。由于输出电压和频率随转速同时变化，又不能判别旋转方向，使用不便，在自动控制系统中用得很少，主要供转速的直接测量用。

7.4　光束切断法

光束切断法检测速度适合于定尺寸材料的速度检测，这是一种非接触式测量，测量精度较高。

如图 7-7 所示，它是由两个固定距离为 L 的检测器实现速度检测的。检测器由光源和光接收元件构成。被测物体以速度 v 行进时，它的前端在通过第一个检测器的时刻，由于物体遮断光线而产生输出信号，由此信号驱动脉冲计数器，计数器计数至物体到达第二个检测器时刻，检测器发出停止脉冲计数。由检测器间距 L 和计数脉冲的周期 T、脉冲数 N，可求出物体的行进速度。

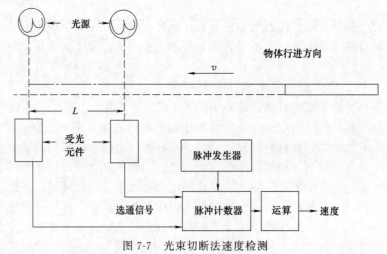

图 7-7　光束切断法速度检测

7.5　多普勒测速

当光源和反射体或散射体之间存在相对运动时，接收到的声波频率与入射声波频率存在差别的现象称为光学多普勒效应，这一现象是奥地利学者多普勒于1842年发现的。

当单色光束入射到运动体上某点时，光波在该点被运动体散射，散射光频率与入射光频率相比，产生了正比于物体运动速度的频率偏移，称为多普勒频移。

利用多普勒效应制成的仪器有激光多普勒测量仪、超声多普勒测量仪等，其具有精度高、非接触、响应快、分辨率高、使用方便的特点，广泛用于流速测量、工业中钢板、铝材测量、医学中血液循环监测、医学诊断等。

非接触测量可以克服由于机械磨损和打滑造成的测量误差。

7.6　电磁脉冲式转速计

电磁脉冲式转速计是一种数字式仪表。由被测旋转体带动磁性体产生计数电脉冲，根据计数脉冲的个数得知被测转速。

电磁脉冲式转速计的结构形式如图7-8所示，图7-8(a)为旋转磁铁型，它是将 N 条磁铁均匀分布在转轴上，在测量时，将传感器的转轴与被测物转轴相连，因而被测物就带动传感器转子转动，当转轴旋转时，每转一圈将在线圈输出端产生 N 个脉冲，用计数器测出规定时间内的脉冲数便可求出转速值。若该转速传感器的输出量是以感应电动势的频率来表示的，则其频率 f 与转速 n 的关系式为

$$f = \frac{1}{60}Nn \tag{7.7}$$

式中　n——被测物转速，r/min；

　　　N——定子或转子断面齿数。

图7-8(b)为磁阻变化型，它是在旋转测量轴上配置 N 个凸型磁导体；由铁芯和检测线圈构成的测量头。当旋转轴转动时，由于磁路磁阻的变化，使测量线圈上就有相应的脉冲输出，最后经信号处理电路便可测得转速值。

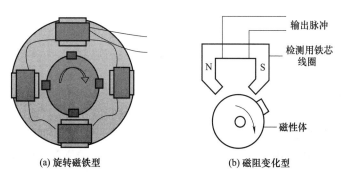

(a) 旋转磁铁型　　　　　　(b) 磁阻变化型

图 7-8　电磁脉冲式转速计

7.7 加速度传感器

加速度传感器是一种能够测量加速力的电子设备。加速力就是当物体在加速过程中作用在物体上的力，就好比地球引力，也就是重力。

通过测量由于重力引起的加速度，可以计算出设备相对于水平面的倾斜角度。通过分析动态加速度，可以分析出设备移动的方式。

IBM Thinkpad手提电脑里就内置了加速度传感器，能够动态地监测出笔记本在使用中的振动，并根据这些振动数据，系统会智能的选择关闭硬盘还是让其继续运行，这样可以最大限度地保护由于振动，如颠簸的工作环境，或者不小心摔了电脑所造成的硬盘损害，从而保护里面的数据。另外一个用处就是目前用的数码相机和摄像机里，也有加速度传感器，用来检测拍摄时候的手部的振动，并根据这些振动，自动调节相机的聚焦。

一般加速度传感器是利用了其内部的由于加速度造成的晶体变形这个特性。由于这个变形会产生电压，只要计算出产生电压和所施加的加速度之间的关系，就可以将加速度转化成电压输出。当然，还有很多其他方法可用来制作加速度传感器，如压阻技术，电容效应，但是其最基本的原理都是由于加速度产生某个介质的变形，通过测量其变形量并用相关电路转化成电压输出。

7.7.1 压电式加速度传感器

压电式加速度传感器是利用晶体的压电效应工作的，其原理与压电式压力及力传感器相似。压电式加速度传感器中的压电片用高压电系数的压电陶瓷制成，两个压电片并联。质量块用高比重的金属块，对压电元件施加预载荷，测得加速度传感器输出的电荷便可知加速度的大小。压电式加速度传感器分为压缩式压电加速度传感器和剪切式压电加速度传感器。

（1）压缩式压电加速度传感器

压缩式压电加速度传感器的工作原理比较简单，它通过一个质量块将加速度产生的惯性力作用在压电元件上，使压电元件产生压缩变形，从而输出电信号。压缩式压电加速度传感器如图7-9(a)所示，质量块和压电元件通过预紧螺母固定在基座上，并与外壳分开，从而不受外界振动的影响。这种传感器具有灵敏度高、性能稳定、频率范围宽、工作可靠等优点，但基座的机械应变和热应变仍有影响。为此，设计出隔离基座结构和倒装中心结构。

（2）剪切式压电加速度传感器

剪切式压电加速度传感器的压电元件以采用压电陶瓷为佳，剪切式压电加速度传感器如图7-9(b)所示，其特点是结构简单、轻巧，灵敏度高，且理论上不受横向应变等干扰和无

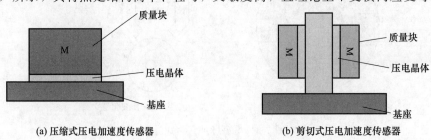

(a) 压缩式压电加速度传感器　　　　　(b) 剪切式压电加速度传感器

图7-9　压电式加速度传感器

热释电效应。缺点是压电元件的作用面需通过导电胶黏结而成，装配困难，且不耐高温和高荷载。

7.7.2 电阻应变式加速度传感器

电阻应变式加速度传感器与电阻应变式测力传感器、电阻应变式压力传感器的原理相似，是利用各种导电材料的电阻应变效应来工作的。主要由惯性质量块、弹性元件和电阻应变片等组成，如图 7-10 所示。

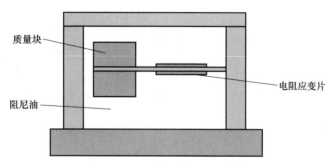

图 7-10　电阻应变式加速度传感器

7.7.3 电容式加速度传感器

（1）电容式加速度传感器 1

电容式加速度传感器 1 的结构如图 7-11 所示，其两个固定极板（与壳体绝缘）中间有一用弹簧片支撑的质量块，此质量块的两个端面经过磨平抛光后作为可动极板（与壳体电连接）。

当传感器壳体随被测对象在垂直方向上做直线加速运动时，质量块在惯性空间中相对静止，而两个固定电极将相对质量块在垂直方向上产生大小正比于被测加速度的位移。此位移使两电容的间隙发生变化，一个增加，一个减小，从而使 C_1、C_2 产生大小相等、符号相反的增量，此增量正比于被测加速度。

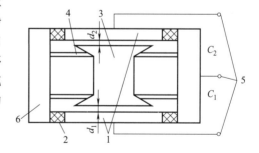

图 7-11　电容式加速度传感器 1 的结构
1—固定电极；2—绝缘垫；3—质量块；4—弹簧；
5—输出端；6—壳体

（2）电容式加速度传感器 2

如图 7-12 所示，加速度传感器以微细加工技术为基础，既能测量交变加速度（振动），也可测量惯性力或重力加速度。其工作电压为 $2.7 \sim 5.25\text{V}$，加速度测量范围为数个 g，可输出与加速度成正比的电压，也可输出占空比正比于加速度的 PWM 脉冲。

利用微电子加工技术，可以将一块多晶硅加工成多层结构。在硅衬底上，制造出三个多晶硅电极，组成差动电容 C_1、C_2。图 7-12 中的底层多晶硅和顶层多晶硅固定不动。中间层多晶硅是一个可以上下微动的振动片。其左端固定在衬底上，所以相当于悬臂梁。

当它感受到上下振动时，C_1、C_2 呈差动变化。与加速度测试单元封装在同一壳体中的信号处理电路将 ΔC 转换成直流输出电压。它的激励源也做在同一壳体内，所以集成度很

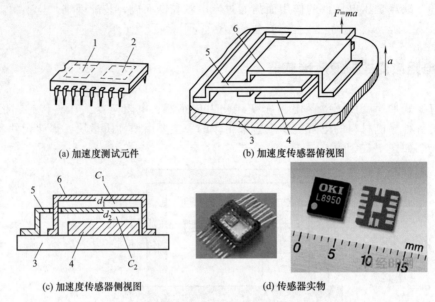

(a) 加速度测试元件   (b) 加速度传感器俯视图

(c) 加速度传感器侧视图   (d) 传感器实物

图 7-12　电容式加速度传感器 2

1—加速度测试单元；2—信号处理电路；3—衬底；4—底层多晶硅（下电极）；

5—多晶硅悬臂梁；6—顶层多晶硅（上电极）

高。由于硅的弹性滞后很小，且悬臂梁的重量很轻，所以频率响应可达 1kHz 以上，允许加速度范围可达 10g 以上。

如果在壳体内的三个相互垂直方向安装三个加速度传感器，就可以测量三维方向的振动或加速度。

（3）电容式加速度传感器 3

图 7-13 所示为电容式传感器 3 及由其构成的力平衡式挠性加速度计。感应加速度的质量组件由石英动极板及力发生器线圈组成；并由石英挠性梁弹性支承，其稳定性极高。固定于壳体的两个石英定极板与动极板构成差动结构，两极面均镀金属膜形成电极。由两组对称 E 形磁路与线圈构成的永磁动圈式力发生器，互为推挽结构，这大大提高了磁路的利用率和抗干扰性。

工作时，质量组件感应被测加速度，使电容传感器产生相应输出，经测量（伺服）电路转换成比例电流输入力发生器，使其产生一电磁力，与质量组件的惯性力精确平衡，迫使质量组件随被加速的载体而运动；此时，流过力发生器的电流，即精确反映了被测加速度值。

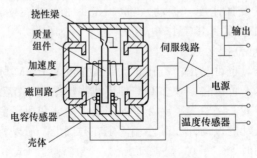

图 7-13　电容式加速度传感器 3

在这种加速度传感器中，传感器和力发生器的工作面均采用微气隙"压膜阻尼"，使它比通常的油阻尼具有更好的动态特性。典型的石英电容式挠性加速度传感器的量程为 $0 \sim 150\mathrm{m/s^2}$，分辨率为 $1 \times 10^{-5}\mathrm{m/s^2}$，非线性误差和不重复性误差均不大于 $0.03\%\mathrm{F.S.}$。

（4）加速度传感器在汽车中的应用

加速度传感器安装在轿车上，可以作为碰撞传感器。当测得的负加速度值超过设定值时，微处理器据此判断发生了碰撞，于是就启动轿车前部的折叠式安全气囊迅速充气而膨胀，托住驾驶员及前排乘员的胸部和头部。使用加速度传感器可以在汽车发生碰撞时，经控制系统使气囊迅速充气，如图 7-14 所示。

装有传感器的假人

气囊

图 7-14 加速度传感器在汽车中的应用

【思考题与习题 7】   **【扩展知识 7】**

第8章

光电检测

 学习目标

- 认识光电效应及光电器件。
- 认识光电耦合器件。
- 认识光电开关。
- 认识 CCD 与数码照相机。

8.1 光电效应及光电器件

光电效应是指物体吸收了光能后转换为该物体中某些电子的能量,从而产生的电效应。光电传感器的工作原理基于光电效应,光电效应分为外光电效应和内光电效应两大类。

8.1.1 外光电效应及器件

(1) 外光电效应

在光照射下,电子逸出物体表面向外发射的现象称为外光电效应,亦称光电发射效应,它是在 1887 年由德国科学家赫兹发现的。基于这种效应的光电器件有光电管、光电倍增管等。

(2) 光电管及其特性

① 结构与工作原理 光电管有真空光电管和充气光电管或称电子光电管和离子光电管两类。两者结构相似,如图 8-1 所示,它们由一个阴极和一个阳极构成,并且密封在一只真空玻璃管内。阴极装在玻璃管内壁上,其上涂有光电发射材料;阳极通常用金属丝弯曲成矩形或圆形,置于玻璃管的中央。

② 主要性能 光电器件的性能主要有伏安特性、光照特性、光谱特性、响应时间、峰值探测率和温度特性。下面主要介绍前三个特性。

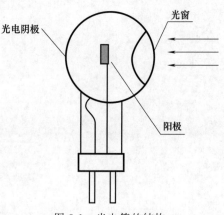

图 8-1 光电管的结构

a. 伏安特性 在一定的光照射下，对光电器件的阴极所加电压与阳极所产生的电流 I_A 之间的关系称为光电管的伏安特性。光电管的伏安特性如图8-2所示，它是应用光电传感器参数的主要依据。

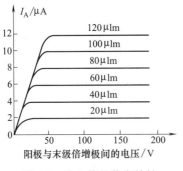

图8-2 光电管的伏安特性

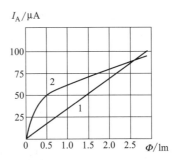

图8-3 光电管的光照特性

b. 光照特性 光照特性通常指当光电管的阳极和阴极之间所加电压一定时，光通量 Φ 与光电流 I_A 之间的关系。其特性曲线如图8-3所示。曲线1表示氧铯阴极光电管的光照特性，光电流 I 与光通量呈线性关系。曲线2为锑铯阴极的光电管光照特性，呈非线性关系。光照特性曲线的斜率（光电流与入射光光通量之间比）称为光电管的灵敏度。

c. 光谱特性 由于光阴极对光谱有选择性，因此光电管对光谱也有选择性。保持光通量和阴极电压不变，阳极电流与光波长之间的关系叫光电管的光谱特性。一般对于光电阴极材料不同的光电管，它们有不同的红限频率 ν_0，因此它们可用于不同的光谱范围。除此之外，即使照射在阴极上的入射光的频率高于红限频率 ν_0，并且强度相同，随着入射光频率的不同，阴极发射的光电子的数量还会不同，即同一光电管对于不同频率的光的灵敏度不同，这就是光电管的光谱特性。所以，对各种不同波长区域的光，应选用不同材料的光电阴极。

国产 GD-4 型光电管（图8-4），阴极是用锑铯材料制成的。其 $\lambda_0 = 7000\text{Å}$❶，它对可见光范围的入射光灵敏度比较高，转换效率为 $25\% \sim 30\%$。它适用于白光光源，因而被广泛地应用于各种光电式自动检测仪表中；对红外光源，常用银氧铯阴极，构成红外传感器；对紫外光源，常用锑铯阴极和镁镉阴极。另外，锑钾钠铯阴极的光谱范围较宽，为 $3000 \sim 8500\text{Å}$，灵敏度也较高，与人的视觉光谱特性很接近，是一种新型的光电阴极；但也有些光电管的光谱特性和人的视觉光谱特性有很大差异，因而在测量和控制技术中，这些光电管可以担任人眼所不能胜任的工作，如坦克和装甲车的夜视镜等。

图8-4 GD-4 型光电管

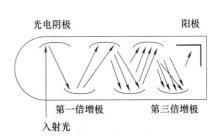

图8-5 光电倍增管内部结构

❶ $1\text{Å} = 0.1\text{nm}$。

一般充气光电管当入射光频率大于 8000Hz 时，光电流将有下降趋势，频率愈高，下降得愈多。

（3）光电倍增管及其基本特性

当入射光很微弱时，普通光电管产生的光电流很小，只有零点几微安，很不容易探测。这时常用光电倍增管对电流进行放大，图 8-5 为其内部结构。

光电倍增管由光阴极、次阴极（倍增电极）以及阳极三部分组成。光阴极是由半导体光电材料锑铯做成；次阴极是在镍或铜-铍的衬底上涂上锑铯材料而形成的，次阴极多的可达 30 级；阳极是最后用来收集电子的，收集到的电子数是阴极发射电子数的 $10^5 \sim 10^6$ 倍，即光电倍增管的放大倍数可达几万倍到几百万倍。光电倍增管的灵敏度就比普通光电管高几万倍到几百万倍，因此在很微弱的光照时，它就能产生很大的光电流。

一个光子在阴极上能够打出的平均电子数叫作光电倍增管的阴极灵敏度，而一个光子在阳极上产生的平均电子数叫作光电倍增管的总灵敏度。光电倍增管的最大灵敏度可达 10A/lm，极间电压越高，灵敏度越高；但极间电压也不能太高，太高反而会使阳极电流不稳。

另外，由于光电倍增管的灵敏度很高，所以不能受强光照射，否则将会损坏。

一般在使用光电倍增管时，必须把管子放在暗室里避光使用，使其只对入射光起作用；但是由于环境温度、热辐射和其他因素的影响，即使没有光信号输入，加上电压后阳极仍有电流，这种电流称为暗电流，这是热发射所致或场致发射造成的，这种暗电流通常可以用补偿电路消除。

如果光电倍增管与闪烁体放在一处，在完全避光情况下，出现的电流称为本底电流，其值大于暗电流。增加的部分是宇宙射线对闪烁体的照射而使其激发，被激发的闪烁体照射在光电倍增管上而造成的，本底电流具有脉冲形式。

8.1.2　内光电效应及器件

利用物质在光的照射下导电性能改变或产生电动势的光电器件称内光电效应器件，常见的有光敏电阻光电池和光敏晶体管等。

（1）光敏电阻

光敏电阻又称光导管（图 8-6），为纯电阻元件，其工作原理是基于光电导效应，其阻值随光照增强而减小。优点是灵敏度高、光谱响应范围宽、体积小、重量轻、机械强度高、耐冲击、耐振动、抗过载能力强和寿命长等；缺点是需要外部电源，有电流时会发热。光敏电阻的结构如图 8-7 所示。

图 8-6　光敏电阻

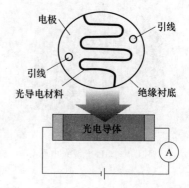

图 8-7　金属封装的硫化镉光敏电阻结构

由图 8-7 可知，管芯是一块安装在绝缘衬底上带有两个欧姆接触电极的光电导体。光导体吸收光子而产生的光电效应，只限于光照的表面薄层，虽然产生的载流子也有少数扩散到内部去，但扩散深度有限，因此光电导体一般都做成薄层。

为了获得高的灵敏度，光敏电阻的电极一般采用硫状图案，结构如图 8-8 所示。它是在一定的掩膜下向光电导薄膜上蒸镀金或铟等金属形成的。这种硫状电极，由于在间距很近的电极之间有可能采用大的灵敏面积，所以提高了光敏电阻的灵敏度。图 8-8(c) 是光敏电阻的代表符号。

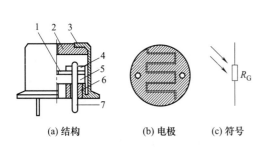

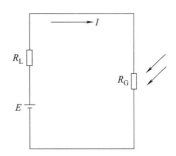

图 8-8 CdS 硫化镉光敏电阻的结构和符号
1—光导层；2—玻璃窗口；3—金属外壳；4—电极；
5—陶瓷基座；6—黑色绝缘玻璃；7—电阻引线

图 8-9 光敏电阻连接线路

光敏电阻的灵敏度易受湿度的影响，因此要将导光电导体严密封装在玻璃壳体中。如果把光敏电阻连接到外电路中，在外加电压的作用下，用光照射就能改变电路中电流的大小，其连线电路如图 8-9 所示。

光敏电阻具有很高的灵敏度，很好的光谱特性，光谱响应可从紫外区到红外区范围内。而且体积小、重量轻、性能稳定、价格便宜，因此应用比较广泛。

(2) 光敏电阻的主要参数和基本特性

① 暗电阻、亮电阻、光电流

暗电阻：光敏电阻在室温条件下，全暗（无光照射）后经过一定时间测量的电阻值，称为暗电阻。此时在给定电压下流过的电流称为暗电流。

亮电阻：光敏电阻在某一光照下的阻值，称为该光照下的亮电阻。此时流过的电流称为亮电流。

光电流：亮电流与暗电流之差。

光敏电阻的暗电阻越大，而亮电阻越小则性能越好。也就是说，暗电流越小，光电流越大，这样的光敏电阻的灵敏度越高。实用的光敏电阻的暗电阻往往超过 $1M\Omega$，甚至高达 $100M\Omega$，而亮电阻则在几千欧姆以下，暗电阻与亮电阻之比在 $10^2 \sim 10^6$ 之间，可见光敏电阻的灵敏度很高。

② 光照特性 图 8-10 所示为 CdS 光敏电阻的光照特性。在一定外加电压下，光敏电阻的光电流和光通量之间的关系。不同类型光敏电阻光照特性不同，但光照特性曲线均呈非线性。因此它不宜作定量检测元件，这是光敏电阻的不足之处。一般在自动控制系统中用作光电开关。

③ 光谱特性 光谱特性（图 8-11）与光敏电阻的材料有关。从图 8-11 中可知，硫化铅光敏电阻在较宽的光谱范围内均有较高的灵敏度，峰值在红外区域；硫化镉、硒化镉的峰值在可见光区域。因此，在选用光敏电阻时，应把光敏电阻的材料和光源的种类结合起来考虑，才能获得满意的效果。

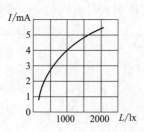

图 8-10　CdS 光敏电阻的
光照特性

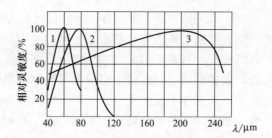

图 8-11　光敏电阻的光谱特性
1—硫化镉；2—硒化镉；3—硫化铅

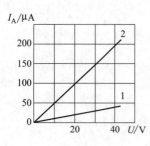

图 8-12　光敏电阻的
伏安特性

④ 伏安特性　在一定照度下，加在光敏电阻两端的电压与电流之间的关系称为伏安特性，如图 8-12 所示。图 8-12 中曲线 1、2 分别表示照度为零及照度为某值时的伏安特性。由曲线可知，在给定偏压下，光照度较大，光电流也越大。在一定的光照度下，所加的电压越大，光电流越大，而且无饱和现象。但是电压不能无限地增大，因为任何光敏电阻都受额定功率、最高工作电压和额定电流的限制。超过最高工作电压和最大额定电流，可能导致光敏电阻永久性损坏。

（3）光电池

光电池是利用光生伏特效应把光直接转变成电能的器件。由于它可把太阳能直接变电能，因此又称为太阳能电池，如图 8-13 所示。它是基于光生伏特效应制成的，是发电式有源元件。它有较大面积的 PN 结，当光照射在 PN 结上时，在结的两端出现电动势。

图 8-13　光电池

① 光电池的结构和工作原理　硅光电池的结构如图 8-14 所示。它是在一块 N 型硅片上用扩散的办法掺入一些 P 型杂质（如硼）形成 PN 结。当光照到 PN 结区时，如果光子能量足够大，将在结区附近激发出电子-空穴对，在 N 区聚积负电荷，P 区聚积正电荷，这样 N 区和 P 区之间出现电位差。若将 PN 结两端用导线连起来，电路中有电流流过，电流的方向由 P 区流经外电路至 N 区。若将外电路断开，就可测出光生电动势。

光电池的表示符号与基本电路如图 8-15 所示。

② 基本特性

a. 光照特性。

开路电压曲线：光生电动势与照度之间的特性曲线，当照度为 2000lx 时趋向饱和。

短路电流曲线：光电流与照度之间的特性曲线如图 8-16 所示。

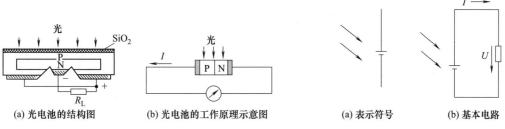

图 8-14　硅光电池结构与原理的示意图

图 8-15　光电池的表示符号与基本电路

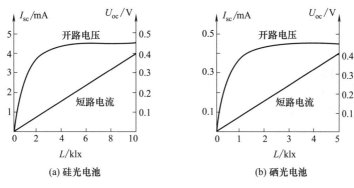

图 8-16　光照特性

　　短路电流指外接负载相对于光电池内阻而言是很小的。光电池在不同照度下，其内阻也不同，因而应选取适当的外接负载近似地满足"短路"条件。图 8-17 表示硒光电池在不同负载电阻时的光照特性。从图 8-17 中可以看出，负载电阻 R_L 越小，光电流与强度的线性关系越好，且线性范围越宽。

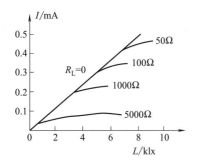

图 8-17　硒光电池在不同负载下的光照特性

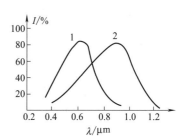

图 8-18　硒光电池的光谱特性
1—硒光电池；2—硅光电池

　　b. 光谱特性。光电池的光谱特性（图 8-18）取决于材料。从图 8-18 中的曲线可看出，硒光电池在可见光谱范围内有较高的灵敏度，峰值波长在 540nm 附近，适宜测可见光。硅光电池应用的范围为 400～1100nm，峰值波长在 850nm 附近，因此硅光电池可以在很宽的范围内应用。

（4）光敏二极管和光敏三极管

　　光敏二极管（也叫光电二极管）和光电池一样，其基本结构也是一个 PN 结。它和光电池相比，重要的不同点是结面积小，因此它的频率特性特别好。光生电势与光电池相同，但输出电流普遍比光电池小，一般为几微安到几十微安。按材料分，光敏二极管有硅、砷化镓、锑化铟光电二极管等许多种。按结构分，有同质结与异质结之分。其中最典型的是同质结硅光敏二极管。

国产硅光敏二极管按衬底材料的导电类型不同，分为 2CU 和 2DU 两种系列。2CU 系列以 N-Si 为衬底，2DU 系列以 P-Si 为衬底。2CU 系列的光敏二极管只有两条引线，而 2DU 系列光敏二极管有三条引线。

① 光敏二极管　光敏二极管外形如图 8-19 所示，符号如图 8-20(a) 所示。锗光敏二极管有 A、B、C、D 四类；硅光敏二极管有 2CU1A～D 系列、2DU1～4 系列。

图 8-19　光敏二极管

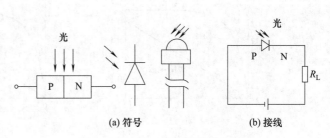

(a) 符号　　　　　(b) 接线

图 8-20　光敏二极管的符号与接线

光敏二极管的结构与一般二极管相似、它装在透明玻璃外壳中，其 PN 结装在管顶，可直接受到光照射。光敏二极管在电路中一般是处于反向工作状态，如图 8-20(b) 所示。

光敏二极管在没有光照射时，反向电阻很大，反向电流很小。反向电流也叫作暗电流，当光照射时，光敏二极管的工作原理与光电池的工作原理很相似。当光不照射时，光敏二极管处于截止状态，这时只有少数载流子在反向偏压的作用下，渡越阻挡层形成微小的反向电流即暗电流；受光照射时，PN 结附近受光子轰击，吸收其能量而产生电子-空穴对，从而使 P 区和 N 区的少数载流子浓度大大增加，因此在外加反向偏压和内电场的作用下，P 区的少数载流子渡越阻挡层进入 N 区，N 区的少数载流子渡越阻挡层进入 P 区，从而使通过 PN 结的反向电流大为增加，这就形成了光电流。光敏二极管的光电流 I 与照度之间呈线性关系。光敏二极管的光照特性是线性的，所以适合检测等方面的应用。

② 光敏三极管　光敏三极管有 PNP 型和 NPN 型两种，如图 8-21 所示。其结构与一般三极管很相似 [见图 8-22(a)]，具有电流增益，只是它的发射极一边做得很大，以扩大光的照射面积，且其基极不接引线。其电路如图 8-22(b) 所示，当集电极加上正电压，基极开路时，集电极处于反向偏置状态。当光线照射在集电结的基区时，会产生电子-空穴对，在内电场的作用下，光生电子被拉到集电极，基区留下空穴，使基极与发射极间的电压升高，这样便有大量的电子流向集电极，形成输出电流，且集电极电流为光电流的 β 倍。

光敏三极管的主要特性如下。

a.光谱特性　光敏三极管存在一个最佳灵敏度的峰值波长。当入射光的波长增加时，相对灵敏度要下降，因为光子能量太小，不足以激发电子空穴对。当入射光的波长缩短时，相对灵敏度也下降，这是由于光子在半导体表面附近就被吸收，并且在表面激发的电子空穴对不能到达 PN 结，因而使相对灵敏度下降，如图 8-23 所示。

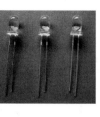

图 8-21　光敏三极管

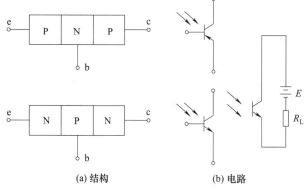

(a) 结构　　　　　(b) 电路

图 8-22　光敏三极管结构与电路

b. 伏安特性　光敏三极管的伏安特性曲线如图 8-24 所示。光敏三极管在不同的照度下的伏安特性，就像一般晶体管在不同的基极电流时的输出特性一样。因此，只要将入射光照在发射极 e 与基极 b 之间的 PN 结附近，所产生的光电流看作基极电流，就可将光敏三极管看作一般的晶体管。光敏三极管能把光信号变成电信号，而且输出的电信号较大。

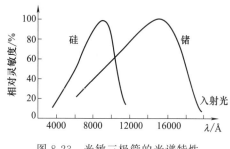

图 8-23　光敏三极管的光谱特性

c. 光照特性　光敏三极管的光照特性如图 8-25 所示。它给出了光敏三极管的输出电流 I 和照度之间的关系，它们之间呈现了近似线性关系。当光照足够大（几千勒克斯）时，会出现饱和现象，从而使光敏三极管既可作线性转换元件，也可作开关元件。

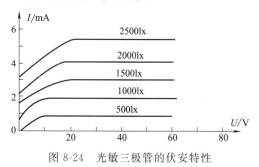

图 8-24　光敏三极管的伏安特性

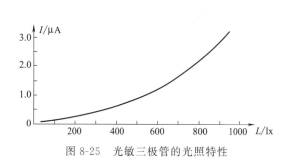

图 8-25　光敏三极管的光照特性

d. 温度特性　光敏三极管的温度特性曲线反映的是光敏三极管的暗电流及光电流与温度的关系，如图 8-26 所示。从特性曲线可以看出，温度变化对光电流的影响很小，而对暗电流的影响很大。所以电子线路中应该对暗电流进行温度补偿，否则将会导致输出误差。

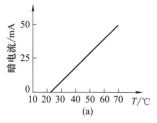

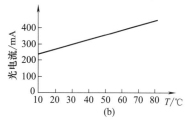

图 8-26　光敏三极管的温度特性

8.2 光电耦合器件

8.2.1 光电耦合器件的结构和原理

光电耦合器是由一发光元件和一光电传感器同时封装在一个外壳内组合而成的转换元件。

光电耦合器件有金属密封型和塑料密封型。如图 8-27 所示，金属密封型采用金属外壳和玻璃绝缘的结构，在其中部对接，采用环焊以保证发光二极管和光敏二极管对准，以此来提高灵敏度。塑料密封型采用双列直插式用塑料封装的结构，管芯先装于管脚上，中间再用透明树脂固定，具有集光作用，故此种结构灵敏度较高。

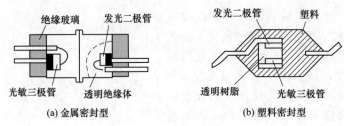

图 8-27　光电耦合器的结构

8.2.2 光电耦合器的组合形式

光电耦合器的组合形式有多种，如图 8-28 所示。

光电耦合器的组合形式如下（参阅图 8-28）。

图（a）结构简单、成本低，通常用于 50kHz 以下工作频率的装置内。

图（b）采用高速开关管构成的高速光电耦合器，适用于较高频率的装置中。

图（c）采用了放大三极管构成的高传输效率的光电耦合器，适用于直接驱动和较低频率的装置中。

图（d）采用功能器件构成的高速、高传输效率的光电耦合器。

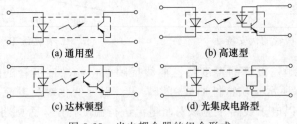

图 8-28　光电耦合器的组合形式

8.3 光电开关

光电开关（光电传感器）是光电接近开关的简称，其外形如图 8-29 所示。它是利用被检测物对光束的遮挡或反射，由同步回路选通电路，从而检测物体有无的。其所检测的物体不限于金属，所有能反射光线的物体均可被检测。光电开关将输入电流在发射器上转换为光信号射出，接收器再根据接收到的光线的强弱或有无对目标物体进行探测。由于光电开关输出回路和输入回路是电隔离的（即电绝缘），所以它可以在许多场合得到应用。光电开关可分为漫反射式、镜反射式、对射式、槽式和光纤式。

图 8-29　光电开关

（1）漫反射式光电开关

图 8-30 所示为一种集发射器和接收器于一体的传感器，当有被检测物体经过时，物体将光电开关发射器发射的足够量的光线反射到接收器，于是光电开关就产生了开关信号。当被检测物体的表面光亮或其反光率极高时，漫反射式的光电开关是首选的检测模式。

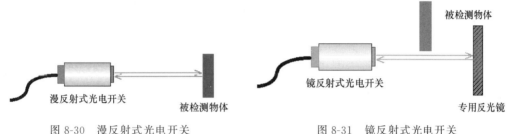

图 8-30　漫反射式光电开关　　　　图 8-31　镜反射式光电开关

（2）镜反射式光电开关

如图 8-31 所示，镜反射式光电开关集发射器与接收器于一体，光电开关发射器发出的光线经过反射镜反射回接收器，当被检测物体经过且完全阻断光线时，光电开关就产生了检测开关信号。

（3）对射式光电开关

如图 8-32 所示，对射式光电开关包含了在结构上相互分离且光轴相对放置的发射器和接收器，发射器发出的光线直接进入接收器，当被检测物体经过发射器和接收器之间且阻断光线时，光电开关就产生了开关信号。当检测物体为不透明时，对射式光电开关是最可靠的检测装置。

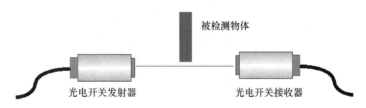

图 8-32　对射式光电开关

（4）槽式光电开关

如图 8-33 所示，槽式光电开关通常采用标准的 U 形结构，其发射器和接收器分别位于 U 形槽的两边，并形成一光轴，当被检测物体经过 U 形槽且阻断光轴时，光电开关就产生了开关量信号。槽式光电开关比较适合检测高速运动的物体，并且它能分辨透明与半透明物体。

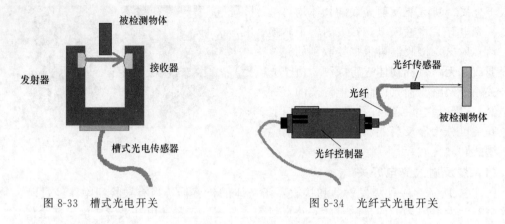

图 8-33 槽式光电开关　　　　　图 8-34 光纤式光电开关

(5) 光纤式光电开关

如图 8-34 所示，光纤式光电开关采用塑料或玻璃光纤传感器来引导光线，可以对距离远的被检测物体进行检测。通常光纤传感器分为对射式和漫反射式。

8.4　CCD 与数码相机

8.4.1　CCD 技术

电荷耦合器件图像传感器（Charge Coupled Device，CCD）使用一种高感光度的半导体材料制成，能把光线转变成电荷，通过模数转换器芯片转换成数字信号，数字信号经过压缩以后，由相机内部的闪速存储器或内置硬盘卡保存，因而可以轻而易举地把数据传输给计算机，并借助于计算机的处理手段，根据需要和想象来修改图像，如图 8-35 所示。CCD由许多感光单位组成，通常以百万像素为单位。当 CCD 表面受到光线照射时，每个感光单位会将电荷反映在组件上，所有的感光单位所产生的信号加在一起，就构成了一幅完整的画面。

图 8-35　CCD 芯片与数码相机

CCD 包含感光二极管、移位寄存器、并行信号寄存器、信号放大器、数模转换器等。

① 感光二极管（photodiode）。

② 移位寄存器（shift register）　用于暂时储存感光后产生的电荷。

③ 并行信号寄存器（transfer register）　用于暂时储存并行积存器的模拟信号并将电荷转移放大。

④ 信号放大器　用于放大微弱电信号。

⑤ 数模转换器　将放大的电信号转换成数字信号。

CCD 的工作原理分为微型镜头、分色滤色片、感光层等三层。

微型镜头为 CCD 的第一层，我们知道，数码相机成像的关键是在于其感光层，为了扩展 CCD 的采光率，必须扩展单一像素的受光面积。但是提高采光率的办法也容易使画质下降。这一层"微型镜头"就等于在感光层前面加上一副眼镜，因此感光面积不再因为传感器的开口面积而决定，而改由微型镜片的表面积来决定。

分色滤色片为 CCD 的第二层，目前有两种分色方式，一种是 RGB 原色分色法，另一种则是 CMYK 补色分色法，这两种方法各有优缺点。首先，我们先了解一下两种分色法的概念，RGB 即三原色分色法，几乎所有人类眼睛可以识别的颜色，都可以通过红、绿和蓝来组成，而 RGB 三个字母分别就是 Red、Green 和 Blue，这说明 RGB 分色法是通过这三个通道的颜色调节而成。再说 CMYK，这是由四个通道的颜色配合而成，它们分别是青（C）、洋红（M）、黄（Y）、黑（K），在印刷业中，CMYK 更为适用，但其调节出来的颜色不及 RGB 的多。

感光层为 CCD 的第三层，这层主要是负责将穿过滤色层的光源转换成电子信号，并将信号传送到影像处理芯片，将影像还原。

8.4.2　互补性氧化金属半导体

互补性氧化金属半导体（Complementary Metal-Oxide Semiconductor，CMOS）和 CCD 一样同为在数码相机中可记录光线变化的半导体。CMOS 的制造技术和一般计算机芯片没什么差别，主要是利用硅和锗这两种元素所做成的半导体，使其在 CMOS 上共存着带 N（带负电）和 P（带正电）级的半导体，这两个互补效应所产生的电流即可被处理芯片记录和解读成影像。然而，CMOS 的缺点就是太容易出现杂点，这主要是因为早期的设计使 CMOS 在处理快速变化的影像时，由于电流变化过于频繁而会产生过热的现象。

首先，外界光照射像素阵列，发生光电效应，在像素单元内产生相应的电荷。行选择逻辑单元根据需要，选通相应的行像素单元。行像素单元内的图像信号通过各自所在列的信号总线传输到对应的模拟信号处理单元以及 A/D 转换器，转换成数字图像信号输出。其中的行选择逻辑单元可以对像素阵列逐行扫描也可隔行扫描，行选择逻辑单元与列选择逻辑单元配合使用可以实现图像的窗口提取功能。模拟信号处理单元的主要功能是对信号进行放大处理，并且提高信噪比。另外，为了获得质量合格的实用摄像头，芯片中必须包含各种控制电路，如曝光时间控制、自动增益控制等。为了使芯片中各部分电路按规定的节拍动作，必须使用多个时序控制信号。为了便于摄像头的应用，还要求该芯片能输出一些时序信号，如同步信号、行起始信号、场起始信号等。

CCD 与 CMOS 传感器的性能比较如下。

① 由于 CMOS 每个像素由四个晶体管与一个感光二极管构成，还包含了放大器与数模转换电路，过多的额外设备缩小了单一像素感光区域的表面积，因此相同像素下，同样的尺寸，CMOS 的感光度会低于 CCD。

② 由于 CMOS 传感器的每个像素都比 CCD 传感器复杂，其像素尺寸很难达到 CCD 传感器的水平，因此，当比较相同尺寸的 CCD 与 CMOS 时，CCD 传感器的分辨率通常会优于 CMOS 传感器。

③ 由于 CMOS 每个感光二极管都需搭配一个放大器，如果以百万像素计，那么就需要

百万个以上的放大器，而放大器属于模拟电路，很难让每个放大器所得到的结果保持一致，因此与只有一个放大器放在芯片边缘的 CCD 传感器相比，CMOS 传感器的噪点就会增加很多，影响图像品质。

④ CMOS 传感器的图像采集方式为主动式，感光二极管所产生的电荷会直接由旁边的电晶体做放大输出。而 CCD 传感器为被动式采集，必须外加电压让每个像素中的电荷移动至传输通道。而这外加电压通常需要 $12\sim18V$，因此 CCD 还必须有更精密的电源线路设计和耐压强度，高驱动电压使 CCD 的耗电量远高于 CMOS。CMOS 的耗电量仅为 CCD 的 1/8 到 1/10。

⑤ 由于 CMOS 传感器采用一般半导体电路中最常用的 CMOS 工艺，可以轻易地将周边电路（如 AGC、CDS、Timing generator 或 DSP 等）集成到传感器芯片中，因此可以节省外围芯片的成本。而 CCD 采用电荷传递的方式传送数据，只要其中有一个像素不能运行，就会导致一整排的数据不能传送，因此控制 CCD 传感器的成品率比 CMOS 传感器困难许多，即使有经验的厂商也很难在产品问世的半年内突破 50％的水平，因此，CCD 传感器的制造成本会高于 CMOS 传感器。

⑥ CCD 在影像品质等方面均优于 CMOS，而 CMOS 则具有低成本、低功耗以及高整合度的特点。不过，随着 CCD 与 CMOS 传感器技术的进步，两者的差异将逐渐减小，新一代的 CCD 传感器一直在功耗上做改进，而 CMOS 传感器则在改善分辨率与灵敏度方面的不足。相信不断改进的 CCD 与 CMOS 传感器将为我们带来更加美好的数码影像世界。

8.4.3　数码相机的特点与组成

（1）数码相机的特点

数码相机是一种能够进行拍摄，并通过内部处理把拍摄到的景物转换成以数字格式存放的图像的特殊照相机。与普通相机不同，数码相机并不使用胶片，而是使用固定的或者是可拆卸的半导体存储器来保存获取的图像。数码相机可以直接连接到计算机、电视机或者打印机上。在一定条件下，数码相机还可以直接接到移动式电话机或者手持 PC 机上。由于图像是内部处理的，所以使用者可以马上检查图像是否正确，而且可以立刻打印出来或是通过电子邮件传送出去。

数码相机与传统相机相比存在以下五大区别：制作工艺不同、拍摄效果不同、拍摄速度不同、存储介质不同、输入输出方式不同。其中最大分别在于记录影像的方式，各自的流程如下。

传统相机：镜头→底片。

数码相机：镜头→感光芯片→数字处理电路→记忆卡。

数码相机与传统相机在影像摄取部分大致相同，主要有拍摄镜头、取景镜头、闪光灯、感光器和自拍指示灯等，所以只看相机的前面外形，两者可说是没多大分别，但在成像及记录方面，两者的区别就大了。传统相机是利用底片，而数码相机主要靠感光芯片及记忆卡。

数码相机有很多优点是传统相机没有的。

① 即拍即见　如果你旅游或参加一些重要的约会时用传统相机拍摄，回来后冲洗，赫然发现拍摄的品质不对劲，如太亮、太暗、主题被挡甚或完全没有影像，这时的心情真是难以形容。但用数码相机就不会发生这种情况，因为差不多所有的数码相机会有一个叫液晶显示器（LCD）的东西，它可以立即显示刚拍下的影像，如果发现不对劲，可以把影像删除，再重新拍摄，直到满意为止。

② 不必考虑拍摄成本 用传统相机拍摄，一般都会特别小心，在同一背景下通常都不会再拍，以免增加冲印费用。但用数码相机就不用担心，因拍摄后可慢慢选择，将最好的影像拿去打印，其余可删除或储存到硬盘。

③ 影像品质永远不变 用底片或照片记录影像，时间久了都会褪色及变坏，无法保持原有的质量。相反由数码相机拍下的影像只记录"0"和"1"的资料，可以被正确地储存在计算机硬盘或其他储存媒体中，所以数码影像不论被复制多少次，都可以保持品质一致。

④ 可以直接进行编辑使用 用数码相机拍下的影像可直接下载到计算机内，然后可通过 E-mail 的方式把影像立即传送给别人或客户，不用花钱和时间在冲印方面。另外也可以将数码影像应用在网页设计中，把公司的产品通过自身的网站推广到世界每一地方，实为电子商务的必备利器。

⑤ 储存空间少 数码相机所拍下来的影像只是一堆数据而已，只要用一些小的储存装置，如硬盘，快闪记忆卡，MO 等便可存放大量的影像，比用传统相机要用大量的空间来放底片及照片节省得多。

（2）数码相机的组成

数码相机是由镜头、CCD、A/D（模/数转换器）、MPU（微处理器）、内置存储器、LCD（液晶显示器）、PC 卡（可移动存储器）和接口（计算机接口、电视机接口）等部分组成，通常它们都安装在数码相机的内部，当然也有一些数码相机的液晶显示器与相机机身分离。

数码相机的工作原理如下：当按下快门时，镜头将光线会聚到感光器件 CCD（电荷耦合器件）上，CCD 是半导体器件，它代替了普通相机中胶卷的位置，它的功能是把光信号转变为电信号。这样，就得到了对应于拍摄景物的电子图像，但是它还不能马上被送去计算机处理，还需要按照计算机的要求进行从模拟信号到数字信号的转换，ADC（模数转换器）器件用来执行这项工作。接下来 MPU（微处理器）对数字信号进行压缩并转化为特定的图像格式，如 JPEG 格式。最后，图像文件被存储在内置存储器中。至此，数码相机的主要工作已经完成，剩下要做的是通过 LCD 查看拍摄到的照片。有一些数码相机为扩大存储容量而使用可移动存储器，如 PC 卡或者软盘。此外，数码相机还提供了连接到计算机和电视机的接口。

【思考题与习题 8】

【扩展知识 8】

= 第 9 章 =

磁场及气体成分参数检测

 学习目标

- 学习磁场检测方法。
- 了解气体成分检测传感器原理及应用。
- 了解湿度成分检测传感器原理及应用。

9.1 磁场检测方法

对放入其中的小磁针有磁力的作用的物质叫作磁场。磁场的基本特征是能对其中的运动电荷施加作用力,即通电导体在磁场中受到磁场的作用力。磁场对电流、对磁体的作用力或力矩皆源于此。而现代理论则说明,磁力是电场力的相对论效应。与电场相仿,磁场是在一定空间区域内连续分布的矢量场,描述磁场的基本物理量是磁感应强度矢量 B,也可以用磁感线形象地图示。然而,作为一个矢量场,磁场的性质与电场颇为不同。运动电荷或变化电场产生的磁场,或两者之和的总磁场,都是无源有旋的矢量场,磁力线是闭合的曲线族,不中断、不交叉。换言之,在磁场中不存在发出磁力线的源头,也不存在会聚磁力线的尾闾,磁力线闭合表明沿磁力线的环路积分不为零,即磁场是有旋场而不是势场(保守场),不存在类似于电势那样的标量函数。

磁场检测的方法很多,主要有电磁感应法、磁通门磁强计、霍尔效应、核磁共振法等。

9.1.1 磁敏电阻传感器原理

在了解和学习磁敏传感器之前,先让我们回顾以下磁现象及其有关公式。

磁现象和电现象不同,它的特点之一是磁荷(magnetic charge)不能单独存在,必须是N、S成对存在(而电荷则不然,正电荷和负电荷可以单独存在),并且在闭区间表面全部磁束(磁力线)的进出总和必等于零,即 div $B=0$。

磁感应强度、电场强度、力三者的关系可由公式表示为

$$F=e(E+v\times B)=eE+evB \tag{9.1}$$

该式表示运动电荷 e 从电场 E 受到的力和磁场(磁感应强度 B)存在时电流 ev(v 为电荷速度)所受到的力,其中第二项称为洛伦兹力。与这个洛伦兹力相抗衡而产生的相反方向的电动势,就是后面我们将要介绍的霍尔电压。

（1）霍尔效应

若在图 9-1 所示的金属或半导体薄片两端通以电流 I，并在薄片的垂直方向上施加磁感应强度为 B 的磁场，那么，在垂直于电流和磁场的方向上将产生电势 U_H（称为霍尔电动势或霍尔电压）。这种现象称为霍尔效应。

霍尔效应的产生是由于运动电荷受到磁场中洛伦兹力作用的结果。霍尔电势 U_H 可用下式表示：

$$U_H = R_H IB/d \tag{9.2}$$

式中　R_H——霍尔常数；

I——控制电流，A；

B——磁感应强度，T；

d——霍尔元件的厚度，m；

令 $K_H = R_H/d$，则得到

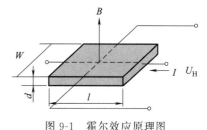

图 9-1　霍尔效应原理图

$$U_H = K_H IB \tag{9.3}$$

由上式可知，霍尔电势的大小正比于控制电流 I 和磁感应强度 B。K_H 称为霍尔元件的灵敏度，它与元件材料的性质与几何尺寸有关。为求得较大的灵敏度，一般采用 R_H 大的 N 型半导体材料作霍尔元件，并且用溅射薄膜工艺使 d 做得很小。

霍尔元件的主要参数如下。

① 输入电阻（R_{in}）和输出电阻（R_{out}）　霍尔元件控制电流极间的电阻为 R_{in}，霍尔电势极间的电阻为 R_{out}。输入电阻与输出电阻一般为几欧姆到几百欧姆。通常输入电阻的阻值大于输出电阻，但相差不太多，使用时不能搞错。

② 额定控制电流 I_c　额定控制电流 I_c 为使霍尔元件在空气中产生 10℃ 温升的控制电流。I_c 大小与霍尔芯片的尺寸有关，尺寸越小，I_c 越小。一般为几毫安至几十毫安（尺寸大的可达数百毫安）。

③ 不等位电势（也称为非平衡电压或残留电压 U_o）和不等位电阻（R_o）　霍尔元件在额定控制电流作用下，不加外磁场时，其霍尔电势电极间的电势为不等位电势。它主要与两个电极不在同一个等位面上及其材料电阻率不均等因素有关。可以用输出的电压表示，或用空载霍尔电压 U_H 的百分数表示，一般 U_o 不大于 10mV 或 ±20%U_H。

不等位电势与额定控制电流之比称为不等位电阻（R_o）。U_o 及 R_o 越小越好。

④ 灵敏度 K_H　灵敏度是在单位磁感应强度下，通以单位控制电流所产生的霍尔电势。

⑤ 寄生直流电势（U_{OD}）　在不加外磁场时，交流控制电流通过霍尔元件而在霍尔电势极间产生的直流电势为 U_{OD}。它主要是由电极与基片之间的非完全欧姆接触所产生的整流效应造成的。

⑥ 霍尔电势温度系数 α　α 为温度每变化 1℃ 霍尔电势变化的百分率。这一参数对测量仪器十分重要。若仪器要求精度高时，要选择 α 值小的元件，必要时还要加温度补偿电路。

⑦ 电阻温度系数 β　为温度每变化 1℃ 霍尔元件材料的电阻变化率（用百分比表示）。

（2）磁阻效应

将一载流导体置于外磁场中，除了产生霍尔效应外，其电阻也会随磁场而变化。这种现象称为磁电阻效应，简称磁阻效应。磁阻效应是伴随霍尔效应同时发生的一种物理效应。当温度恒定时，在弱磁场范围内，磁阻与磁感应强度 B 的平方成正比。对于只有电子参与导电的最简单的情况，理论推出磁阻效应的表达式为

$$\rho_B = \rho_0(1 + 0.273\mu^2 B^2) \tag{9.4}$$

式中　B——磁感应强度；

μ——电子迁移率；

ρ_0——零磁场下的电阻率；

ρ_B——磁感应强度为 B 时的电阻率。

设电阻率的变化为 $\Delta\rho = \rho_B - \rho_0$，则电阻率的相对变化为

$$\frac{\Delta\rho}{\rho_0} = 0.273\mu^2 B^2 = k(\mu B)^2$$

由上式可见，磁场一定时，迁移率高的材料磁阻效应明显。

InSb 和 InAs 等半导体的载流子迁移率都很高，很适合制作各种磁敏电阻元件。

（3）形状效应

磁阻的大小除了与材料有关外，还和磁敏元件的几何形状有关。

在考虑到形状的影响时，电阻率的相对变化与磁感应强度和迁移率的关系可以近似用下式表示：

$$\frac{\Delta\rho}{\rho_0} = k(\mu B)^2 [1 - f(l/b)] \tag{9.5}$$

式中，$f(l/b)$ 为形状效应系数；l 为磁敏元件的长度；b 为磁敏元件的宽度。这种由于磁敏元件的几何尺寸变化而引起的磁阻大小变化的现象，叫形状效应。

9.1.2 电磁感应法测量磁场

电磁感应法测量磁场的理论基础为电磁感应定律，原理如图 9-2 所示。即因磁通量变化产生感应电动势的现象，闭合电路的一部分导体在磁场中做切割磁感线运动，导体中就会产生电流。这种现象叫电磁感应现象，产生的电流称为感应电流。如果被测磁场是交流磁场，且按正弦规律变化，则穿过测量线圈的磁通量也按正弦规律变化。即

$$\Phi(\omega t) = \Phi_m \sin(\omega t) \tag{9.6}$$

在线圈两端产生感应电动势

$$e = \frac{d\varphi}{dt} = N\frac{d\Phi}{dt} = \omega N\Phi_m \cos(\omega t) \tag{9.7}$$

因此有

$$\Phi_m = \frac{\sqrt{2}}{\omega N}U \tag{9.8}$$

式中　ω——被测磁场的角频率；

N——被测线圈的匝数；

U——感应电动势 e 的有效值。

用有效刻度值的电压测量出感应电动势 e，可以用 $\Phi_m = \frac{\sqrt{2}}{\omega N}U$ 算出穿过线圈的磁通幅值。若测量线圈的面积是 A，则被测量磁场的感应强度的幅值 B_m 和磁通幅值 H_m 等于

$$B_m = \frac{\varphi_m}{A} = \frac{\sqrt{2}}{\omega AN}U \tag{9.9}$$

$$H_m = \frac{B_m}{\mu} \tag{9.10}$$

（1）冲击法

① 测量原理　用冲击法测量直流磁通的接线图如图 9-3 所示。图中 G 为冲击检流计，N 是测量线圈的匝数。改变穿过测量线圈磁通的方法有多种。如果被测的直流磁场是由通

电线圈产生的，切断线圈的电流或者突然改变线圈中的电流方向可以使穿过测量线圈中的磁通变化 Φ 或 2Φ；若被测磁通是永久磁铁或是地磁场产生的，可以把测量线圈从磁场中迅速地移到磁场为 0 的地方，或者把测量线圈在原地转动 $180°$，使穿过测量线圈的磁通变化 Φ 或者 2Φ。无论哪种方法，均力求使磁通的变化时间尽量短，以便使测量线圈中的脉冲感应电势值在冲击检流计偏转前已消失。

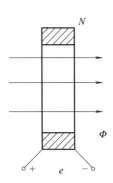

图 9-2　电磁感应法测量磁场的原理

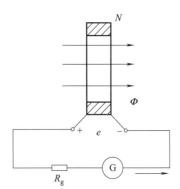

图 9-3　用冲击法测量直流磁通的接线图

若线圈中的感应电势为 e，则

$$e=-N\frac{\mathrm{d}\Phi}{\mathrm{d}t}=iR+L\frac{\mathrm{d}i}{\mathrm{d}t} \tag{9.11}$$

式中　R——冲击检流计的电阻 R_g 和测量线圈电阻 R_n 之和，即 $R=R_n+R_g$；

$\quad$ i——线圈中的由感应电动势 e 引起的脉冲电流；

$\quad$ L——线圈的电感。

线圈中的磁通量从 $t=t_1$ 时开始变化，$t=t_2$ 时停止变化，因为 $t=t_1$ 和 $t=t_2$ 时磁通量均停止变化，所以 $t=t_1$ 和 $t=t_2$ 时，对上式积分。则得

$$N(\Phi_2-\Phi_1)=RQ \tag{9.12}$$

式中，$Q=\int_{t_1}^{t_2}t\mathrm{d}t$ 是在 $t_1\sim t_2$ 这段时间内流过冲击检流计的电量。由冲击检流计的特性可得

$$Q=C_q\alpha_m=N(\Phi_2-\Phi_1)\frac{1}{R}=N\Delta\Phi\frac{1}{R} \tag{9.13}$$

由上式可得

$$\Delta\Phi=\frac{C_qR}{N}\alpha_m=\frac{C_\Phi}{N}\alpha_m \tag{9.14}$$

式中　$\Delta\Phi$——在 $t_2\sim t_1$ 时间内，测量线圈中的磁通变化量；

$\quad$ C_q——冲击检流计的电量冲击常数；

$\quad$ N——测量线圈的匝数；

$\quad$ α_m——冲击检流计的第一次最大偏转角；

$\quad$ C_Φ——磁通冲击常数，$C_\Phi=C_qR$。

被测磁场的磁感应强度 B 和磁场强度 H 为

$$B=\frac{\Delta\Phi}{S} \tag{9.15}$$

$$H=\frac{B}{\mu_0}=\frac{\Delta\Phi}{\mu_0 S} \tag{9.16}$$

式中　S——测量线圈的面积。

　　② 磁通冲击常数 C_Φ 的测量方法　磁通冲击常数 C_Φ 的值和测量回路的电阻有关，C_Φ 值一般都用测量的方法求得。C_Φ 的测量是用标准互感线圈产生一个数值已知的磁通 $\Delta\Phi$，然后用式（9.14）求出 C_Φ 值。测量 C_Φ 的电路图如图 9-4 所示。

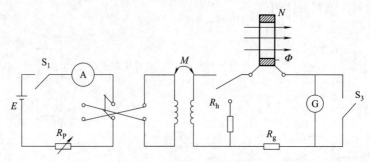

图 9-4　测量 C_Φ 的电路图

　　图 9-4 中，标准互感线圈的二次侧与 N 匝的测量线圈、冲击检流计 G 和附加电阻 R_g 串联，R'_h 和 M 是标准互感线圈二次侧的电阻和互感值。电阻 $R_h = R'_h$，称为替代电阻。测量前开关 S_1、S_3 闭合，S_2 投向任意一例（如投向 1 侧），S_4 投向 1 侧，调节电阻 R_P，改变互感线圈的初级电流，使其达到一个合适的值 I，数值用电流表 A 读出。调整好电流后. 打开开关 S_3 准备测量。测量操作是把开关 S_2 由位置 1 迅速投向位置 2，互感器初级中的电流由 I 变到 $-I$，互感线圈中的磁通变化量是 $\Delta\Phi$。在互感器二次侧中产生感应电势，该电势使冲击检流计偏转。第一次最大偏转角是 α_m，在互感线圈中

$$\Delta\Phi = \frac{\mathrm{d}\Phi}{\mathrm{d}t} = -M\frac{\mathrm{d}i}{\mathrm{d}t} = -2IM \tag{9.17}$$

又因 $\Delta\Phi = C_\Phi \alpha_m$，所以

$$C_\Phi = \frac{2M}{\alpha_m} \tag{9.18}$$

式中　M——标准互感线圈的互感值。

　　值得注意的是，用上述方法测量出的磁通冲击常数 C_Φ，是在回路电阻 $R = R'_h + R_g + R_n$ 时的数值，回路电阻改变时，冲击常数 C_Φ 的值也发生变化。所以，用测量线圈测量磁通时必须保持回路的总电阻 R 不变。为此，当测量磁通时把开关 S_4 投向位置 2，这时回路的总电阻 $R = R_h + R_g + R_n$，因为 $R_h = R'_h$，保证了回路总电阻值 R 不变。

　　用冲击法测量直流磁通的操作方法比较复杂、费时，但是准确度比较高。用磁通表测量磁通比较简单，但准确度比冲击法低，后者是生产和科研中常用的方法。

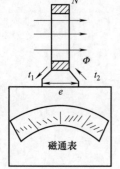

图 9-5　磁通表测量直流
磁通的接线示意图

（2）磁通表法

　　磁通表是一种特殊结构的磁电系检流计，它与普通磁电系检流计的主要区别是没有产生反作用力矩的吊丝或张丝，也就是说，它的反作用力矩系数 $W = 0$，即磁通表的阻尼因数 $\beta = \infty$，重的过阻尼。磁通表的指针能随意平衡，不返回零位。流过磁通表可动线圈中的电流是靠无力矩导流丝导入和导出可动线圈的。用磁通表测量直流磁通的接线如图 9-5 所示。匝数为 N 的测量线圈置于待测的磁场中，线圈两端接到磁通表上。线圈中磁通的改变方法与冲击法相同，线圈中的磁通在 $t_2 \sim t_1$ 这段时间内发生变

化。线圈内产生的感应电势和电路参数有如下关系。

$$N\frac{\mathrm{d}\varphi}{\mathrm{d}t}=e=iR+L\frac{\mathrm{d}i}{\mathrm{d}t} \qquad (9.19)$$

$$i=\frac{e}{R}-\frac{L}{R}\frac{\mathrm{d}i}{\mathrm{d}t} \qquad (9.20)$$

式中　R——包括测量线圈电阻在内的回路总电阻；

　　　L——回路的总电感。

磁通表反作用力矩系数 $w=0$，它的运动方程式为

$$I\frac{\mathrm{d}^2\alpha}{\mathrm{d}t^2}+P\frac{\mathrm{d}\alpha}{\mathrm{d}t}=\varphi_0 i \qquad (9.21)$$

式中　φ_0——磁通表工作气隙中的磁链。

在 $t_2=t_1$ 时，测量线圈中的磁通开始变化；再在 $t_2=t_1$ 时停止变化。在 $t_1\sim t_2$ 时间内，测量线圈中产生感应电势 e。线圈中有电流 i，把式(9.20)代入式(9.21)，注意到初始条件 $t=t_1$ 时，测量线圈中的磁通 $\Phi=\Phi_1$；$t=t_2$ 时，变到 $\Phi=\Phi_2$、$i=0$。另一方面，$t=t_1$ 时，磁通表的偏转角 $\alpha=\alpha_1$，$\mathrm{d}\alpha/\mathrm{d}t=0$；$t=t_2$ 时，$\alpha=\alpha_2$，$\mathrm{d}\alpha/\mathrm{d}t=0$；并在 $t_1\sim t_2$ 时间内积分得

$$\Delta\alpha=\frac{1}{C_\Phi}N\Delta\Phi \qquad (9.22)$$

式中　$\Delta\alpha$——磁通角的偏转角，$\Delta\alpha=\alpha_2-\alpha_1$；

　　　$\Delta\Phi$——测量线圈，$\Delta\Phi=\Phi_2-\Phi_1$；

　　　C_Φ——磁通表的磁通常数，$C_\Phi=pR/\varphi_0$。

被测磁通 $\Delta\Phi$ 值为
$$\Delta\Phi=\frac{1}{N}C_\Phi\Delta\alpha \qquad (9.23)$$

被测磁场的磁感应强度和磁场强度分别为

$$B=\frac{\Delta\Phi}{A}=\frac{1}{NA}C_\Phi\Delta\alpha \qquad (9.24)$$

$$H=\frac{B}{\mu_0} \qquad (9.25)$$

C_Φ 值由仪表给出，不需测量。但是，由式(9.22)可见，C_Φ 和回路的电阻有关，因此，磁通表对测量线圈的电阻也有一定要求，要求测量线圈的内阻 R_n 不大于 8Ω，这样就限制了测量线圈的匝数或线径。

9.1.3　磁通门磁强计测量磁场

磁通门磁强计采用如下原理：由高磁导率软磁材料制成的铁芯同时受交变及恒定两种磁场作用，由于磁化曲线的非线性，以及铁芯工作在曲线的非对称区，使得缠绕在铁芯上的检测线圈感生的电压中含有偶次谐波分量，特别是二次谐波。此谐波电压与恒定磁场强度成比例。通过测量检测线圈的谐波电压，计算出磁场强度。磁通门磁强计的原理结构如图9-6所示。探头中的两个铁芯用高磁导率软磁合金制成，每一铁芯上各绕有交流励

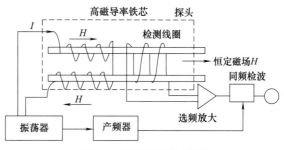

图 9-6　磁通门磁强计结构

磁线圈，而检测线圈绕在两铁芯上。两交流励磁线圈串联后由振荡器供电，在两铁芯中产生的磁场强度为 H，但方向相反。这样，检测线圈中感生的基波及奇次谐波电压相互抵消。当探头处在强度为 H_0 的被测恒定磁场中时，两铁芯分别受到 H_0+H 和 H_0-H 即交变与恒定磁场的叠加作用，从而在检测线圈中产生偶次谐波电压，经选频放大和同步检波环节，取其二次谐波电压，其读数与被测的恒定磁场强度 H_0 成比例。磁通门磁强计的灵敏度很高，分辨力达 100pT，主要用于测量弱磁场，广泛用于地质、海洋和空间技术中。二十世纪六七十年代研制成的光泵磁强计和利用超导量子干涉器件（squid）制成的超导量子磁强计，灵敏度更高，分辨力分别达到 10^{-7} 和 10^{-9} A/m。

9.1.4 霍尔效应磁强计测量磁场

霍尔效应磁强计：半导体矩形薄片放置在与薄片平面垂直的磁场（磁通密度为 B）中，若在薄片的相对两端面间通以直流电流 I，则在另两端面的相应点间产生电动势 E（即霍尔效应）。当 I 为常数时，E 与 B 有比例关系，比例系数与薄片的宽度 b，长度 l 和厚度 d 以及所用材料有关。材料的这种特性又称为磁敏特性。利用霍尔效应制成的磁强计，可测量 1μT 到 10T 范围内的磁通密度值。误差为 $0.1\%\sim5\%$。霍尔片能做得薄而小，可伸入狭窄间隙中进行测量，也可用以测量非均匀磁场。有磁敏特性的器件，除霍尔片外还有铋螺线、磁敏二极管等。

9.1.5 核磁共振法测量磁场

原子核的磁矩在磁通密度 B 的作用下，将围绕磁场方向旋进，其旋进频率 $f_0=\gamma B$（γ 为旋磁比，对于一定的物质，它是一个常数），若在垂直于 B 的方向施加一小交变磁场，当其频率与 f_0 相等时，将产生共振吸收现象，即核磁共振。由共振频率可准确地计算出磁通密度或磁场强度。这种磁强计的测量范围为 0.1mT 到 10T。准确度很高，误差低于 $10^{-4}\sim10^{-5}$，常用以提供标准磁场及作为校验标准。

9.2 气体成分检测传感器的原理及应用

工业、科研、生活、医疗、农业等许多领域都需要测量环境中某些气体的成分、浓度。例如，煤矿中瓦斯气体浓度超过极限值时，有可能会发生爆炸；家庭发生煤气泄漏时，将发生悲剧事件；农业塑料大棚中二氧化碳浓度不足时，农作物将减产；锅炉和汽车发动机气缸燃烧过程中氧含量不正确时，效率将下降，并造成环境污染。

气敏传感器是能感知环境中某种气体及其浓度的一种器件，它将气体的种类及其与浓度有关的信息转换为电信号，根据这些电信号的强弱就可以获得与待测气体在环境中存在情况有关的信息，从而可以进行检测、监控、报警。

9.2.1 气敏传感器的分类

气敏传感器的种类很多，分类标准不一，通常以气敏特性来分类，主要可分为：半导体型、电化学型、固体电解质型、接触燃烧式、光化学型、高分子气敏传感器等。

半导体气敏传感器是利用金属氧化物或金属半导体氧化物与气体相互作用时产生表面吸附或反应，引起以载流子运动为特征的电导率或伏安特性或表面电位变化。借此来检测特定气体的成分或者测量其浓度，并将其变换成电信号输出。可用于检测气体中的特定成分（一氧化碳、二氧化碳、甲醛、酒精、氧气、氢气等），具有对被测气体有高的灵敏度、气体选择性好、能够长期稳定工作、响应速度快等特点。

按照半导体变化的物理特性分为电阻式和非电阻式，如表9-1所示。

表 9-1　半导体气体传感器的分类

主要物理特性			传感器举例	工作温度	典型被测气体
电阻式	电阻	表面控制型	氧化银、氧化锌	室温～450℃	可燃性气体
		体控制型	氧化钛、氧化钴、氧化镁、氧化锡	700℃以上	酒精、氧气、可燃性气体
非电阻式	表面电位	表面控制型	氧化银	室温	硫醇
	二极管整流特性		铂/硫化镉、铂/氧化钛	室温～200℃	氢气、一氧化碳、酒精
	晶体管特性		铂栅MOS场效应晶体管	150℃	氢气、硫化氢

9.2.2　电阻式半导体气敏传感器

电阻式半导体气敏传感器主要是指半导体金属氧化物陶瓷气敏传感器，是一种用金属氧化物薄膜（如 SnO_2、ZnO、Fe_2O_3、TiO_2 等）制成的阻抗器件，是利用气体在金属氧化物半导体表面的氧化和还原反应，导致敏感元件电阻随着气体含量不同而变化的原理来制作的。

气敏电阻的材料是金属氧化物，合成时加敏感材料和催化剂烧结。金属氧化物有 N 型半导体和 P 型半导体。N 型半导体如 SnO_2、ZnO、Fe_2O_3，P 型半导体如 CoO_2、PbO、MnO_2、CrO_3。这些金属氧化物在常温下时绝缘的，制成半导体后则显示出气敏特性。

图 9-7 所示为 N 型半导体与气体接触时的氧化还原反应及阻值变化情况，当吸附还原性气体时，N 型半导体的功函数大于吸附分子的离解能，吸附分子向半导体释放电子成为正离子吸附，半导体载流子数增加，半导体电阻率减少，阻值降低。当吸附氧化性气体时，N 型半导体的功函数小于吸附分子的电子亲和力，吸附分子从半导体夺走电子成为负离子吸附，半导体载流子数减少，电阻率增大，阻值增大。对于 P 型半导体器件，情况刚好相反，

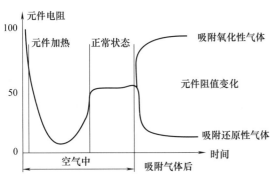

图 9-7　N 型半导体与气体接触时的氧化还原反应

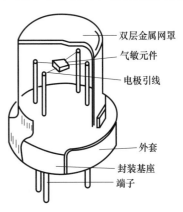

图 9-8　某气敏传感器的整体结构

氧化性气体使其电阻减小，还原性气体使其电阻增大。半导体表面因吸附气体引起半导体元件电阻值变化，根据这一特性，从阻值的变化可以测出气体的种类和浓度。

目前常见的气敏传感器的整体结构如图 9-8 所示，其主要由气敏元件、加热器及封装部分组成。按制造工艺可分为烧结型、薄膜型、厚膜型。

（1）烧结型

烧结型气敏元件是将元件的电极和加热器均埋在金属氧化物气敏材料中，经加热成型后低温烧结而成。目前最常用的是氧化锡（SnO_2）烧结型气敏元件，它是用粒径很小的 SnO_2 粉体为基本材料，与不同的添加剂混合均匀，采用典型的陶瓷工艺制备，工艺简单，成本低廉，它的加热温度较低，一般在 $200 \sim 300℃$，SnO_2 气敏半导体对许多可燃性气体，如氢气、一氧化碳、甲烷、丙烷、乙醇等都有较高的灵敏度。按照其加热方式，可以分为内热式与旁热式两种类型。

以 SnO_2 烧结体气敏元件为例，内热式 SnO_2 气敏元件由芯片（包括敏感体和加热器）、基座和金属防爆网罩三部分组成。芯片结构的特点是在以 SnO_2 为主要成分的烧结体中埋设两根作为电极并兼作加热器的螺旋形铂-铱合金线，其结构如图 9-9 所示。优点是结构简单，成本低廉，但其热容量小，易受环境气流的影响，稳定性差。

旁热式 SnO_2 气敏元件严格讲是一种厚膜型元件，其结构如图 9-10 所示。在一根薄壁陶瓷管的两端设置一对金电极及铂-铱合金丝引出线，然后在瓷管的外壁涂覆以 SnO_2 为基础材料配置的浆料层，经烧结后形成厚膜气体敏感层。在陶瓷管内放入一根螺旋形高电阻金属丝作为加热器（加热器电阻值一般为 $30 \sim 40\Omega$）。这种管芯的测量电极与加热器分离，避免了相互干扰，而且元件的热容量较大，减少了环境温度变化对敏感元件特性的影响。其可靠性和使用寿命都较内热式气敏元件高。

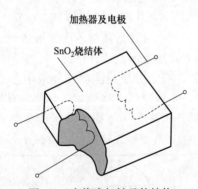

图 9-9 内热式气敏元件结构

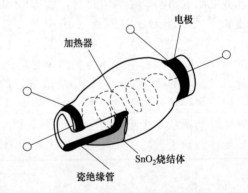

图 9-10 旁热式气敏元件结构

（2）薄膜型

在石英基片上蒸发或溅射一层半导体薄膜制成（厚度 $0.1\mu m$ 以下）。上下为输出电极和加热电极，中间为加热器，其具体结构如图 9-11 所示。可利用器件对不同气体的敏感特性实现对不同气体的选择性检测。

（3）厚膜型

将金属氧化物粉末、添加剂、黏合剂等混合配成浆料，将浆料印刷到基片上，制成数十微米的厚膜，其结构如图 9-12 所示。其灵敏度、工艺性、机械强度和一致性等方面都比较好。

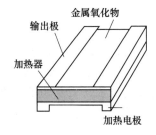

图 9-11　薄膜型气敏元件结构

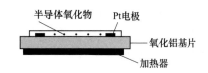

图 9-12　厚膜型气敏元件结构

9.2.3　非电阻式半导体气敏传感器

非电阻型半导体气敏传感器主要包括利用 MOS 二极管的电容—电压特性变化的 MOS 二极管型气敏传感器和利用 MOS 场效应晶体管的阈值电压变化的 MOS 场效应晶体管型气敏传感器。

Pd-MOS 二极管型气敏元件的结构如图 9-13 所示。在 P 型硅上集成一层二氧化硅层，在氧化层蒸发一层钯（Pd）金属膜作栅电极。氧化层（SiO_2）的电容 C_a 是固定不变的。而硅片与 SiO_2 层的电容 C_s 是外加电压的函数，所以总电容 C 是栅极偏压的函数，其函数关系称为该 MOS 管的电容—电压（C-U）特性。MOS 二极管的等效电容 C 随电压 U 变化而变化。

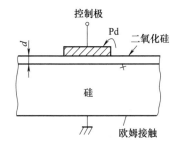

图 9-13　Pd-MOS 二极管型气敏元件的结构

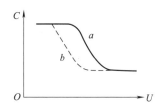

图 9-14　MOS 管的 C-U 特性曲线

由于金属钯（Pd）对氢气特别敏感。当 Pd 吸附氢气后，使 Pd 的功函数下降，且所吸附气体的浓度不同，功函数的变化量也不同，这将引起 MOS 管的 C-U 特性向左平移（向负方向偏移），如图 9-14 所示，曲线 a 为在空气中 C-U 特性曲线，曲线 b 为吸附氢气后 C-U 特性曲线。由此可测定氢气的浓度。

9.2.4　气敏传感器的应用

（1）家用可燃性气体报警器

图 9-15 是一种最简单的家用可燃性气体报警器电路原理，采用内热式气敏传感器，随着环境中可燃性气体浓度的增加，气敏元件因接触可燃性气体而使阻值下降，当阻值到一定值时，流经测试回路的电流增加，足以推动蜂鸣器工作而发出报警信号。报警浓度一般选定在其爆炸下限的 1/10，可通过调整电阻来调节。

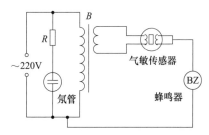

图 9-15　家用可燃性气体报警器电路原理

（2）实用酒精测试仪

图 9-16 为酒精测试仪电路原理，选用 SnO_2 作为气敏元件检测酒精浓度。当气体传感器探测不到酒精时，加在 A_5 脚的电平为低电平，当气体传感器探测到酒精时，其内阻变低，从而使 A_5 脚电平变高。A 为显示驱动器，它共有 10 个输出端，每个输出端可以驱动一个发光二极管，显示推动器 A 根据第 5 脚电压高低来确定依次点亮发光二极管的级数，酒精含量越高则点亮二极管的级数越大。上 5 个发光二极管为红色，表示超过安全水平。下 5 个发光二极管为绿色，代表安全水平，酒精含量不超过 0.05％。

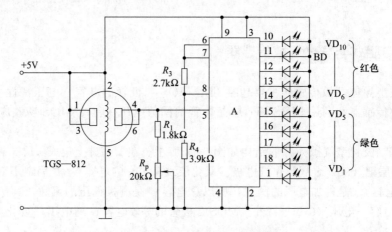

图 9-16　酒精测试仪电路原理

（3）矿灯煤气报警器

图 9-17 所示为矿灯煤气报警器电路原理，其煤气探头由 QM-N5 型气敏元件 R_Q、R_1 及 4V 矿灯蓄电池等组成，其中 R_1 为限流电阻。因为气敏元件在预热期间会输出信号造成误报警，所以气敏元件在使用前必须预热十几分钟以免误报警。一般将矿灯煤气报警器直接安放在矿工的工作帽内，以矿灯蓄电池为电源。当煤气超限时，矿灯自动闪光并发出报警声。图中 EL 为矿灯，C_1、C_2 为电解电容器，VD 为 2AP13 型锗二极管；VT_1 为 3DG12B，$\beta=80$；VT_2 为 3AX81，$\beta=70$；VT_3 为 3DG6，$\beta=20$；K 为 4099 型超小型中功率继电器。全部元件均安装在矿帽内。

RP 为报警设定电位器。当煤气超过某设定点时，RP 输出信号通过二极管 VD 加到 VT_1 基极上，VT_1 导通，VT_2、VT_3 便开始工作。而当煤气浓度低时，RP 输出的信号电

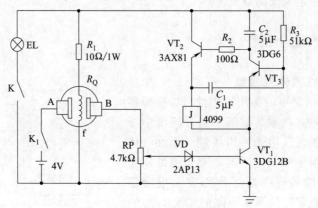

图 9-17　矿灯煤气报警器电路原理

位低，VT$_1$ 截止，VT$_2$、VT$_3$ 也截止。VT$_2$、VT$_3$ 为一个互补式自激多谐振荡器。在 VT$_1$ 导通后电源通过 R_3 对 C_1 充电，当充电至一定电压时 VT$_3$ 导通，C_2 通过 VT$_3$ 充电，使 VT$_2$ 导通，继电器 K 吸合。VT$_2$ 导通后 C_1 立即开始放电，C_1 正极经 VT$_3$ 的基极、发射极、VT$_1$ 的集电极、电源负极，再经电源正极至 VT$_2$ 集电极至 C_1 负极，所以放电时间常数较大，当 C_1 两端电压接近零时，VT$_3$ 截止。此时 VT$_2$ 还不能马上截止，原因是电容器 C_2 上还有电荷，这时 C_2 经 R_2 和 VT$_2$ 的发射结放电，待 C_2 两端电压接近零时 VT$_2$ 就截止了，自然 K 也就释放。当 VT$_3$ 截止时，C_1 又进入充电阶段，以后过程又同前述，使电路形成自激振荡，K 不断地吸合和释放。由于 K 与矿灯都是安装在工作帽上，K 吸合时，衔铁撞击铁芯发出的"嗒嗒"声通过矿帽传递给矿工听见。同时，矿灯因 K 的吸合与释放也不断闪光，引起矿工的警觉，可及时采取通风措施。对 R_Q 要采取放风防煤尘措施但要透气，故将它安装在矿帽前沿。测试通电 15min 后，在清洁空气中调节 RP，使 VD 的正极对地电压低于 0.5V，使 VT$_1$ 截止；然后将气敏元件通入煤气，报警即可。

（4）烟雾报警器

图 9-18 给出了烟雾报警器电路原理。它由电源、检测、定时报警输出三部分组成，电源部分将 220V 市电经变压器降至 15V，由 VD$_1$～VD$_4$ 组成的桥式整流电路整流并经 C_2 滤波成直流。三端稳压器 7810 供给烟雾检测器（HQ-2）和运算放大器 IC$_1$、IC$_2$ 10V 直流电源以工作，三端稳压器 7805 供给 5V 电压以加热。

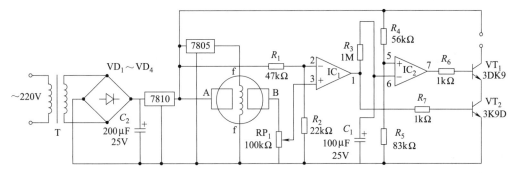

图 9-18　烟雾报警器电路原理

HQ-2 气敏管 A、B 之间的电阻，在无烟环境中为几十千欧，在有烟雾环境中可下降到几千欧。一旦有烟雾存在，A、B 之间的电阻便迅速减小，比较器通过电位器 RP$_1$ 所取得的分压随之增加，IC$_1$ 翻转输出高电平使 VT$_2$ 导通。IC$_2$ 在 IC$_1$ 翻转之前输出高电平，因此 VT$_1$ 也处于导通状态。只要 IC$_1$ 一翻转，输出端便可输出报警信号，输出端可接蜂鸣器或发光器件。IC$_1$ 翻转后，由 R_3、C_1 组成的定时器开始工作（改变 R_3 阻值可改变报警信号的长短）。当电容 C_1 被充电达到阈值电位时，IC$_2$ 翻转，则 VT$_1$ 关断，停止输出报警信号。烟雾消失后，比较器复位，C_1 通过 IC$_1$ 放电。该气敏管长期搁置首次使用时，在没有遇到可燃性气体时电阻也将减小，需经 10min 左右的初始稳定时间后方可正常使用。

9.3　湿度检测传感器的原理及应用

湿度检测广泛应用于工业、农业、国防、科技和生活等各个领域。许多储物仓库在湿度超过某一程度时，物品易发生变质或霉变现象；居室的湿度希望适中；而纺织厂要求车间的湿度保持在（60%～70%）RH；在农业生产中的温室育苗、食用菌培养、水果保鲜等都需要对湿度进行检测和控制。湿敏传感器是利用湿敏元件的电气特性（如电阻值）随湿度的变化而变化的原理进行湿度测量的传感器，可以检测湿度情况。

9.3.1 湿度的定义

湿度是表示空气中水蒸气的含量的物理量，常用绝对湿度、相对湿度、露点等表示。

（1）绝对湿度

所谓绝对湿度就是在一定温度和压力条件下，单位体积空气内所含水蒸气的质量，也就是指空气中水蒸气的密度。一般用 $1m^2$ 空气中所含水蒸气的质量表示，即

$$AH = m_v/V \tag{9.26}$$

式中　m_v——待测空气中水蒸气的质量；

　　　V——待测空气的总体积；

　　AH——绝对湿度，g/m^3。

（2）相对湿度

相对湿度是表示空气中实际所含水蒸气的分压（p）和同温度下饱和水蒸气的分压（p_{max}）的百分比，即

$$RH = (p/p_{max})t \times 100\% \tag{9.27}$$

式中　t——温度。

通常，用%RH表示相对湿度。当温度和压力变化时，因饱和水蒸气变化，所以气体中的水蒸气压即使相同，其相对湿度也发生变化。显然，绝对湿度给出了水分在空间的具体含量，相对湿度则给出了大气的潮湿程度，故其使用更广泛。日常生活中所说的空气湿度，实际上就是指相对湿度而言。

（3）露点

温度高的气体，含水蒸气越多。若将其气体冷却，即使其中所含水蒸气量不变，相对湿度将逐渐增加，降低到某一温度时，相对湿度达到100%RH，呈饱和状态，再冷却时，蒸汽的一部分凝聚生成露，把这个温度称为露点温度。即空气在气压不变下为了使其所含水蒸气达到饱和状态时所必须冷却到的温度称为露点温度。气温和露点的差越小，表示空气越接近饱和。

9.3.2 电阻式湿度传感器

电阻式湿度传感器是利用湿敏电阻的特点，在基片上覆盖一层用感湿材料制成的膜，当空气中的水蒸气吸附在感湿膜上时，元件的电阻率和电阻值都发生变化的特性测量湿度。其种类很多，如金属氧化物湿敏电阻、陶瓷湿敏电阻、高分子湿敏电阻等。它具有滞后小，不受测试环境风速影响，检测精度高等优点；同时也存在耐热性差，不能用于露点以下测量，器件性能的重复性不理想，使用寿命短等缺点。

（1）氯化锂湿敏传感器

氯化锂湿敏传感器是利用湿敏元件在吸湿和脱湿过程中，水分子分解出的 H^+ 离子的传导状态发生变化，从而使元件的电阻值发生变化的传感器。在条状绝缘基片（如无碱玻璃）的两面，用真空蒸镀法或化学沉积法做上电极，再浸渍一定比例配制的氯化锂-聚乙烯醇混

合溶液，经老化处理而制成，如图 9-19 所示。

在氯化锂溶液中，Li 和 Cl 均以正负离子的形式存在，而 Li$^+$ 离子对水分子的吸引力强，离子水合程度高，其溶液中的离子导电能力与浓度成正比。当溶液置于一定温湿场中，若环境相对湿度高，溶液将吸收水分，使浓度降低，因此，其溶液电阻率增高，阻值升高。反之，环境相对湿度变低时，则溶液浓度升高，其电阻率下降，阻值下降。因此，可通过测量溶液电阻值实现对湿度的测量。

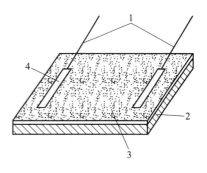

图 9-19　湿敏电阻结构示意图
1—引线；2—基片；3—感湿层；
4—金属电极

氯化锂含量不同的单片湿度传感器，其感湿的范围也不同。如浸渍 1%～1.5% 浓度的器件可检测（20%～50%）RH 范围内的湿度，而浸渍 0.5% 浓度的器件可检测（40%～80%）RH 范围内的湿度。可将氯化锂含量不同的多个器件组合使用，扩大湿度测量的线性范围，将上述两个器件配合使用，可检测（20%～80%）RH 范围内的湿度。

（2）半导体陶瓷湿敏传感器

半导体陶瓷湿敏电阻通常是用两种以上的金属氧化物半导体材料在高温 1300℃ 下混合烧结而成的多孔陶瓷。半导体陶瓷湿敏电阻按照电阻率与湿度的关系可分为两种：一种是负特性湿敏半导体陶瓷，其材料的电阻率随湿度增加而下降，如 $ZnO\text{-}LiO_2\text{-}V_2O_5$ 系、$Si\text{-}Na_2O\text{-}V_2O_5$ 系、$TiO_2\text{-}MgO\text{-}Cr_2O_3$ 系等。另一种是正特性湿敏半导体陶瓷，其材料的电阻率随湿度增大而增大，如 Fe_3O_4 等。

对于负特性湿敏半导体陶瓷，由于水分子中的氢原子具有很强的正电场，当水在半导体陶瓷表面吸附时，就有可能从半导体陶瓷表面俘获电子，使半导体陶瓷表面带负电。如果该半导体陶瓷是 P 型半导体，则由于水分子吸附使表面电势下降，将吸引更多的空穴到达其表面，其表面层的电阻下降；若该半导体陶瓷为 N 型，则由于水分子的附着使表面电势下降，如果表面电势下降较多，不仅使表面层的电子耗尽，同时吸引更多的空穴达到表面层，有可能使到达表面层的空穴浓度大于电子浓度，出现所谓表面反型层，这些空穴称为反型载流子，它们同样可以在表面迁移而表现出电导特性，使表面电阻下降。由此可见，不论是 N 型还是 P 型半导体陶瓷，其电阻率都随湿度的增加而下降。

对于正特性湿敏半导瓷，当水分子附着在半导瓷的表面使电动势变负时，导致其表面层电子浓度下降，但还不足以使表面层的空穴浓度增加到出现反型程度，此时仍以电子导电为主。于是，表面电阻将由于电子浓度下降而加大，这类半导瓷材料的表面电阻将随湿度的增加而加大。通常湿敏半导瓷材料都是多孔的，表面电导占的比例很大，故表面层电阻的升高，必将引起总电阻值的明显升高。由于晶体内部低阻支路仍然存在，正特性半导瓷的总电阻值的升高没有负特性材料的阻值下降得那么明显。如图 9-20 所示为 Fe_3O_4 正特性半导瓷湿敏元件结构，由基片、电极和感湿膜组成，在基片上制作一对梳状金电极，将 Fe_3O_4 胶体液涂覆在金电极的表面。当空气湿度大时，Fe_3O_4 吸湿，元件阻值增大；当空气湿度小时，Fe_3O_4 脱湿，元件阻值减小。另外，磁粉膜型 Fe_3O_4 湿敏电阻具有负特性。

在诸多金属氧化物陶瓷材料中，由铬酸镁-二氧化钛固溶体组成的多孔性半导体陶瓷是性能较好的湿敏材料，它的表面电阻率低，而且能在高温条件下反复进行清洗，电阻-温度特性好。图 9-21 所示为 $MgCr_2O_4\text{-}TiO_2$ 系多孔陶瓷湿敏传感器的结构，陶瓷片的两面涂覆有多孔金电极，金电极与引出线烧结在一起，陶瓷片外设置加热线圈，可对器件进行加热清洗。$MgCr_2O_4\text{-}TiO_2$ 陶瓷湿敏传感器具有负特性。

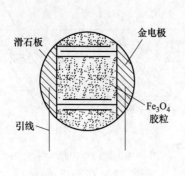

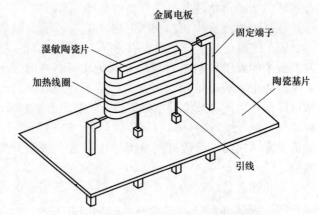

图 9-20　Fe_3O_4 半导瓷湿敏元件结构　　　图 9-21　$MgCr_2O_4$-TiO_2 陶瓷湿敏传感器结构

陶瓷湿敏传感器具有较好的热稳定性，较强的抗沾污能力，能在恶劣、易污染的环境中测得准确的湿度数据等优点。另外测湿范围宽，基本上可以实现全湿范围内的湿度测量。且工作温度高，常温湿敏传感器工作温度在 150℃ 以下，而高温湿敏传感器的工作可达 800℃。此外，还具有响应时间短、精度高、工艺简单、成本低等优点。

（3）电容式湿敏传感器

电容式湿敏传感器是利用湿敏元件的电容值随湿度变化的原理进行湿度测量的传感器。

湿敏元件是一种吸湿性电介质材料的介电常数随湿度而变化的薄片状电容器。吸湿性电介质材料（感湿材料）主要有高分子聚合物（如乙酸-丁酸纤维素和乙酸-丙酸纤维素）和金属氧化物（如多孔氧化铝）等。

图 9-22 所示为高分子聚合膜电容式湿敏元件，在玻璃衬底或聚酰亚胺薄膜软衬底上蒸镀一层叉指形金电极（下电极），在其表面上均匀涂覆（或浸渍）一层感湿膜（醋酸纤维膜），在感湿膜的表面上再蒸镀一层多孔性金薄膜（上电极）。水分子可通过两端的电极被高分子薄膜吸附或释放，随着水分的吸附或释放，高分子薄膜的介电系数将发生相应的变化。因为介电系数随空气的相对湿度变化而变化，所以只要测定电容值就可以测得相对湿度。由于电容器的上电极是多孔的透明金薄膜，水分子能顺利地穿透薄膜，且感湿膜只有一层呈微孔结构的薄膜，因此吸附或释放容易，具有响应速度快的优点。

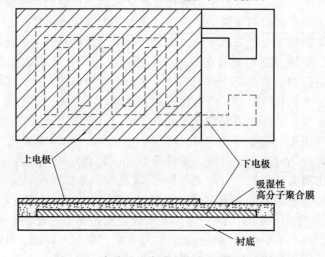

图 9-22　高分子聚合膜电容式湿敏元件结构

电容式湿敏传感器还具有线性好、重复性好、测量范围宽、尺寸小等优点。同时存在不宜用于含有机溶媒气体的环境,元件也不能耐80℃以上的高温。其广泛用于气象、仓库、食品、纺织等领域的湿度检测。

9.3.3 湿敏传感器的应用

(1) 直读式湿度计

图9-23所示是直读式湿度计电路,RH为氯化锂湿度传感器。由 VT_1、VT_2、T_1 等组成测湿电桥的电源,其振荡频率为 $250\sim1000Hz$。电桥输出经变压器 T_2、C_3 耦合到 VT_3,经 VT_3 放大后的信号由 $VD_1\sim VD_4$ 桥式整流后,输入给微安表,指示出由于相对湿度的变化引起的电流改变。经标定并把湿度刻画在微安表盘上,就成为一个简单而实用的直读式湿度计。

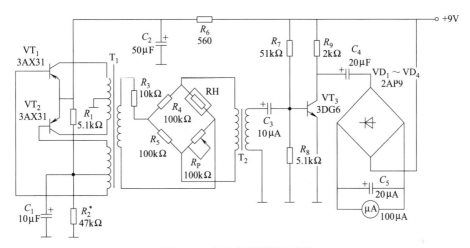

图9-23 直读式湿度计电路图

(2) 房间湿度控制器

将湿敏电容置于RC振荡电路中,会直接将湿敏元件的电容信号转换为电压信号。由双稳态触发器及RC组成双振荡器,其中一支路由固定电阻和湿敏电容组成,另一支路由多圈电位器和固定电容器组成。设定在0RH时,湿敏支路产生一脉冲宽度的方波,调整多圈电位器使其方波与湿敏支路脉宽相同,则两信号差为0,湿度变化引起脉冲宽度变化,两信号差通过RC滤波后经标准化处理得到电压输出,输出电压随相对湿度几乎成线性增加。这是 KSC-6V 集成相对湿度传感器的原理,其相对湿度 $0\sim100\%RH$ 对应的输出为 $0\sim100mV$。

KSC-6V 湿度传感器的应用电路如图9-24所示。将传感器的输出信号分成3路分别接在 A_1 的反相输入端、A_2 的同向输入端和显示器的正确输入端,A_1 和 A_2 电压比较器由 RP_1 和 RP_2 调整到适当位置。当湿度下降时,传感器输出电压下降,当降低到设定数值时,A_1 输出突然变为高电平,使 VT_1 导通,VL_1 发绿光,表示空气干燥,K_1 吸合接通超声波加湿器。当相对湿度上升时,传感器输出电压升高,升到一定值即超过设定值时,K_1 释放,A_2 输出突变为高电平,使 VT_2 导通,VL_2 发红光,表示空气太潮湿,K_2 吸合接通排气扇排除潮气。相对湿度降到一定值时,K_2 释放排气扇停止工作。这样可以将室内湿度控制在一定范围内。

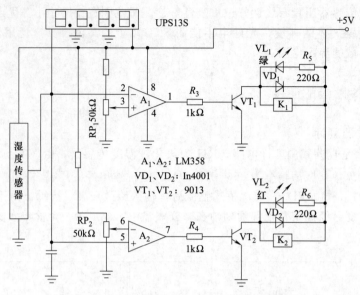

图 9-24　KSC-6V 湿度传感器原理电路图

（3）汽车玻璃自动去湿装置

图 9-25 所示为汽车玻璃自动去湿装置电路。R_H 为嵌入玻璃中的感湿器件，R_L 为嵌入玻璃中的加热电阻丝。湿度检测电路由 R_H、R_1、R_2 组成，控制电路是由 VT_1、VT_2 组成的施密特触发电路、R_3、R_4、R_5、C_1、继电器组成。常温常湿下，调整各电阻值使得 VT_1 导通，VT_2 截止；当下雨天湿度增大时，RH 阻值下降，使得 VT_1 截止，VT_2 导通，继电器得电吸合，接通电阻丝 R_L，开始加热；当湿度减小到一定程度，施密特触发电路翻转到初始状态，电阻丝 R_L 断电。这一过程实现了自动防湿控制。

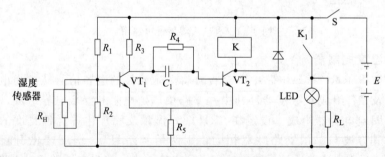

图 9-25　汽车玻璃自动去湿装置电路

（4）自动喷灌装置

图 9-26 所示为自动喷灌控制电路。湿度传感器为负特性湿度传感器。电源电路由变压器 T、整流桥 UR、隔离二极管 VD_2、稳压管 VS 及滤波电容 C_1、C_2 组成；湿度检测电路由湿度传感器、R_1、R_2 组成；控制电路由 R_3、R_4、R_5、VT_1、VT_2、VT_3、VD_1、继电器 K 组成。微型水泵的工作电机为直流电动机 M，大、中型水泵的工作电机为交流电动机 M_1。

控制系统运行中，当土壤湿度高时，湿度传感器阻值小，VT_1、VT_2 导通，VT_3 截止，继电器不吸合，电机不工作；当土壤湿度低时，湿度传感器阻值大，VT_1、VT_2 截止，VT_3 导通，继电器吸合，电机工作。

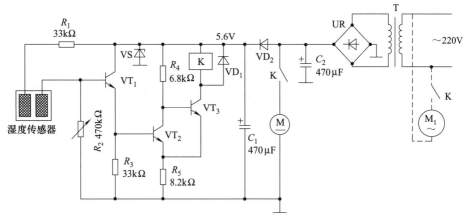

图 9-26　自动喷灌控制电路

【思考题与习题 9】　　　　　　　【扩展知识 9】

第 **10** 章
抗干扰技术

 学习目标

* 了解干扰的类型及产生。
* 掌握常用的抗干扰技术。
* 了解其他抑制干扰措施。

干扰问题是测量仪表或传感器在工作时必须考虑的重要问题。在测量仪表或传感器工作环境中，各种干扰会通过不同的耦合方式进入测量系统，使测量结果偏离准确值，严重时甚至会使测量系统不能正常工作。为保证测量装置或测量系统在各种复杂的环境条件下能正常工作，就必须要研究抗干扰技术。

最理想的抗干扰的措施是抑制干扰源，使其不向外产生干扰，但由于干扰源的复杂性，完全抑制干扰源几乎是不现实的。因此，在产品开发和应用中，更多的是在产品内设法抑制外来干扰的影响，来保证系统可靠地工作。

10.1 干扰的类型及产生

根据产生的原因，干扰通常可分为以下几种类型。

10.1.1 电磁干扰

电和磁可以通过电路和磁路对测量仪表产生干扰作用，电场和磁场的变化在测量装置的有关电路或导线中感应出干扰电压，从而影响测量仪表的正常工作。这种电和磁的干扰对于传感器或各种检测仪表来说是最为普遍、影响最严重的干扰。电磁干扰分为以下几种类型。

（1）静电干扰

大量物体的表面都有静电电荷，特别是包含电气控制的设备，静电电荷会在系统中形成静电场。静电场会引起电路的电位发生变化，会通过电容耦合产生干扰。静电干扰还包括电路周围物件上积聚的电荷对电路的泄放，大载流导体（输电线路）产生的电场通过寄生电容对机电一体化装置传输的耦合干扰等。

（2）磁场耦合干扰

大电流周围磁场会对机电一体化设备回路耦合形成干扰。动力线、电动机、发电机、电源变压器和继电器等都会产生这种磁场。产生磁场干扰的设备往往同时伴随着电场的干扰，因此又统一称为电磁干扰。

（3）漏电耦合干扰

绝缘电阻降低而由漏电流引起的干扰，多发生于工作条件比较恶劣的环境或器件性能退化、器件本身老化的情况下。

（4）共阻抗干扰

共阻抗干扰是指电路各部分公共导线阻抗、地阻抗和电源内阻压降相互耦合形成的干扰。

（5）电磁辐射干扰

由各种大功率高频、中频发生装置，各种电火花以及电台和电视台等产生的高频电磁波，向周围空间辐射，形成电磁辐射干扰。雷电和宇宙空间也会有电磁波干扰信号。

10.1.2　机械干扰

机械干扰是指由于机械的振动或冲击，使仪表或装置中的电气元件发生振动、变形，使连接线发生位移，使指针发生抖动、仪器接头松动等。

对于机械类干扰主要是采取减震措施来解决，如采用减震弹簧、减震软垫、隔板消振等措施。

（1）热干扰

设备和元器件在工作时产生的热量所引起的温度波动以及环境温度的变化，都会引起仪表和装置的电路元器件的参数发生变化，另外某些测量装置中因一些条件的变化产生某种附加电势等，也都会影响仪表或装置的正常工作。

（2）光干扰

在检测仪表中广泛使用各种半导体元件，但半导体元件在光的作用下会改变其导电性能，产生电势与引起阻值变化，从而影响检测仪表正常工作。因此，半导体元器件应封装在不透光的壳体内，对于具有光敏作用的元件，尤其应注意光的屏蔽问题。

（3）湿度干扰

湿度增加会引起绝缘体的绝缘电阻下降、漏电流增加、电介质的介电系数增加、电容量增加；吸潮后骨架膨胀会使线圈阻值增加、电感器变化；应变片粘贴后，会使胶质变软、精度下降等。通常采取的措施是，避免将其放在潮湿处，仪器装置定时通电加热去潮，电子器件和印刷电路浸漆。

（4）化学干扰

酸、碱、盐等化学物品以及其他腐蚀性气体，除了其化学腐蚀性作用会损坏仪器设备和元器件外，还会与金属导体产生化学电动势，从而影响仪器设备的正常工作。因此，必须根据使用环境对仪器设备应用必要的防腐措施，将关键的元器件密封并保持仪器设备清洁干净。

（5）射线辐射干扰

核辐射可产生很强的电磁波，射线会使气体电离，使金属逸出电子，从而影响电测装置的正常工作。射线辐射的防护是一种专门的技术，主要用于原子能工业等方面。

10.1.3　干扰的产生

（1）放电干扰

① 电晕放电干扰　电晕放电干扰主要发生在超高压大功率输电线路和变电器、大功率

互感器、高电压输变电等设备上。电晕放电有间歇性、并会产生脉冲电流。随着电晕放电的过程将产生高频振荡，并向周围辐射电磁波。其衰减特性与距离的平方成反比，所以对一般检测系统影响不大。

②　火花放电干扰　如电功机的电刷和整流子间的周期性瞬间放电、电焊、电火花、加工机床、电气开关设备中的开关通断、电气机车和电车导电线与电刷间的放电等。

③　辉光、弧光放电干扰　通常放电管具有负阻抗特性，当和外电路连接时容易引起高频振荡。如大量使用荧光灯、霓虹灯等。

（2）电气设备干扰

①　射频干扰　电视、广播、雷达及无线电收发机等对邻近电子设备造成干扰。

②　工频干扰　大功率配电线与邻近检测系统的传输线通过耦合产生干扰。

③　感应干扰　当使用电子开关、脉冲发生器时，因为其工作中会使电流发生急剧变化，形成非常陡峭的电流、电压。它们具有一定的能量和丰富的高次谐波分量，会在其周围产生交变电磁场，从而引起感应干扰。

10.2　常用的抗干扰技术

为了保证测量系统正常工作，必须削弱和防止干扰的影响，如消除或抑制干扰源、破坏干扰途径以及削弱被干扰对象（接收电路）对干扰的敏感性等。通过采取各种抗干扰技术措施，使仪器设备稳定可靠地工作，从而能提高测量的精确度。

10.2.1　屏蔽技术

屏蔽技术是利用导电或导磁材料制成的盒状或壳状屏蔽体，将干扰源或干扰对象包围起来，从而割断或削弱干扰场的空间耦合通道，阻止其电磁能量的传输。按需屏蔽的干扰场的性质不同，可分为静电屏蔽、电磁屏蔽和低频磁屏蔽。

（1）静电屏蔽

在静电场作用下，导体内部无电力线，即各点电位相等。静电屏蔽就是利用了与大地相连接的导电性良好的金属容器，使其内部的电力线不外传，同时外部的电场也不影响其内部。

使用静电屏蔽技术时，应注意屏蔽体必须接地，否则虽然导体内无电力线，但导体外仍有电力线，导体仍会受影响，起不到静电屏蔽的作用。

（2）电磁屏蔽

电磁屏蔽是采用导电良好的金属材料做成屏蔽层，利用高频干扰电磁场在屏蔽金属内产生的涡流，再利用混流磁场抵消高频干扰磁场的影响，从而达到抗高频电磁场干扰的效果。

电磁屏蔽依靠涡流产生作用，因此必须用良导体，如铜、铝等做屏蔽层。考虑到高频趋肤效应，高频混流仅在屏蔽层表面一层，因此屏蔽层的厚度只需考虑机械强度。

将电磁屏蔽妥善接地后，其具有电场屏蔽和磁场屏蔽两种功能。

（3）低频磁屏蔽

电磁屏蔽对低频磁场干扰的屏蔽效果是很差的，因此在低频磁场干扰时，要采用高导磁材料作屏蔽层，以便将干扰限制在磁阻很小的磁屏蔽体的内部，起到抗干扰的作用。

为了有效地屏蔽低频磁场，屏蔽材料要选用坡莫合金之类对低频磁通有高磁导率的材料，同时要有一定厚度，以减少磁阻。

10.2.2　接地技术

将电路、设备机壳等与作为零电位的一个公共参考点（大地）实现低阻抗的连接，称之为接地。接地的目的有两个：一是为了安全，如把电子设备的机壳、机座等与大地相接，当设备中存在漏电时，不致影响人身安全，称为安全接地；二是为了给系统提供一个基准电位，如脉冲数字电路的零电位点等，或为了抑制干扰，如屏蔽接地等。

（1）电测装置的地线

① 安全接地　以安全防护为目的，将电测装置的机壳、底盘等接地，要求接地电阻在 10Ω 以下。

② 信号接地　信号接地是指电测装置的零电位（基准电位）接地线，但不一定真正接大地。信号地线分为模拟信号地线和数字信号地线两种。前者是指模拟信号的零电平公共线，因为模拟信号一般较弱，所以对该种地线要求较高。后者是指数字信号的零电位公共线，数字信号一般较强，因此对该种地线可要求低些。

③ 信号源接地　传感器可看作是非电量测量系统的信号源。信号源地线就是传感器本身的零电位电平基准公共线，由于传感器与其他电测装置相隔较远，因此它们在接地要求上有所不同。

④ 负载接地　负载中电流一般较前级信号电流大得多，负载地线上的电流在地线中产生的干扰作用也大。因此对负载地线与对测量仪器中的地线有不同的要求。有时二者在电气上是相互绝缘的，它们之间通过磁耦合或光耦合传输信号。

（2）单级电路接地准则

如图 10-1(a) 所示，单级选频放大器的原理电路上有 7 个线端需要接地。如果只按原理图的要求进行接线，则这 7 个线端可以任意地接在接地母线上的不同位置。这样，不同点间的电位差就有可能成为这级电路的干扰信号，因此，应按图 10-1(b) 所示的一点接地方式接地。

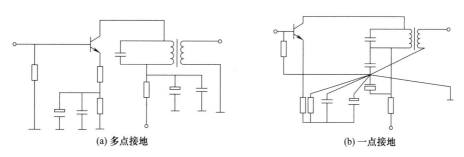

(a) 多点接地　　　　　(b) 一点接地

图 10-1　单级电路的接地准则

（3）测量系统的接地

通常测量系统至少有三个分开的地线，即信号地线、保护地线和电源地线。这三种地线应分开设置，并通过一点接地。若使用交流电源，将电源地线和保护地线相接，则干扰电流不可能在信号电路中流动，从而避免了因公共地线各点电位不均所产生的干扰，它是消除共阻抗耦合干扰的重要方法。

10.2.3 浮置

浮置又称浮空、浮接，它是指测量仪表的输入信号放大器公共线不接机壳，也不接大地的一种抑制干扰的措施。

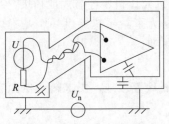

图 10-2 浮置的测量系统

采用浮接方式的测量系统如图 10-2 所示。信号放大器有相互绝缘的两层屏蔽，内屏蔽层延伸到信号源处接地，外屏蔽层也接地，但放大器两个输入端既不接地，也不接屏蔽层，整个测量系统与屏蔽层及大地之间无直接联系。这样就切断了地电位差 U_n 对系统影响的通道，抑制了干扰。

浮置与屏蔽接地相反，是阻断干扰电流的通路。测量系统被浮置后，明显地加大了系统的信号放大器公共线与大地（或外壳）之间的阻抗，因此浮置能大大减小共模干扰电流。但浮置不是绝对的，不可能做到完全浮空，其原因是信号放大器公共线与地（或外壳）之间，虽然电阻值很大，可以减小电阻性漏电流干扰，但是它们之间仍然存在着寄生电容，即电容性漏电流干扰仍然存在。

10.3 其他抑制干扰措施

抑制干扰的措施除经常使用的屏蔽、接地、浮置外，还有隔离、滤波、平衡电路等方法。

10.3.1 隔离

隔离是指把干扰源与接收系统隔离开，使有用信号正常传输，而干扰耦合通道被切断，达到抑制干扰的目的。常见的隔离方法有光电隔离、变压器隔离和继电器隔离等。

（1）变压器隔离

图 10-3 所示是一个两端接地的系统，地电位差 U_n 通过地环回路对测量系统形成干扰。减小或消除类似这种干扰的一种方法是在信号传输通道中接入一个变压器，如图 10-4 所示，使信号源和放大器两个电路在电气上相互绝缘，断开地环回路，从而切断了噪声电路传输通道，有效地抑制了干扰。

在此情况下，信号通过磁耦合传输，所以变压器隔离法适用于传输交变信号的电路噪声抑制。

（2）光电耦合器隔离

光电耦合器隔离的电路和外观如图 10-5 所示。它是在电路上接入一个光耦合器，即用一个光电耦合器代替图 10-4 中的变压器，用光作为信号传输的媒介，则两个电路之间既没有电耦合，也没有磁耦合，切断电和磁的干扰耦合，从而抑制了干扰。

一般的光电耦合器广泛用于数字接口电路中的噪声抑制，但是由于它的非线性特性强，所以在模拟电路中使用线性光电耦合器实现隔离。

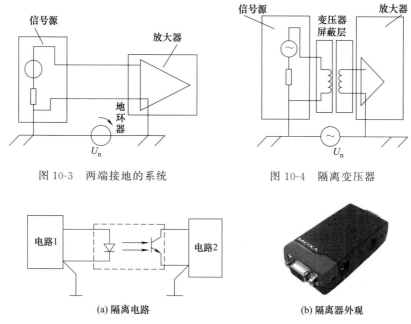

图 10-3　两端接地的系统　　　　图 10-4　隔离变压器

(a) 隔离电路　　　　　　　　(b) 隔离器外观

图 10-5　光电耦合器隔离

10.3.2　滤波

采用滤波器抑制干扰是最有效的手段之一，特别是对抑制经导线耦合到电路中的干扰，它是一种广泛被采用的方法。它是根据信号及噪声频率分布范围，将相应频带的滤波器接入信号传输通道中，滤去或尽可能衰减噪声，达到提高信噪比，抑制干扰的目的。滤波是抑制干扰传导的一种重要方法。由于干扰源发出的电磁干扰的频谱往往比要接收的信号的频谱宽得多，因此，当接收器接收有用信号时，也会接收到那些不希望有的干扰。这时，可以采用滤波的方法，只让所需要的频率成分通过，而将干扰频率成分加以抑制。

常用滤波器根据其频率特性又可分为低通、高通、带通、带阻等滤波器。低通滤波器只让低频成分通过，而高于截止频率的成分则受抑制、衰减，不让通过。高通滤波器只通过高频成分，而低于截止频率的成分则受抑制、衰减，不让通过。带通滤波器只让某一频带范围内的频率成分通过，而低于下截止和高于上截止频率的成分均受抑制，不让通过。带阻滤波器只抑制某一频率范围内的频率成分，不让其通过，而低于下截止和高于上截止频率的频率成分则可通过。

下面两个是在电测装置中广泛使用的滤波器。

（1）交流电源进线的对称滤波器

为防止交流电源的噪声通过电源线进入电测仪器内，在交流电源进线间接入一个防干扰滤波器，如图 10-6 和图 10-7 所示。使交流电先通过滤波器，滤去电源中的噪声后再输入仪器中。图 10-6 所示的高频干扰电压滤波器用于抑制中频带的噪声干扰，而图 10-7 所示的滤波电路用于抑制电源波形失真而含有较多高次谐波的干扰。

（2）直流电源输出的滤波器

直流电源往往是几个电路共用的。为削弱公共电源在电路间形成的噪声耦合，对直流电源还需加装滤波器。图 10-8 所示为滤除高、低频成分的滤波器。

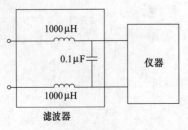

图 10-6　高频干扰电压滤波电路

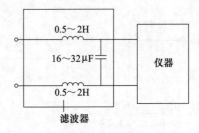

图 10-7　低频干扰电压滤波电路

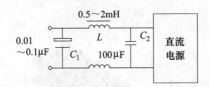

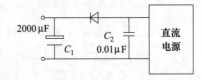

图 10-8　滤除高、低频成分的滤波器

10.3.3　平衡电路

平衡电路又称对称电路，它是指双线电路中的两根导线与连接到导线的所有电路对地或对其他导线，电路结构对称，对应阻抗相等，从而使对称电路所检测到的噪声大小相等，方向相反，在负载上自行抵消。半桥双臂接法的电桥电路就是一种平衡电路。如果完全相同的两个应变片只作为电桥相邻的两个臂，其他两臂为不变等值电阻 R，则由温度变化所引起应变片阻值各变化一个 ΔR，两个 ΔR 所引起的输出电压的变化 ΔU。大小相等、方向相反、自行抵消，输出不受影响。正因如此，测量中一般采用半桥双臂接法或全桥接法。

10.3.4　软件抗干扰设计

（1）软件滤波
用软件来识别有用信号和干扰信号，并滤除干扰信号的方法，称为软件滤波。识别信号的原则有三种。

① 时间原则　如果掌握了有用信号和干扰信号在时间上出现的规律性，在程序设计上就可以在接收有用信号的时区打开输入口，而在可能出现干扰信号的时区封闭输入口，从而滤掉干扰信号。

② 空间原则　在程序设计上为保证接收到的信号正确无误，可将从不同位置、用不同检测方法、经不同路线或不同输入口接收到的同一信号进行比较，根据既定逻辑关系来判断真伪，从而滤掉干扰信号。

③ 属性原则　有用信号往往是在一定幅值或频率范围的信号，当接收的信号远离该信号区时，软件可通过识别予以剔除。

（2）软件"陷阱"
从软件的运行来看，瞬时电磁干扰可能会使 CPU 偏离预定的程序指针，进入未使用的RAM 区和 ROM 区，引起一些莫名其妙的现象，其中死循环和程序"飞掉"是常见的现象。为了有效地排除这种干扰故障，常用软件"陷阱法"。这种方法的基本指导思想是，把系统存储器（RAM 和 ROM）中没有使用的单元用某一种重新启动的代码指令填满，作为软件"陷阱"，以捕获"飞掉"的程序。一般当 CPU 执行该条指令时，程序就自动转到某一起始地址，而从这一起始地址开始，存放一段使程序重新恢复运行的热启动程序，该热启动程序扫描现场的各种状态，并根据这些状态判断程序应该转到系统程序的哪个入口，使系统重新投入正常运行。

（3）软件"看门狗"

"看门狗"（WATCHDOG）就是用硬件（或软件）的办法要求使用监控定时器定时检查某段程序或接口，当超过一定时间系统没有检查这段程序或接口时，可以认定系统运行出错（干扰发生），可通过软件进行系统复位或按事先预定方式运行。"看门狗"是工业控制机普遍采用的一种软件抗干扰措施，当侵入的尖锋电磁干扰使计算机"飞程序"时，"看门狗"能够帮助系统自动恢复正常运行。

【思考题与习题 10】　　　【拓展知识 10】

≡ 第 11 章 ≡
传感器实训

 学习目标

- 进行温度传感器实训——恒温控制器。
- 进行压阻式传感器实训——数字电子秤。
- 进行霍尔传感器实训。
- 进行光电传感器实训——声光控延迟节能灯。
- 掌握简易超声距离传感器的制作方法。

11.1 温度传感器实训——恒温控制器

11.1.1 电路分析

（1）晶闸管恒温控制电路

晶闸管恒温控制电路如图 11-1 所示。

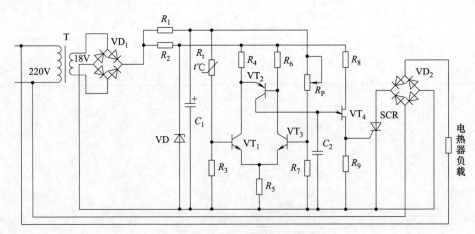

图 11-1　晶闸管恒温控制电路

（2）元件介绍

① 热敏电阻器　热敏电阻器是一种新型的半导体测温元件，它是利用某些金属氧化物或单晶锗、硅等材料，按特定工艺制成的感温元件。按照温度系数不同分为正温度系数热敏

电阻器（PTC）、负温度系数热敏电阻器（NTC）和临界温度系数热敏电阻（CTR）。热敏电阻器的典型特点是对温度敏感，不同的温度下表现出不同的电阻值。正温度系数热敏电阻器在温度越高时电阻值越大，负温度系数热敏电阻器在温度越高时电阻值越低，临界温度系数热敏电阻具有负电阻突变特性，在某一温度下，电阻值随温度的增加激剧减小，具有很大的负温度系数。热敏电阻器符号如图11-2所示，外形如图11-3所示。

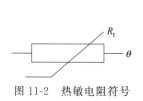

图11-2　热敏电阻符号

图11-3　热敏电阻外形

② 单向晶闸管　单向晶闸管是由三个PN结构成的一种半导体器件。它由四层半导体材料组成，四层材料由P型半导体和N型半导体交替组成，分别为P_1、N_1、P_2、N_2；它们的接触面形成三个PN结，分别为J_1、J_2、J_3；P_1区的引出线为阳极（A），N_2区的引出线为阴极（K），P_2区的引出线为控制极（G）。将其N_1和P_2两个区域分解成两个部分，使得P_1-N_1-P_2构成一个PNP型三极管，N_1-P_2-N_2构成一个NPN型三极管。单向晶闸管内部结构图、等效图、等效电路图如图11-4所示，外形如图11-5所示。

如图11-6所示，单向晶闸管由截止变为导通必须同时满足两个条件：其一，A-K之间加一定的正向电压；其二，G-K之间加一个正向触发脉冲。利用单向晶闸管的这一特性，我们可以通过控制触发脉冲到达的时间来控制晶闸管导通角的大小，实现调压的目的。单向晶闸管一旦导通，控制极就失去控制作用。单向晶闸管由导通转为截止必须使用阳极电流小于维持电流，或在A-K之间加反向电压，才能实现关断，这也是一个非常重要的特性。

单向晶闸管的测量方法：将万用表置于R×1挡，将晶闸管其中一端假定为控制极，与黑表笔相接，然后用红表笔分别接另外两个管脚，若有一次出现正向导通，则假定的控制极是对的，而导通那次红表笔所接的管脚就是阴极，另一只管脚肯定就是阳极。

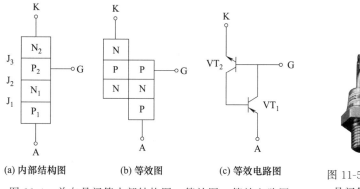

(a) 内部结构图　　　(b) 等效图　　　(c) 等效电路图

图11-4　单向晶闸管内部结构图、等效图、等效电路图

图11-5　单向晶闸管外形

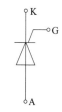

图11-6　单向晶闸管图形符号

③ 单结晶体管　单结晶体管也称为双基极二极管，它有三个电极：一个发射极和两个基极，外形和普通的三极管相似。单结晶体管的结构（见图11-7）是在一块高电阻率N型半导体基片上引出两个欧姆接触的电极：第一基极b_1和第二基极b_2，在两个基极间靠近b_2处，用合金法或扩散法渗入P型杂质，引出发射极e。其等效电路、图形符号、外形分别如图11-8、图11-9、图11-10所示。

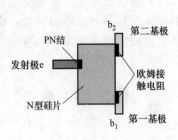

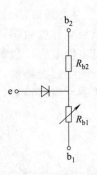

图 11-7　单结晶体管内部结构图　　　　图 11-8　单结晶体管等效电路图

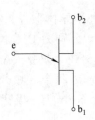

图 11-9　单结晶体管图形符号　　　　　图 11-10　单结晶体管外形图

单结晶体管的伏安特性：当发射极不加电压时，外加电压 U_{b-b} 在 R_{b1} 和 R_{b2} 之间分压，

$$U_A = \frac{R_{b1}}{R_{b1}+R_{b2}} \times U_{b-b} = \eta \times U_{b-b}$$，其中 η 称为单结晶体管的分压比，其数值与单结晶体管

的结构有关，一般在 0.5～0.9 之间。当 U_{e-b1} 小于 $U_A + U_{on}$（开启电压）时 PN 结截止；当 U_{e-b1} 增大至 U_P 时，PN 结开始导通，使 R_{b1} 急剧减小，η 下降，呈现负阻特性，进入导通状态；随着 I_e 增大，R_{b1} 减小，U_{e-b1} 等于谷点 U_V 时，PN 结进入饱和状态；当 U_e 下降至小于 U_V 时，PN 结又恢复进入截止状态，如图 11-11 所示。

单结晶体管的测量方法：将万用表置于 R×1k 挡或 R×100 挡，假设单结晶体管的任一引脚为发射极 e，黑表笔接假设发射极，红表笔分别接触另外两引脚测其阻值。当出现两次低电阻时，黑表笔所接的就是单结晶体管的发射极。黑表笔接发射极，红表笔分别接另外两引脚测阻值，两次测量中，电阻大的一次，红表笔接的就是 b_1，应当说明的是，上述判别 b_1、b_2 的方法，不一定对所有的单结晶体管都适用，有个别管子的 e、b_1 间的正向电阻值较小。即使 b_1、b_2 用颠倒了，也不会使管子损坏，只影响输出脉冲的幅度，当发现输出的脉冲幅度偏小时，只要将原来假定的 b_1、b_2 对调过来就可以了。

（3）基本工作原理

如图 11-1 所示，R_1、R_2、R_P 和热敏电阻 R_t 构成温度测量电桥。电路的测温元件为 R_t。VT_1、VT_3 管组成差分放大器。电桥平衡时，差分电路中 VT_1、VT_3 两管集电极电位相等，VT_2 管处于截止状态，由 VT_4 单结晶体管组成的振荡器无信号输出，晶闸管 SCR 截止，负载（电热器）上不加电压，设

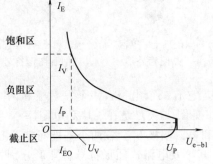

图 11-11　单结晶体管伏安特性曲线

备工作在恒温区。当恒温设备的温度低于控制点温度时，R_t 阻值变大，电桥失去平衡，VT_1 管集电极电位高于 VT_3 管集电极电位，VT_2 管导通，VT_4 单结晶体管振荡器工作，输出触发信号触发晶闸管 SCR，使 SCR 按一定的角度导通，负载加上相应的电压，温度开始上升。随着温度的升高，热敏电阻 R_t 的阻值逐渐减小，当温度升至设定值时，电桥又处于平衡状态，VT_4 单结晶体管组成的振荡器停振，SCR 截止，切断负载电源，使设备恢复至恒温状态。改变电位器 R_P 的值，可改变 SCR 的导通角，与此同时，也设定了被控温度值。

11.1.2 技能训练

（1）目的要求

① 弄清电路原理和各个元器件的功能，独立完成制作任务。

② 复习热敏电阻、热电阻和热电偶等常用温度传感器的结构原理，弄清楚各类温度传感器的性能特点和适用场合，会看热敏传感器的型号意义，会正确选用，为具体制作做好准备。

③ 在掌握工作原理的基础上，首先设计元件布置图和走线图，按图进行元件的安装，避免盲目地安装和焊接。

④ 安装调试时，要认真仔细，出现问题要首先按工作原理认真分析，避免盲目地拆卸和调整，养成良好的工作习惯。问题解决不了时，请指导教师帮助解决。

⑤ 在实训过程中，要注意安全，尤其是接触与市电相关联的电路和元件时，在送电的情况下不要直接接触电路和元件，注意调试工具的绝缘。

（2）工具、仪器仪表和器材

① 工具　常用电子组装工具一套。

② 仪器仪表　万用表一只。

③ 器材　配套器材明细表见表 11-1。

表 11-1　配套器材明细表

代　号	名　称	规　格	代　号	名　称	规　格
R_1	碳膜电阻器	$2k\Omega,1/4W$	VD	稳压二极管	$16V,0.2A$
R_2	碳膜电阻器	$1k\Omega,1W$	VT_1	三极管	$9014,NPN$
R_3	碳膜电阻器	$1k\Omega,1/4W$	VT_2	三极管	$9012,PNP$
R_4	碳膜电阻器	$5.1k\Omega,1/4W$	VT_3	三极管	$9014,NPN$
R_5	碳膜电阻器	$2k\Omega,1/4W$	VT_4	单结晶体管	$3BT33,\eta>0.5$
R_6	碳膜电阻器	$5.1k\Omega,1/4W$	SCR	单向晶闸管	$3CT5,500V,5A$
R_7	碳膜电阻器	$1k\Omega,1/4W$	VD_1	整流桥	$50V,1A$
R_8	碳膜电阻器	$300\Omega,1/4W$	VD_2	整流桥	$500V,5A$
R_9	碳膜电阻器	$120\Omega,1/4W$	T	变压器	$220V/18V,5\sim10W$
R_P	可调电阻器	470Ω		电源线及插头	
R_t	热敏电阻器	$330\Omega,202AT-1$		万能电路板	
C_1	电解电容器	$100\mu F/10V$		焊料、助焊剂	
C_2	涤纶电容器	$0.1\mu F$		绝缘胶布	

（3）装配要求和方法

工艺流程：准备→熟悉工艺要求→绘制装配草图→核对元件数量、规格、型号→元件检测→元器件预加工→万能电路板装配、焊接→总装加工→自检。

① 万能电路板装配工艺要求

a.电阻器、二极管均采用水平安装方式，元件底部距万能电路板 5mm，色标法电阻的色环标志顺序方向一致。

b.电容器、三极管、热敏电阻器、单向晶闸管、单结晶体管采用垂直安装方式，高度要求为元件的底部离万能电路板 8mm。

c.所有焊点均采用直脚焊，焊接完成后剪去多余引脚，留头在焊面以上 0.5～1mm，且不能损伤焊接面。

d.万能电路板布线用绝缘多股软导线连接，应注意合理选配颜色，连接时要防止出现短路。

② 总装加工工艺要求　电源变压器用螺钉紧固在万能电路板的元件面，一次侧绕组的引出线向外，二次侧绕组的引出线向内，万能电路板的另外两个角上也固定两个螺钉，紧固件的螺母均安装在焊接面。电源线从万能电路板焊接面穿过孔后，在元件面打结，再与变压器一次侧绕组引出线焊接并完成绝缘恢复，变压器二次侧绕组引出线插入安装后焊接。

（4）调试要求和方法

① 首先调整可调电阻 R_P，阻值调至较小的位置，此时，加热器应通电加热，恒温箱内的温度逐渐升高。

② 用温度计检测恒温箱的温度，当恒温箱内的温度达到设定温度时，调整可调电阻 R_P，使加热器断电停止加热。

③ 当温度稍有下降时，加热器重新通电再次加热，如此反复，以达到恒温控制的目的。

④ 用温度计检测恒温箱的温度，如箱内温度与预想温度有偏差，微调可调电阻 R_P 使箱内温度达到预想温度。

11.2　压阻式压力传感器实训——数字电子秤

11.2.1　电路分析

（1）数字电子秤原理

数字电子秤原理框图如图 11-12 所示。

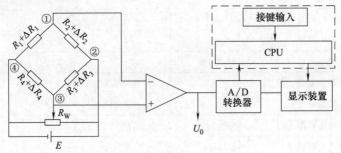

图 11-12　数字电子秤原理框图

（2）元件介绍

① 金属箔式应变片 当被测物理量作用于弹性元件上时，弹性元件会在力、力矩或压力等的作用下发生变形，产生相应的应变或位移，然后传递给与之相连的应变片，引起应变片的电阻值变化，通过测量电路变成电量输出。输出的电量大小反映被测量的大小。

电阻丝在外力作用下发生机械变形时，其电阻值发生变化，这就是电阻应变效应，描述电阻应变效应的关系式为 $\Delta R/R = K\varepsilon$，式中，$\Delta R/R$ 为电阻丝电阻相对变化，K 为应变灵敏系数，$\varepsilon = \Delta L/L$ 为电阻丝长度相对变化。金属箔式应变片就是通过光刻、腐蚀等工艺制成的应变敏感元件，通过它转换被测部位受力状态变化。电桥的作用完成电阻到电压的比例变化，电桥的输出电压反映了相应的受力状态。对单臂电桥输出电压 $U_{o1} = EK\varepsilon/4$。

② A/D转换 在实际的测量和控制系统中检测到的是时间、数值都连续变化的物理量，这种连续变化的物理量称之为模拟量，与此对应的电信号是模拟电信号。模拟量要输入到单片机中进行处理，首先要经过模拟量到数字量的转换，单片机才能接收、处理。实现模/数转换的部件称A/D转换器或ADC。

电子秤A/D转换器的选用：电子秤作为法定的计量器具，其技术指标、稳定性、可靠性都有严格的要求，必须符合国家标准，因此，在设计时对于器件的选择不仅要考虑成本，还要考虑电路的稳定性，因此尽可能地使电路设计的器件少。采用△-∑技术制成的A/D转换芯片，具有较高集成度，它通常集放大器、模拟开关、A/D转换器、比较器、数字滤波器、输出接口集于一体，仅需几个外围器件便构成一个完整A/D转换系统，大大减少了印刷电路板布线。由于其集成度高，所以故障概率较采用分立元件A/D转换系统明显降低，进而可提高系统可靠性。

③ 基本工作原理 压阻式压力传感器是根据半导体材料的压阻效应，在半导体材料的基片上经扩散电阻而制成的器件，结构如图11-13所示。其基片可直接作为测量传感元件，扩散电阻在基片内接成电桥形式。当基片受到外力作用而产生形变时，各电阻值将发生变化，电桥就会产生相应的不平衡输出。用作压阻式传感器的基片（或称膜片）

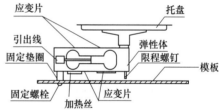

图 11-13 压阻式压力传感器结构图

材料主要为硅片和锗片，硅片为敏感材料，而制成的硅压阻传感器越来越受到人们的重视，尤其是以测量压力和速度的固态压阻式传感器应用最为普遍。

在电子称重系统中，称重传感器的作用是把作用在它上面的被测力最准确地转换成相应的电信号。数字电子秤为全桥测量原理。本实验只做放大器输出 U_o 实验，通过对电路调节使电路输出的电压值为重量对应值，电压量纲（V）改为重量量纲（g）即成为一台原始电子秤。

11.2.2 技能训练

（1）目的要求

① 弄清电路原理和各个元器件的功能，独立完成制作任务。

② 弄清压阻传感器的结构原理、各类压阻传感器的性能特点和适用场合，会看压阻传感器的型号意义，会正确选用，为具体制作做好准备。

③ 按照电路原理图进行安装，一定要先看懂图纸后再做，有问题一定要先搞懂后再操作，以免损坏元件而无法完成制作。

④ 制作完成后认真进行调试，直至达到设计要求为止。

⑤ 在调试中碰到问题可在教师的指导下逐步解决，如最后实在达不到所要求的效果，应查找原因，在总结中加以认真分析其中的经验教训，为今后调试电子产品打下基础。

（2）工具、仪器仪表和器材

① 工具　常用电子组装工具一套。

② 仪器仪表　万用表一只。

③ 器材　主机箱、应变式传感器实验模板、砝码。

（3）实验步骤

① 实验模板差动放大器调零　将实验模板上的±15V、电源插头插口与主机箱电源±15V、电源插头分别相连。用导线将实验模板中的放大器两输入口短接（$V_i=0$）；调节放大器的增益电位器 R_{W3} 大约到中间位置（先逆时针旋到底，再顺时针旋转 2 圈）；将主机箱电压表的量程切换开关打到 2V 挡，合上主机箱电源开关；调节实验模板放大器的调零电位器 R_{W4}，使电压表显示为零。按图 11-12 直流全桥接线，合上主机箱电源开关，调节电桥平衡电位 R_{W1}，使数显表显示 0.00V。

② 将 10 只砝码全部置于传感器的托盘上，调节电位器 R_{W3}（增益即满量程调节）使数显表显示为 0.200V（2V 挡测量）或 -0.200V。

③ 拿去托盘上的所有砝码，调节电位器 R_{W4}（零位调节）使数显表显示为 0.00V。

④ 重复②、③步骤的标定过程，一直到精确为止，把电压量纲 V 改为重量纲 g，就可以称重，成为一台原始的电子秤。

⑤ 把砝码依次放在托盘上，并依次记录重量和电压数据填入表 11-2。

⑥ 根据数据画出实验曲线，计算误差与线性度。实验完毕，关闭电源。

表 11-2　重量和电压数据

重量/g										
电压/mV										

11.3　霍尔测速传感器实训

11.3.1　电路分析

霍尔传感器电路原理图如图 11-14 所示，结构如图 11-15 所示。

11.3.2　元件介绍

（1）霍尔传感器

霍尔式传感器，是利用霍尔效应的原理制成的，利用霍尔效应使位移带动霍尔元件在磁场中运动产生霍尔电压，即把位移信号转换成电压变化信号的传感器。

① 霍尔效应的物理定义　霍尔效应是磁电效应的一种，这一现象是美国物理学家霍尔（A. H. Hall，1855—1938）于 1879 年在研究金属的导电机构时发现的。当电流垂直于外磁场通过导体时，在导体的垂直于磁场和电流方向的两个端面之间会出现电势差，这一现象便是霍尔效应。

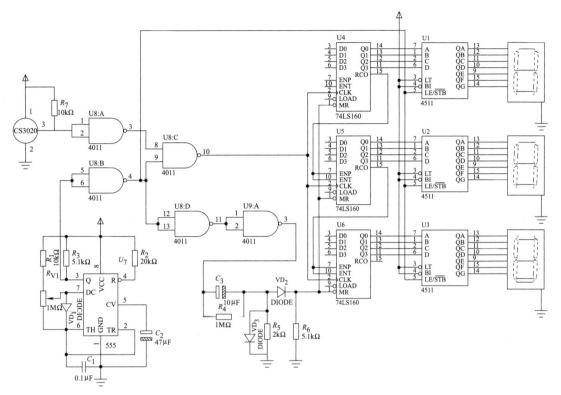

图 11-14　霍尔测速传感器电路原理图

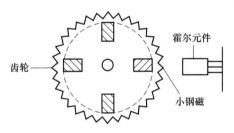

图 11-15　霍尔测速传感器结构图

　　② 霍尔效应原理　霍尔效应的本质是：固体材料中的载流子在外加磁场中运动时，因为受到洛伦兹力的作用而使轨迹发生偏移，并在材料两侧产生电荷积累，形成垂直于电流方向的电场，最终使载流子受到的洛伦兹力与电场斥力相平衡，从而在两侧建立起一个稳定的电势差即霍尔电压。正交电场和电流强度与磁场强度的乘积之比就是霍尔系数。平行电场和电流强度之比就是电阻率。大量的研究表明，参加材料导电过程的不仅有带负电的电子，还有带正电的空穴。

　　CS3020 是一种高灵敏开关型霍尔传感器，是由电压调整器、霍尔电压发生器、差分放大器、施密特触发器和集电极开路的输出级组成的磁敏传感器，其电路输入为磁感应强度，输出是一个数字电压信号，它是一种单磁极工作的磁敏电路，适合于矩形或者柱形磁体下工作。这种传感器是一个三端器件，外形与三极管相似，只要接上电源、接地，即可工作，输出通常是集电极开路（OC）门输出，工作电压范围宽，使用非常方便。图 11-16 所示是 CS3020 的外形图，将有字的一面对准自己，三根引脚从左向右分别是 V_{CC}、地、输出，如图 11-17 所示，CS3020 的极限参数见表 11-3。

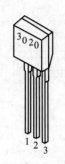

图 11-16 CS3020 外观

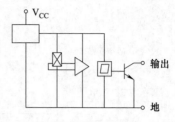

图 11-17 内部框图

表 11-3 CS3020 极限参数

参 数	符 号	量 值	单 位
电源电压	V_{CC}	24	V
磁感应强度	B	不限	mT
输出反向击穿电压	V_{ce}	50	V
输出低电平电流	I_{ol}	25	mA
工作环境温度	T_a	$-40\sim125$	℃
储存温度	T_s	$-55\sim125$	℃

（2）555 定时器

555 定时器是一种模拟和数字功能相结合的中规模集成器件。一般用双极型（TTL）工艺制作的称为 555，用互补金属氧化物（CMOS）工艺制作的称为 7555，除单定时器外，还有对应的双定时器 556/7556。555 定时器的电源电压范围宽，可在 4.5～16V 工作，7555 可在 3～18V 工作，输出驱动电流约为 200mA，因而其输出可与 TTL、CMOS 或者模拟电路电平兼容。

555 定时器成本低，性能可靠，只需要外接几个电阻、电容，就可以实现多谐振荡器、单稳态触发器及施密特触发器等脉冲产生与变换电路。它也常作为定时器广泛应用于仪器仪表、家用电器、电子测量及自动控制等方面。555 定时器的内部电路如图 11-18 所示。

它内部包括两个电压比较器，三个等值串联电阻，一个 RS 触发器，一个放电管 T 及功率输出极。它提供两个基准电压 $V_{CC}/3$ 和 $2V_{CC}/3$。

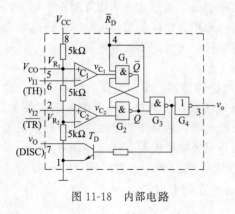

图 11-18 内部电路

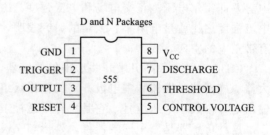

图 11-19 引脚图

555 定时器的功能主要由两个比较器决定。两个比较器的输出电压控制 RS 触发器和放电管的状态。在电源与地之间加上电压，当 5 脚悬空时，则电压比较器 C_1 的反相输入端的电压为 $2V_{CC}/3$，C_2 的同相输入端的电压为 $V_{CC}/3$。若触发输入端 TR 的电压小于 $V_{CC}/3$，则比较器 C_2 的输出为 0，可使 RS 触发器置 1，使输出端 OUT＝1。如果阈值输入端 TH 的电压大于 $2V_{CC}/3$，同时 TR 端的电压大于 $V_{CC}/3$，则 C_1 的输出为 0，C_2 的输出为 1，可将 RS 触发器置 0，使输出为 0 电平。

它的各个引脚（见图 11-19）功能如下。

1 脚：外接电源负端 V_{SS} 或接地，一般情况下接地；

2 脚：低触发端；

3 脚：输出端 V_o；

4 脚：是直接清零端。当此端接低电平，则时基电路不工作，此时不论 TR、TH 处于何电平，时基电路输出为 "0"，该端不用时应接高电平；

5 脚：VC 为控制电压端。若此端外接电压，则可改变内部两个比较器的基准电压，当该端不用时，应将该端串入一只 $0.01\mu F$ 电容接地，以防引入干扰；

6 脚：TH 高触发端；

7 脚：放电端。该端与放电管集电极相连，用作定时器时电容的放电；

8 脚：外接电源 V_{CC}，双极型时基电路 V_{CC} 的范围是 $4.5 \sim 16V$，CMOS 型时基电路 V_{CC} 的范围为 $3 \sim 18V$。一般用 5V。

在 1 脚接地，5 脚未外接电压，两个比较器 A1、A2 基准电压分别为的情况下，555 时基电路的功能表见表 11-4。

表 11-4　555 定时器的功能表

清零端	高触发端 TH	低触发端 TL	Q	放电管 T	功　能
0	×	×	0	导通	直接清零
1	0	1	×	保持上一状态	保持上一状态
1	1	0	1	截止	置 1
1	0	0	1	截止	置 1
1	1	1	0	导通	清零

555 的应用如下。

① 构成施密特触发器，用于 TTL 系统的接口，整形电路或脉冲鉴幅等；

② 构成多谐振荡器，组成信号产生电路，如图 11-20 所示；振荡周期：$T = 0.7(R_1 + 2R_2)C$；

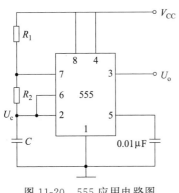

图 11-20　555 应用电路图

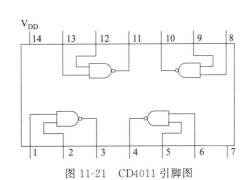

图 11-21　CD4011 引脚图

③ 构成单稳态触发器，用于定时延时整形及一些定时开关中。

555 应用电路采用这 3 种方式中的 1 种或多种组合起来可以组成各种实用的电子电路，如定时器、分频器、脉冲信号发生器、元件参数和电路检测电路、玩具游戏机电路、音响告警电路、电源交换电路、频率变换电路、自动控制电路等。

（3）CD4011

CD4011 是一种四输入与非门 CMOS 芯片，逻辑表达式为 $Y=AB$，其引脚图如图 11-21 所示。

（4）74LS160

74LS160 是一种十进制同步计数器（异步清除），其引脚图如图 11-22 所示，引脚说明见表 11-5。

（5）CD4511

CD4511 是一片 CMOS BCD——锁存/七段译码/驱动器，用于驱动共阴极 LED（数码管）显示器的 BCD 码——七段码译码器。具有 BCD 转换、消隐和锁存控制、七段译码及驱动功能的 CMOS 电路能提供较大的拉电流。可直接驱动共阴 LED 数码管。其引脚图如图 11-23 所示，引脚说明见表 11-6。

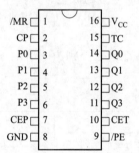

图 11-22　74LS160 引脚图　　　　　图 11-23　CD4511 引脚图

表 11-5　74LS160 引脚说明

引　脚	说　明
TC	进位输出端
CEP	计数控制端
Q0～Q3	输出端
CET	计数控制端
CP	时钟输入端（上升沿有效）
/MR	异步清除输入端（低电平有效）
/PE	同步并行置入控制端（低电平有效）

表 11-6　CD4511 引脚说明

引　脚	说　明
A0～A3	二进制数据输入端
/BI	输出消隐控制端
LE	数据锁定控制端
/LT	灯测试端
YA～YG	数据输出端
V_{DD}	电源正
V_{SS}	电源负

（6）LED 数码管

LED 数码管（LED segment displays）由多个发光二极管封装在一起组成"8"字形的器件，引线已在内部连接完成，只需引出它们的各个笔画，公共电极。数码管实际上是由七个发光管组成 8 字形构成的，加上小数点就是 8 个。这些段分别由字母 a、b、c、d、e、f、g、dp 来表示。

LED 数码管常用段数一般为 7 段，有的另加一个小数点，还有一种是类似于 3 位"＋1"

型。位数有半位、1、2、3、4、5、6、8、10 位等，LED 数码管根据 LED 的接法不同分为共阴和共阳两类，了解 LED 的这些特性，对编程是很重要的，因为不同类型的数码管，除了它们的硬件电路有差异外，编程方法也是不同的。图 11-24 是共阴和共阳极数码管的内部电路，它们的发光原理是一样的，只是它们的电源极性不同而已。颜色有红、绿、蓝、黄等几种。LED 数码管广泛用于仪表、时钟、车站、家电等场合。选用时要注意产品尺寸颜色、功耗、亮度、波长等。当数码管特定的段加上电压后，这些特定的段就会发亮，以形成我们眼睛看到的字样了。例如，显示一个"2"字，那么应当是 a 亮、b 亮、g 亮、e 亮、d 亮、f 不亮、c 不亮、dp 不亮。LED 数码管有一般亮和超亮等不同之分，也有 0.5 英寸、1 英寸（1 英寸＝2.54cm）等不同的尺寸。小尺寸数码管的显示笔画常用一个发光二极管组成，而大尺寸的数码管由二个或多个发光二极管组成，一般情况下，单个发光二极管的管压降为 1.8V 左右，电流不超过 30mA。发光二极管的阳极连接到一起连接到电源正极的称为共阳数码管，发光二极管的阴极连接到一起连接到电源负极的称为共阴数码管。常用 LED 数码管显示的数字和字符是 0、1、2、3、4、5、6、7、8、9、A、B、C、D、E、F。

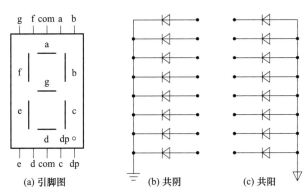

图 11-24　数码管内部原理与引脚

11.3.3　基本工作原理

本实验主要由装有磁钢的磁盘、霍尔集成传感器、选通门电路、时基信号电路、电源计数及数码显示电路等组成。其基本工作原理如下。

如 11.3.2 节图 11-14 所示，转盘的输入轴与被测旋转轴相连，当被测轴旋转时，便带动转盘随之转动。当转盘上的小磁钢经过霍尔集成传感器时，便会将磁信号转换为转速电信号。该信号经与非门 1 反相输入至与非门 3 的输入端，而与非门 3 的另一输入端接来自时基电路 555 的方波脉冲信号。这个时基信号是用来控制与非门 3 的开与关，形成选通门，以此来控制转速信号能否从与非门 3 输出。当接通电源后，转速信号立即被送往与非门 3 的输入端，如果此时时基信号为低电平，则选通门关闭，转速信号无法通过选通门。当第一个时基信号到来时，选通门才被打开，并同时使 CD4511 的 LE 端呈寄存状态。时基信号的上升沿也同时触发由与非门 4、5 组成的反相器及由 R_4、R_5、R_6、C_3、VD_2 及 VD_3 组成的微分复位电路，复位脉冲由 VD_3 输出后加至 U_4、U_5、U_6 的 MR 端，使计数器复位清零。在完成上述功能后，时基信号在一个单位时间（如 1min）内保持高电平。在这段时间内，选通门与非门 3 一直处于开启状态，转速信号则通过选通门送至 LED 数码显示组件，实现了在单位时间内的计数。在单位时间结束时，时基信号又回到低电平，此时选通门关闭并自动置计数电路的 LE 端为选通状态。此时，计数器的计数内容送至寄存器并同时显示其内容。当第二个时基信号到来时，又把计数器的内容清零，并重复上述过程。但此时的寄存器及显示器的内容不变，只有当第二次采样结束后，才会更新而显示新的测试结果。

11.3.4　技能训练

（1）目的要求

① 弄清电路原理和各个元器件的功能，独立完成制作任务。

② 复习霍尔传感器工作原理，为具体制作做好准备。

③ 按照电路原理图进行安装，一定要先看懂图纸后再做，有问题一定要先搞懂后再操作，以免损坏元件而无法完成制作。

④ 制作完成后认真进行调试，直至达到设计要求为止。

⑤ 在调试中碰到问题可在老师的指导下逐步解决，如最后实在达不到所要求的效果，应查找原因，在总结中加以认真分析其中的经验教训，为今后调试电子产品打下基础。

（2）工具、仪器仪表和器材

① 工具　常用电子组装工具一套。

② 仪器仪表　万用表一只。

③ 器材　配套器材明细表见表 11-7。

表 11-7　配套器材明细表

代　号	名　　称	规　格	代　号	名　　称	规　格
R_1、R_7	碳膜电阻器	10kΩ	$U_4 \sim U_6$	十进制同步计数器	74LS160
R_2	碳膜电阻器	20kΩ	$SEG_1 \sim SEG_3$	八段数码管	共阴极
R_3、R_6	碳膜电阻器	5.1kΩ	$U_1 \sim U_3$	锁存 BCD-7 段译码器	CD4511
R_5	碳膜电阻器	2kΩ	U_8、U_9	与非门	CD4011
RV_1、R_4	微调电阻器	1MΩ	$VD_1 \sim VD_3$	二极管	
C_1	瓷介电容器	0.1μF	IC 插座		
C_2	电解电容器	47μF/16V	万能电路板		
C_3	电解电容器	10μF/16V	焊料、助焊剂		
HG	霍尔传感器	CS3020	测速转盘		

11.4　光电传感器实训——声光控延迟节能灯

11.4.1　电路分析

（1）声光控延迟节能灯原理

声光控延迟节能灯原理图如图 11-25 所示。

（2）元件介绍

① 光敏电阻器　光敏电阻器是利用半导体的光电导效应制成的一种电阻值随入射光的强弱而改变的电阻器，又称为光电导探测器，一般用于光的测量、光的控制和光电转换（将

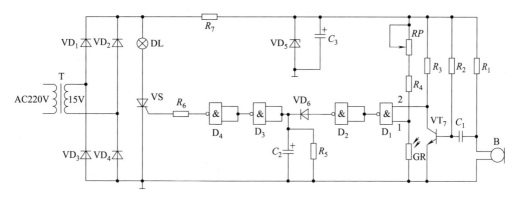

图 11-25　声光控延迟节能灯原理图

光的变化转换为电的变化），其外形如图 11-26 所示，电气符号如图 11-27 所示。在没有光线照射时其阻值可以达到 $1.5M\Omega$ 以上，有光线照射时其阻值减小到 $1k\Omega$ 左右，所以光敏电阻器有暗阻和亮阻两种状态，即高阻值和低阻值。

光敏电阻器的测量方法是用万用表电阻挡 $R\times 1k$，先将光敏电阻器放在一般光照条件下进行检测，此时测得的阻值应为标称阻值，而后将光敏电阻器盖住，使其处于完全黑暗的状态下，再次进行测量，此时测得的阻值应该明显增大。

图 11-26　光敏电阻器外形图

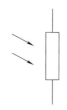

图 11-27　光敏电阻器电气符号

② 驻极体话筒　驻极体话筒是一种用驻极体材料制作的有源声传感器，外形如图 11-28 所示，它具有体积小、频带宽、噪声低和灵敏度高等特点，且价格低廉。原理是，当其接收到声音信号时，话筒内的电容膜片跟随振动，电容两端的静电场也随之变化，产生交变的音频信号。它的输出方式分为漏极输出和源极输出两种，输出的接点形式分为二点式和三点式两种。如图 11-29 所示，若将图中 2 脚（S）与外壳 3 相接，就是二点式漏极输出；若将 1 脚（D）与外壳 3 相接，就是二点式源极输出；若将三个脚分别输出，就是三点式输出。驻极体话筒的电气符号如图 11-30 所示。

图 11-28　驻极体话筒
外形图

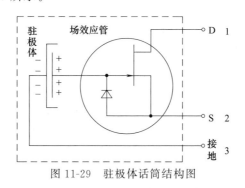

图 11-29　驻极体话筒结构图

图 11-30　驻极体
话筒电气符号

驻极体话筒的检测法是用万用表电阻挡 R×1k，测量非外壳的两个接点间的正反向电阻，其中阻值小的一次，黑表笔接的是源极，红表笔接的是漏极。确定极性后，将黑表笔接漏极，红表笔接源极和外壳，对准话筒吹气，万用表指针应能偏转，指针偏转角度越大，说明灵敏度越高。

③ 集成电路 CD4011　CD4011 是 CMOS 四重二输入端与非门逻辑集成芯片，双列直插式封装。常用在各种数字逻辑电路和单片机系统中，工作电压是 3～15V，功耗小。CD4011的外形如图 11-31 所示。

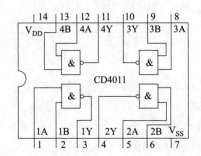

图 11-31　CD4011 外形图　　　　　　图 11-32　CD4011 引脚功能图

CD4011 引脚功能如下。

如图 11-32 所示，1A、1B、2A、2B、3A、3B、4A、4B 均为输入端；1Y、2Y、3Y、4Y 均为输出端；V_{SS} 为接地端；V_{DD} 为电源端。

与非门电路的逻辑关系：输入中见 0 输出为 1，输入全为 1 输出为 0。CD4011 集成电路中包含 4 组与非门，可单一使用，也可同时使用。

(3) 基本工作原理

如图 11-25 所示，声光控延迟节能灯电路由光控电路、声控电路、门电路组成的触发延迟电路和电源电路等组成。

光控电路中的光敏电阻器（GR）白天受光线照射呈现低阻值，使门 1（D_1）的输入端中 1 脚为低电平，与非门输出被锁定为高电平，与 2 脚的输入端电平高低无关。门 1（D_1）输出的高电平经过门 2（D_2）、门 3（D_3）、门 4（D_4）三次反相后成低电平，晶闸管（VS）无触发信号不导通，灯不亮。当夜间无光照时，GR 呈现高阻值，门 1 输入端 1 脚变为高电平，门 1（D_1）的输出状态受 2 脚输入电平的控制，即 2 脚低电平时门 1（D_1）输出高电平，2 脚高电平时门 1（D_1）输出低电平。

声控电路，当话筒 B 接收到声波信号时，三极管 VT 由饱和进入放大状态，集电极电压 U_C 从低电平变成高电平送至门 1 的 2 脚，声波消失后三极管 V7 的 U_C 恢复低电平。

当夜晚无光照而有声音信号时，门 1（D_1）输出低电平，经门 2（D_2）反相变成高电平对电容 C_2 充电（充电时间常数很小），高电平经门 3（D_3）、门 4（D_4）二级反相（主要起到隔离作用），通过 R_6 触发 VS 导通，灯亮。声音消失后，门 2（D_2）输出低电平，因有VD6 的阻断作用，电容 C_2 只能通过 R_5 缓慢放电，C_2 两端仍保持高电平，门 4（D_4）也输出高电平维持灯亮。经过一段时间后，电容 C_2 两端电压下降到低电平时，门 4（D_4）输出变为低电平，VS 无触发信号被关断（过零时），灯自动熄灭。

本电路尤其适用于公共过道，楼梯照明灯的节能自动控制。实际应用时，可去除电源变压器，VD_1～VD_4 换用 1N4007，R_7 改为 240kΩ，DL 改为 220V 照明灯。安装调试时，应注意用电安全，光敏电阻器 GR 要面朝光照方向，话筒 B 应对准声源方向。

11.4.2 技能训练

(1) 目的要求

① 弄清电路原理和各个元器件的功能，独立完成制作任务。

② 复习光敏电阻、光敏晶体管及光电开关等常用光电传感器的结构原理，弄清楚各类光电传感器的性能特点和适用场合，会看光电传感器的型号意义，会正确选用，为具体制作做好准备。

③ 按照电路原理图进行安装，一定要先看懂图纸后再做，有问题一定要先搞懂后再操作，以免损坏元件而无法完成制作。

④ 制作完成后认真进行调试，直至达到设计要求为止。

⑤ 在实训过程中，要注意安全，尤其是接触与市电相关联的电路和元件时，在送电的情况下不要直接接触电路和元件，注意调试工具的绝缘。

⑥ 在调试中碰到问题可在老师的指导下逐步解决，如最后实在达不到所要求的效果，应查找原因，在总结中加以认真分析其中的经验教训，为今后调试电子产品打下基础。

(2) 工具、仪器仪表和器材

① 工具　常用电子组装工具一套。

② 仪器仪表　万用表一只。

③ 器材　配套器材明细表见表11-8。

表11-8　配套器材明细表

代 号	名 称	规 格	代 号	名 称	规 格
R_1	碳膜电阻器	22kΩ	VD_3	二极管	1N4001
R_2	碳膜电阻器	2.2MΩ	VD_4	二极管	1N4001
R_3	碳膜电阻器	33kΩ	VD_5	稳压二极管	2CW56
R_4	碳膜电阻器	4.7kΩ	VD_6	二极管	1N4148
R_5	碳膜电阻器	4.7MΩ	VT	三极管	9013
R_6	碳膜电阻器	5.1Ω	IC	集成电路	CD4011
R_7	碳膜电阻器	1.5kΩ	VS	单向晶闸管	$MCR\_100\text{-}6$
R_P	微调电阻器	100kΩ	B	驻极体话筒	CM1-8W
C_1	涤纶电容器	0.1μF	T	变压器	AC220V/15V
C_2	电解电容器	10μF/16V	DL	12V 灯珠	
C_3	电解电容器	100μF/16V	电源线及插头		
GR	光敏电阻	亮阻<1kΩ 暗阻>1MΩ	万能电路板		
VD_1	二极管	1N4001	焊料、助焊剂		
VD_2	二极管	1N4001	绝缘胶布		
多股软导线			紧固件 M4×15(4套)		
14Pin 集成电路插座(1个)					

(3) 调试要求和方法

① 光控灵敏度的调试　通电后，将光敏电阻器完全遮挡住光线的照射，测量门 1 的 1 脚对地电压，然后缓慢调整 R_P，是该电压等于 5V 左右，恢复光敏电阻器的光照，该电压下降至接近 0V。

② 声控灵敏度的调试　测量门 1 的 2 脚对地电压，当没有声音时，该点电压接近 0V；当有声音时，该点电压上升至大于 3V。若该点电压小于 3V，可以增大 R_1 的阻值和增大三极管 V7 的放大倍数。

③ 电路的总测试　接通电源后，灯珠不发光。将光敏电阻器完全遮挡住光线的照射，然后拍掌，此时灯珠应该发光；声音消失后灯珠继续发光，延迟 30s 后灯珠自动熄灭。

④ 与非门、非门输入、输出逻辑关系的测量　通过测量门 1 （与非门 D_1）、门 2 （与非门 D_2）、门 3 （与非门 D_3）、门 4 （与非门 D_4）输入和输出的电平，可以反映出输入、输出的逻辑关系，尤其要注意门 1 （与非门 D_1）几种输入情况下的输出状况。将测量结果记录在表 11-9 和表 11-10 中。

表 11-9　门 1 输入、输出的电压值

条　件	输　入		输　出
	1 脚	2 脚	3 脚
GR 有光照、BM 无声音信号输入			
GR 有光照、BM 有声音信号输入			
GR 遮光、BM 有声音信号输入			
GR 遮光、BM 无声音信号输入			

表 11-10　门 2、门 3、门 4 输入、输出的电压值

条　件	非门编号	输　入	输　出
GR 有光照、BM 无声音信号输入或者 GR 遮光、BM 无声音信号输入或者 GR 有光照、BM 有声音信号输入	门 2		
	门 3		
	门 4		
GR 遮光、BM 有声音信号输入	门 2		
	门 3		
	门 4		

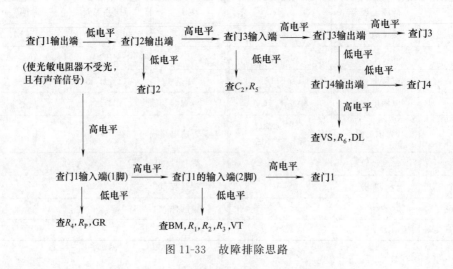

图 11-33　故障排除思路

（4）简单故障排除

故障实例：夜晚无光线照射时，有声音信号照明灯不能自动点亮。

故障分析：故障范围在控制电路和电源灯光电路。

故障排除思路如图 11-33 所示。

11.5 简易超声距离传感器的制作

11.5.1 基本原理

为了研究和利用超声波，人们已经设计和制成了许多超声波发生器。总体上讲，超声波发生器可以分为两大类：一类是用电气方式产生超声波，另一类是用机械方式产生超声波。电气方式包括压电型、磁致伸缩型和电动型等；机械方式有加尔统笛、液哨和气流旋笛等。它们所产生的超声波的频率、功率和声波特性各不相同，因而用途也各不相同。目前较为常用的是压电式超声波发生器。

压电型超声波传感器的工作原理是利用压电效应的原理，压电效应有逆效应和顺效应，超声波传感器是可逆元件，超声波发送器就是利用压电逆效应的原理。所谓压电逆效应如图 11-34 所示，在压电元件上施加电压，元件就变形，即称为应变。若在图 11-34（a）所示的已极化的压电陶瓷上施加如图 11-34（b）所示极性的电压，外部正电荷与压电陶瓷的极化正电荷相斥，同时，外部负电荷与极化负电荷相斥。由于相斥的作用，压电陶瓷在厚度方向上缩短，在长度方向上伸长。若外部施加的极性变反，如图 11-34（c）所示那样，压电陶瓷在厚度方向上伸长，在长度方向上缩短。

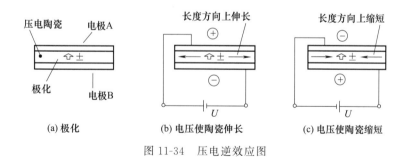

(a) 极化　　　　(b) 电压使陶瓷伸长　　　　(c) 电压使陶瓷缩短

图 11-34　压电逆效应图

11.5.2 单片机超声波测距系统硬件组成

（1）系统原理

如图 11-35 所示，单片机 AT89C2051 发出短暂的 40kHz 信号，经放大后通过超声波换能器输出；反射后的超声波经超声波换能器作为系统的输入，启动单片机中断程序，读出时间 t，再由系统软件对其进行计算、判别后，相应的计算结果被送至 LED 数码管进行显示。

硬件电路的设计主要包括单片机系统及显示电路、超声波发射电路和超声波接收电路三部分。系统结构图如图 11-36 所示。

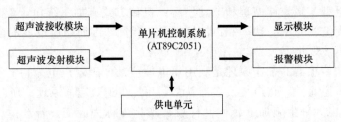

图 11-35　超声波测距系统原理框图

图 11-36　系统设计框图

（2）超声波产生电路图

超声波发射、接收电路如图 11-37 所示。超声波发射部分由电阻 R_2 及超声波发送头 T40 组成；接收电路由 VT_1、VT_2 组成的两组三极管放大电路组成；检波电路、比较整形电路由 C_7、D_1、D_2 及 VT_3 组成。

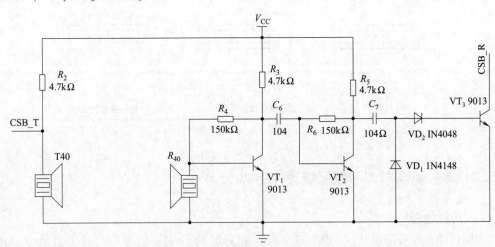

图 11-37　超声波发射、接收单元

如图 11-38 所示，40kHz 的方波由 AT89C2051 单片机的 P3.1 驱动超声波发射头发射超声波，经反射后由超声波接收头接收到 40kHz 的正弦波，由于声波在空气中传播时衰减，所以接收到的波形幅值较低，经接收电路放大、整形，最后输出一负跳变，输入单片机的 P3.2 脚。该方波的周期为 1/40ms，即 $25\mu s$，半周期为 $12.5\mu s$。每隔半周期时间，让方波输出脚的电平取反，便可产生 40kHz 方波。由于单片机系统的晶振为 12M 晶振，因而单片机的时间分辨率是 $1\mu s$，所以只能产生半周期为 $12\mu s$ 或 $13\mu s$ 的方波信号，频率分别为 41.67kHz 和 38.46kHz。本系统在编程时选用了后者，让单片机产生约 38.46kHz 的方波。

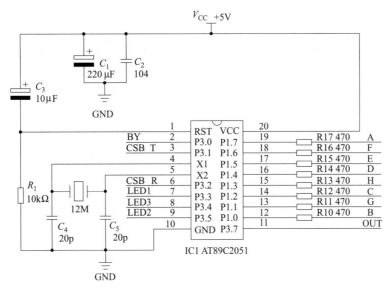

图 11-38 超声波测距单片机系统

显示电路采用简单实用的 3 位共阳 LED 数码管，如图 11-39 所示，段码输出端口为单片机的 P1 口，位码输出端口分别为单片机的 P3.3、P3.4、P3.5 口，数码管位驱运用 PNP 三极管 9012 驱动。

（3）报警声响输出单元

本单元采用一只 5V 的蜂鸣器作为报警声响输出，由三极管 VT7 进行驱动，当测量距离小于 1.00m 时，蜂鸣器发出：嘀、嘀、嘀……的报警声响，其电路如图 11-40 所示。

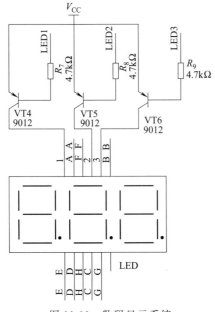

图 11-39 数码显示系统

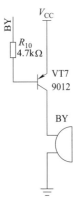

图 11-40 报警声响输出单元电路图

11.5.3 单片机超声波测距系统软件设计流程

超声波测距的软件设计主要由主程序、超声波发生子程序、超声波接收程序及显示子程序组成。

主程序首先是对系统环境初始化，设定时器 0 为计数，设定时器 1 定时，置位总中断允许位 EA。进入主程序后，进行定时测距判断，当测距标志位 $c_1 = 1$ 时，即进行测量一次，程序设计中，超声波测距频度是 2 次/s。测距间隔中，整个程序主要进行循环显示测量结果。当调用超声波测距子程序后，首先由单片机产生 6～8 个频率为 38.46kHz 超声波脉冲，加载的超声波发送头上。超声波头发送完超声波后，立即启动内部计时器 T0 进行计时，为了避免超声波从发射头直接传送到接收头引起的直射波触发，这时，单片机需要延时约 1.5～2ms 时间（这也就是超声波测距仪会有一个最小可测距离的原因，称之为盲区值）后，才启动对单片机 P3.2 脚的电平判断程序。当检测到 P3.2 脚的电平由高转为低电平时，立即停止 T0 计时。由于采用单片机采用的是 12MHz 的晶振，计时器每计一个数就是 1μs，当超声波测距子程序检测到接收成功的标志位后，通过计数器 T0 所示的数（即超声波来回所用的时间）即可求得被测物体与测距仪之间的距离。

取 15℃时的声速为 340m/s，则 $d = (ct)/2 = 172 \times T0/10000$cm，其中，$T_0$ 为计数器 T0 的计算值。测出距离后结果将以十进制 BCD 码方式送往 LED 显示约 0.5s，然后再发超声波脉冲重复测量过程。

11.5.4 元件清单

超声波传感器元件清单如表 11-11 所示。

表 11-11 超声波传感器元件清单

编号	型号、规格	描述	数量	编号	型号、规格	描述	数量
R_1	10kΩ	1/4W 电阻器	1	VT_2	9013	NPN	1
R_2	4.7kΩ	1/4W 电阻器	1	VT_3	9013	NPN	1
R_3	4.7kΩ	1/4W 电阻器	1	LED	HS310561K	三位数码管	1
R_4	150kΩ	1/4W 电阻器	1	C_1	220μF	电解电容器	1
R_5	4.7kΩ	1/4W 电阻器	1	C_2	104	瓷片电容器	1
R_6	150kΩ	1/4W 电阻器	1	C_3	10μF	电解电容器	1
R_7	4.7kΩ	1/4W 电阻器	1	C_4	30pF	瓷片电容器	1
R_8	4.7kΩ	1/4W 电阻器	1	C_5	30pF	瓷片电容器	1
R_9	4.7kΩ	1/4W 电阻器	1	C_6	104	瓷片电容器	1
R_{10}	470Ω	1/4W 电阻器	1	C_7	104	瓷片电容器	1
R_{11}	470Ω	1/4W 电阻器	1	IC1	AT89C2051	单片机	1
R_{12}	470Ω	1/4W 电阻器	1	Y1	12MHz	晶振	1
R_{13}	470Ω	1/4W 电阻器	1	T	T40-16T	传声波传感器	1
R_{14}	470Ω	1/4W 电阻器	1	R	T40-16R	传声波传感器	1
R_{15}	470Ω	1/4W 电阻器	1	VD_1	IN4148	开关二极管	1
R_{16}	470Ω	1/4W 电阻器	1	VD_2	IN4148	开关二极管	1
VT_1	9013	NPN	1				

第12章

传感器的应用

学习目标

- 了解传感器在工业检测和自动控制系统中的应用。
- 了解传感器在汽车中的应用。
- 了解机器人的发展趋势及其分类。
- 了解传感器在生活电器中的应用。
- 了解传感器在航空航天中的应用。
- 了解传感器在环保行业的应用。

12.1 传感器在工业检测和自动控制系统中的应用

12.1.1 工业检测和自动控制系统的发展趋势

工业自动控制系统是通过工业控制计算机，对传感器及局域网所采集的各种信息的归纳、分析、整理，实现信息管理与自动控制的一体化，并通过权限认证确保信息的安全。在整个工业生产中，尽量减少人力的操作，而能充分利用动物以外的能源与各种资讯来进行生产工作，实现各种过程控制。在工业设备自动控制应用中，传感器担负着检测各种信息的重任，大量测得的信息传递给控制中心，通过计算机处理、自动控制等进行反馈，用以进行生产过程、质量、工艺管理与安全方面的控制。

近年来，随着自动驾驶、工业4.0、智慧医疗的风潮，汽车、工业、医疗三大新兴市场的传感器应用快速成长。

工业4.0是利用信息化技术促进产业变革的时代，也就是智能化时代。"智能工厂"是指在数字化工厂的基础上，利用物联网的技术和设备监控技术加强信息管理和服务，清楚掌握产销流程、提高生产过程的可控性、减少生产线上人工的干预、即时正确地采集生产线数据，以及合理的生产计划编排与生产进度。

传感器网络实现了数据的采集、处理和传输三种功能。它与通信技术和计算机技术共同构成信息技术的三大支柱。无线传感器网络就是由部署在监测区域内大量的廉价微型传感器节点组成，通过无线通信方式形成的一个多跳的局部物联网，实时地交换和获得信息，并最终汇聚到物联网，形成物联网重要的信息来源和基础应用，其目的是协作地感知、采集和处理网络覆盖区域中被感知对象的信息，并发送给观察者。传感器、感知对象和观察者构成了无线传感器网络的三个要素。

从前，传感器只负责监控和测量，却不分析。而现在，智能工厂需要实现无线感测、控制系统网络化和工业通信无线化等先进技术，实现对某些产品质量指标进行快速直接测量并在线控制。而融合智能技术的传感器将可以很好地解决上述问题，它们能够更好地对其所检测的工作进行评估，并能实时地完成任务。

在工业安全方面，传感器网络技术可用于危险的工作环境，例如在煤矿、石油钻井、核电厂和组装线布置传感器节点，可以随时监测工作环境的安全状况，为工作人员的安全提供保证。另外，传感器节点还可以代替部分工作人员到危险的环境中执行任务，不仅降低了危险程度，还提高了对险情的反应精度和速度。

无线传感器网络所具有的传感器类型众多，可探测包括地震、电磁、温度、湿度、噪声、光强度、压力、土壤成分、移动物体的大小、速度和方向等周边环境中多种多样的现象。潜在的应用领域可以归纳为军事、航空、防爆、救灾、环境、医疗、保健、家居、工业、商业、仓储物流管理和智能家居等领域。

总的来说，当今的工业自动化系统是实时、具有决策能力的高精密系统，能够精确控制高速生产过程。工业自动化的心脏是新一代高级智能传感器，它让产品生产线持续运行，只要制造的产品能够达到规定质量水平，高效的生产线就会尽可能快地持续运行。

12.1.2　传感器在工业检测和自动控制系统的应用分类

在现代化工业生产中，自动控制系统的应用与开发都隶属现代化产业重点发展项目，自动控制系统中传感器技术的应用占主要地位，用于探测、感受并传递外界的温度、光亮、烟雾浓度和湿度等各种信号，它使工业生产从劳动密集型转换为智能技术型，传感器信息采集技术在工业自动控制系统中应用颇为广泛，自动化生产中传感器的应用遍布各个环节。传感器在自动控制系统的分类如下。

（1）在工业机械手中的应用

在电子行业，电路板的印制以及电子电路的焊接是一个较为烦琐的过程，为了保证其精准精细的特点，目前多采用机械手来运作，它通过各种传感器获得相关信息，对所需操作的元件的位置、大小以及电路路线等得以确定，可以做到自动、精准、无误的完成各项工作，减少了人工操作的劳动强度和误差。

（2）在自动导引运输车（AGV）自动控制送货车中的应用

在 AGV 自动送货车中采用超声波测距传感器来判断建筑物内人和物体所在位置，运用红外线色彩传感器来控制小车的运动轨迹并识别小车的位置，采用条形码传感器进行货物识别，已达到自动运送货的目的。

（3）在机械加工过程的应用

目前机械加工都是采用数控机床来操作，数控机床的运行主要是采用传感器技术来检测驱动系统、轴承系统以及回转系统和摩擦温度监测与控制等。按照给出的切削加工指令指示控制机床运行，利用传感器检测出影响刀具与工件相对位移的因素，例如机床的位置、速度以及变形、振动等，并通过传感器监测工件加工过程的状态，根据传感器的检测结果来调整工件的加工条件，保证加工精准度。工件加工完毕后，还要利用传感器技术对其进行质量检测，以确保工件在以后应用中的可靠性。

（4）在食品加工过程中的应用

在各类食品行业中，为保证生产线在最佳状态下运行，需要在生产线上布置多种可在线测量和可用计算机控制的传感器。目前用于食品加工生产线上的传感器大致分为四类：物理类特性参数测试装置、化学类特性参数测试装置、气体测试装置、可视化检测系统。

物理特性参数传感器主要用于测试流体物料及工作介质在加工过程中的温度、压力、流速、密度、黏度、时间，各类罐体中的液位高度，鱼、肉组织的变化，巧克力等结晶参数的监控等；化学特性参数传感器多用在监测产品的水分、脂肪、蛋白质含量、pH值、糖度等；气体成分测试装置主要包括二氧化碳、氧气和风味传感器等，其中风味传感器多用于检测加工过程中食品香气的变化、获得口味、肉类食品的滋味和熟度；可视化监测系统主要用于检测焙烤类、油炸类食品的色泽、缺陷（包括气泡大小、焦煳面积、不规则形状等），罐体贴标质量，发酵液中酶和菌的总量，鲜果蔬、坚果类物料的分级分选等方面。

在自动控制领域还有很多利用传感器的生产线和生产设备，工业的发展离不开传感器，传感器的技术进步也会促进工业自动化的发展。

12.1.3 工业检测和自动控制系统中传感器应用案例

（1）传感器在数控机床中的应用

数控机床上应用了大量的现代化先进技术，其中一个重要技术就是传感器技术。大量的传感器在数控机床上发挥着重要的作用，它们监视和测量着数控机床的每一个过程，保证数控机床的正常运行。而不同种类的数控机床，对传感器的要求也不尽相同。参阅图12-1。

一般来说，数控机床对传感器的要求，主要包括抗干扰性高和可靠性强；满足高精度和高速度的要求；使用维护方便，适合机床运行环境；价格低廉成本低。另外，也可以简单说，大型机床要求速度响应快，中型和高精度数控机床以要求精度为主。

① 压力传感器　压力传感器是一种将压力转换为电信号的传感器，根据工作原理，可分为压电式传感器、压阻式传感器和电阻应变式传感器等。在数控机床设备中，压力传感器可对工件夹紧力进行检测。参阅图12-2。

图12-1　数控机床设备

图12-2　压力传感器

在数控机床中，可用它对工件夹紧力进行检测，当夹紧力低于设定值的时候，会导致工件松动，系统发出报警，停止走刀。另外，还可以检测刀切削力的变化。它还在润滑系统、液压系统、气压系统被用来检测油路或气路中的压力。当油路或气路中的压力低于设定值时，其触点会产生动作，然后把信号送到控制系统进行控制。

② 温度传感器　在数控机床上，温度传感器用来检测温度，同时将信息传递给系统产生相应的报警，对数控机床起保护作用。作为温度测量仪表的核心部分，温度传感器是指能感受温度，并转换成可用输出信号的传感器。大量的温度传感元件被用于电机等机床设备中。参阅图12-3。

数控机床中应用大量的电气元件、电机等，在电气元件工作时，会产生大量的热，温度过高会烧毁电气元件。机床在工作中随着电机的转动以及移动部件的移动，切削会产生热量。然而温度分布是不均匀的，这会造成一定的温差，使数控机床产生热变形，影响加工零件的精度。

为此，机床上都会安装温度传感器，用于将其检测到的温度值即时传给控制系统，也可在达到设定点时，传递到控制系统，来对机床的温度进行监控，为及时监督和调整提供方便。此外，在数控系统内部、电器柜内也均需要装有温度传感器，在温度过高时产生报警，防止烧毁电气元件。

③ 光电传感器 光电传感器通常是指能感受到由紫外线到红外线光的光能量，并能将光能转化为电信号的器件。其工作原理是，首先把被测量的变化转换成光信号的变化，然后通过光电转换元件变换成电信号。参阅图12-4。

图 12-3 温度传感器

图 12-4 光电传感器

光电传感器的工作基础是光电效应。当有一束光照射到一件物体上时，我们可以将这种现象当作是一束密集的能量轰击到了这件物体上面，当电子能量得到光子的传送后，它的各项形态就产生了相应的变化，进而产生了电效应，这种物理现象便称为光电效应。

目前，光电传感器被广泛用于安全防护和检验领域，这一技术目前也在日趋成熟。除此之外，利用红外线的隐蔽性，还可在银行、仓库、商店、办公室及其他需要的场合作为防盗警戒之用。常用的红外线光电开关，便是采用的物体对近红外线光束的反射原理。一般来说，主要可分为镜反射式、漫反射式、槽式、对射式、光纤式光电开关等。

④ 接近开关在数控机床上的应用 接近开关，是指当物体与其接近到设定距离时，可以发出"动作"信号的开关。这种开关不需要和物体发生直接性的接触。参阅图12-5。

图 12-5 机床设备上的限位开关元件

图 12-6 分布式光伏发电

目前，市场上已经出现丰富多样的接近开关类型，而这些接近开关也已被广泛用于数控机床中，比如刀库上的应用，将刀库的位置、机械手的位置、刀库的数刀信号等这些位置信号传递给数控系统，使数控系统能够更精确地控制刀库的自动换刀。

（2）传感器在光伏发电系统中的应用

2017年，中国新增太阳能发电装机容量超53GW，位居全球第一，其中分布式光伏发电（图12-6）得到了大力支持，新增装机容量一举突破了19GW。目前，国内光伏产业链各个环节已经相当完整，参与其中的厂家众多，光伏市场趋于饱和，在激烈竞争的形势下，降低产品的生产成本，同时提高产品的可靠性成为厂家抢占市场的主要方式；其中的电流传感器作为光伏并网逆变器中的核心检测元件，在要求产品稳定性的同时，还需兼顾高精确的电量计量工作。

电流传感器，是一种检测装置，能感受到被测电流的信息，并能将检测感受到的信息，按一定规律变换成为符合一定标准需要的电信号或其他所需形式的信息输出，以满足信息的传输、处理、存储、显示、记录和控制等要求，并在过流、过压等危险情况发生时具有自动保护功能和更高级的智能控制。如果从电流传感器的设计原理来分类，常用的有开环、闭环、磁通门等技术，通常会根据不同的应用场合选择不同原理的电流传感器来实现相应的功能。典型的分布式光伏逆变器的拓扑（图12-7）包含了直流输入环节（组串输入汇流），直流升压环节（Boost MPPT线路），直流逆变交流环节（DC/AC线路），以及交流输出环节（漏电流检测），电流检测在每一个环节必不可少。

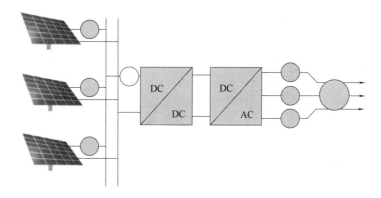

图12-7　分布式光伏逆变器的拓扑

① 直流环节开环电流传感器　目前，绝大多数的厂家都在直流侧（组串电流检测或者DC/DC Boost线路输入电流检测）选择开环电流传感器，因为直流侧电流检测只是做测量，不参与保护，所以对于精度的要求并不是很高，通常1%～2%的精度即可满足要求，至于温度特性的不足，可以通过软件的算法对零点温漂和精度等硬性参数指标进行修正补偿。有助于电流传感器在使用上的一致性。而且开环电流传感器的成本比闭环电流传感器的成本低，所以开环传感器在直流侧的优势比较明显。

开环霍尔电流传感器基于直测式霍尔原理，当原边一次侧电流产生的磁通被高品质磁芯聚集在磁路中，霍尔元件被固定在很小的磁路开口气隙空间里，对磁通的变化进行线性检测，霍尔器件输出的霍尔电压经过特殊电路处理后，副边输出与原边波形一致的跟随电压，此电压能够精确反馈原边电流的变化。参阅图12-8。

② 交流环节闭环电流传感器　目前国内绝大多数厂家在交流侧都采用闭环传感器，因为交流侧电流传感器的输出一般都是用于软件控制，如果精度太低，对一些关键量的检测和控制就会产生影响。比如直流分量的检测提取，尽管每个国家对直流分量接受值不一样，但是需要控制在标称输出电流的0.5%，甚至0.25%，所以只有闭环传感器才能满足高精度的要求。

闭环霍尔电流传感器（图 12-9）基于磁平衡式霍尔原理，即闭环原理（也称磁平衡式霍尔），当一次侧原边电流产生的磁通通过高品质磁芯集中在磁路中，霍尔元件被固定在气隙中检测磁通，通过绕在磁芯上的多匝线圈输出反向的补偿电流，用于抵消原边电流产生的磁通，使得磁路中磁通始终保持为零；经过特殊电路的处理，传感器的输出端能够输出精确反馈原边电流变化的信号（电流输出或者电压输出）。

图 12-8　开环霍尔传感器　　　　图 12-9　闭环霍尔传感器

③ 芯片式电流传感器　当下，随着光伏组件高度集成化，新器件的工艺提升，逆变器厂家研发技术的进步，光伏逆变器的单体模块功率越做越大，功率密度也越来越高，对于电流传感器的选择也提出了更高的要求，除了拥有常规的电气性能外，还要求：

a.体积小，高绝缘耐压，集成度高，易于自动化生产　当印刷电路板上用于电流测量的

图 12-10　芯片式电流传感器

布板空间比较小时，理想情况是采用芯片式电流测量方案。将初级导体进行集成，直接表面贴装（Surface Mounted Device，SMD）到印刷电路板上，从而降低制造成本，同时也避免混淆各种焊接工艺。LEM 最新开发的 GO-SMS（图 12-10 左）/HMSR-SMS（图 12-10 右）系列电流传感器均为 SMD 封装的芯片式电流传感器，其中 HMSR 芯片式电流传感器专门用于 1500Vdc 直流输入的太阳能系统。

b.10kA 抗浪涌能力　目前逆变器厂家的设计，一般和光伏组件（PV 面板）或电网直接相连的线路上都会有雷击浪涌的风险，HMSR-SMS 当原边通过 10kA 8/20μs 的雷击浪涌电流时，芯片内部依然可以正常工作而无任何的失效。

c.内置过流保护告警功能　GO-SMS/HMSR-SMS 芯片式电流传感器可用于峰值电流检测，用于真实值与设定点（保护点）的对比，并通过专门的 OCD 引脚输出低电平有效的告警信息用于通知控制器（DSP）过流信号的产生以便 DSP 快速做出响应保护线路中的 IGBT 等器件。

GO-SMS/HMSR-SMS 芯片式电流传感器可提供 10～30A 的额定电流检测能力，非常适合于直流侧的组串电流检测和 DC/DC Boost 电路的输入电流检测。

（3）传感器在片式电阻编带包装机中的应用

片式电阻编带包装机是按工艺要求对片式电子元件的主要参数进行测试、分选后，把合格品编装在工艺载带上。封装产品和设备如图 12-11、图 12-12 所示。

纸带运行轨迹始于空纸带和下胶带机构，纸带和下胶带运行至下烙铁，烙铁将纸带的下面封装上下胶带；半封好的纸带运行到插入部，插入部会把检测阻值合格的电阻插入到纸带孔中；装

图 12-11　封装后产品

图 12-12 片式电阻编带包装机及结构图

载片式电阻的纸带运行到上烙铁处时，电烙铁将装有电阻的纸带和上胶带封装为一体；最后封装好的纸带会由卷收机构卷成小盘。纸带运行机构见图 12-13。

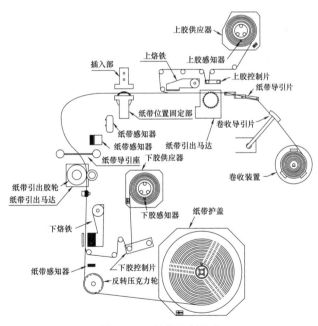

图 12-13 纸带运行机构

纸带整个运行轨迹中离不开传感器的检测。在纸带导引处安装有红外线传感器，用于感应纸带的存在与否，判断纸带是否用完，纸带导引处的红外线传感器见图 12-14。在上下烙铁处安装有温度传感器，用于检测电烙铁的温度，传递给控制机构，从而实现对电烙铁的实际工作温度进行调节。同时在上下电烙铁处还安装有红外线传感器，感知电烙铁下降是否到位，如图 12-15 所示。

在设备的供料部和插入部还分布着许多光纤传感器，用于检测贴片电阻，如图 12-16 所示。

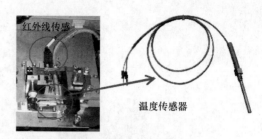

红外线传感

温度传感器

图 12-14　检测纸带的红外线传感器　　　　图 12-15　上烙铁处的传感器

图 12-16　供料部及插入部光纤传感器

光纤式光电开关由光纤检测头、光纤放大器两部分组成，光纤放大器和光纤检测头是分离的两个部分，光纤检测头的尾端部分分成两条光纤，使用时分别插入放大器的两个光纤孔子。光纤式光电开关的输出连接至控制器。光纤式光电开关也是光纤传感器的一种，光纤传感器传感部分没有电路连接，不产生热量，只利用很少的光能，这些特点使光纤传感器成为危险环境下的理想选择。光纤传感器还可以用于关键生产设备的长期高可靠性和稳定性的监视。相对于传统传感器，光纤传感器具有下述优点：抗电磁干扰、可工作于恶劣环境，传输距离远，使用寿命长。此外，由于光纤头具有较小的体积，所以可安装在空间很小的地方。

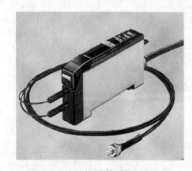

图 12-17　光纤传感器放大器

光纤放大器根据需要来放置。比如在生产过程中遇到烟火、电火花等就可能引起爆炸和火灾，而光能不会成为火源，不会引起爆炸和火灾，所以可将光纤检测头设置在危险场所，将放大器单元设置在非危险场所进行使用。光纤光电传感器如图 12-17 所示。

光纤式光电开关在安装过程中，首先将光纤检测头固定，将光纤放大器安装在导轨上，然后将光纤检测头的尾端两条光纤，分别插入放大器的两个光纤孔，接线时请注意根据导线颜色判断电源极性和信号输出线。

光纤式光电开关在生产线上应用越来越多，但在一些尘埃多、容易接触到有机溶剂及需要较高性价比的应用场所，实际上可以选择使用其他一些传感器来代替，如电容式接近开关、电涡流式接近开关等。

12.2　传感器在汽车中的应用

12.2.1　概述

汽车逐渐成为人们生活当中不可或缺的交通工具。但是在当今科技快速发展，社会不断进步的时代，汽车的控制系统逐步地趋向于电子控制系统，这种汽车称之为电子汽车，这种电子汽车的控制系统中最重要的一种就是传感器应用技术，一种高端的传感器渐渐地将变成汽车控制系统中必不可少的一个关键部分。在当今电子技术高速发展的时代，汽车的控制系统逐步地趋向于电子控制系统，而这种电子控制系统中最重要的一种就是传感器应用技术。传感器市场上，传统的传感器逐步被淘汰，现状时兴的是一种智能化、多功能化、微型化、集成化的传感器，并且这种传感器渐渐地将变成汽车传感器必不可少的一部分。现在汽车发展的一个重要技术特征，就是构成汽车的零件越来越多的运用电子控制系统。但是只要是运用电子控制系统的东西，传感器的存在是必不可少的，如汽车的 GPS 导航、自动变速器、发动机等。汽车运用传感器，能够对汽车系统的压力、进气量、加速度、位置、振动、转速、温度等各种有用的信息进行准确、实时的控制和测量，可以很大程度地将汽车的舒适度提高，在汽车的安全行驶中起到了关键的作用。

随着电子技术的发展，汽车电子化程度不断提高，传统的机械系统已经难以解决某些与汽车功能要求有关的问题，因而将逐步被电子控制系统代替。传感器作为汽车电控系统的关键部件，其优劣直接影响到系统的性能。目前，普通汽车上大约装有几十到近百只传感器，豪华轿车上则更多，这些传感器主要分布在发动机控制系统、底盘控制系统和车身控制系统中。因此，汽车用传感器，已成为世界电子设备市场中增长最快的领域之一。汽车传感器是汽车电子控制系统的信息源和关键部件，也是汽车电子技术领域研究的核心内容之一。如图 12-18 汽车传感器的分布图。

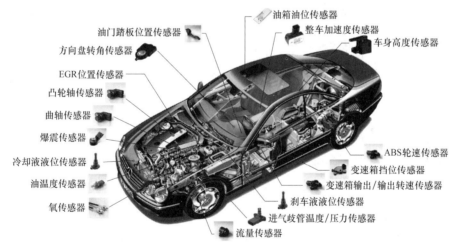

图 12-18　汽车传感器的分布图

12.2.2　传感器在发动机控制系统的应用

发动机控制系统（图 12-19）用传感器是整个汽车传感器的核心，种类很多，包括温度传感器、压力传感器、位置和转速传感器、流量传感器、气体浓度传感器和爆震传感器等，这些传感器向发动机的电子控制单元（ECU）提供发动机的工作状况信息，供 ECU 对发动机工作状况进行精确控制，以提高发动机的动力性、降低油耗、减少废气排放和进行故障检测。

（1）温度传感器

温度传感器是工业自动化过程中的四大传感器之一。随着汽车电子化程度的提高，汽车

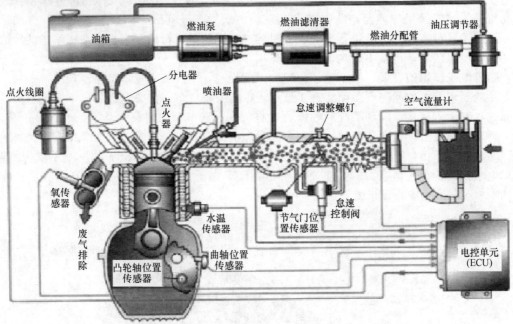

图 12-19 发动机控制系统原理示意图

上使用温度传感器的地方越来越多。温度传感器主要检测发动机温度、吸入气体温度、冷却水温度、燃油温度、催化温度等,将它们转变为电信号,从而控制喷油嘴针阀开启时刻和持续时间。汽车电子控制系统中的计算机能够及时对这些传感器输入的温度信号进行处理,使发动机在最佳工况下运转。

常用的温度传感器有热电阻式、热电偶式、热敏铁氧体式及晶体管和集成型。目前汽车上使用的大多是热电阻式、热电偶式、热敏铁氧体式温度传感器。

① 热电阻按材料特性不同可分为金属热电阻和热敏电阻。金属热电阻作为反应电阻-温度特性关系的检测元件,要有尽可能大而且稳定的电阻温度系数、稳定的物理和化学性能及大的电阻率。热敏电阻是一种用陶瓷半导体制成的温度系数很大的电阻体。热敏电阻具有电阻值的温度系数大,能测出微小的温度变化的特点。

② 热电阻式温度传感器是利用热电原理制成的。汽车上使用的热电偶式温度传感器主要用于检测较高的温度,如发动机排气系统中的排气温度。这种传感器测试温度高、体积小、相应速度快,但热点位差不高,需要放大处理。

③ 热敏铁氧体式温度传感器具有如下性质:当超过某一温度时,其磁性急速转变,由强变弱,这种急变温度成为居里温度。居里温度可以根据烧结体的成分和热处理的温度自由选择。

（2）压力传感器

压力传感器主要用于检测汽缸负压，从而控制点火和燃料喷射；检测大气压，从而控制爬坡时的空燃比；检测汽缸内压，从而控制点火提前角；检测废气再循环流量、发动机油压、制动器油压、轮胎空气压力等，并对相关量做出反应。压力传感器的种类很多，有膜片式、应变片、差动变压器式、半导体式等多种形式。目前应用较多的车用压力传感器主要有电容式、压敏电阻式、差动变压器式（LVDT）和表面弹性波式（SAW）等。

电容式压力传感器主要用于检测内压、液压、气压，具有输入能量高、动态响应好、环境适应性好等特点；压敏电阻式传感器受温度影响大，需另设温度补偿电路，但适于大量生产；LVDT式压力传感器有较大的输出，易于数字输出，但抗干扰性差；SAW式压力传感器具有体积小、质量轻、功耗低、可靠性高、灵敏度高、分辨率高、数字输出等特点，用于汽车吸气阀压力检测，能在高温下稳定工作，是一种较为理想的传感器。

（3）流量传感器

现代汽车电子控制燃料喷射系统中，空气流量传感器用于测量发动机吸入的空气流量和燃料流量，它是决定ECU控制部件精度的重要部件之一。空气流量的测量用于发动机控制系统确定燃烧条件、控制空燃比、起动、点火等，它获得进气量信号是ECU计算喷油时间和点火时间的主要依据。空气流量传感器有旋转叶片式、卡门螺旋式、热线式、热模式等四种类型。旋转叶片式空气流量计结构简单，测量精度较低，测得的空气流量需要进行温度补偿；卡门螺旋式空气流量计无可动部件，反应灵敏，精度较高，也需要进行温度补偿；热线式空气流量计测量精度高，无需温度补偿，但易受气体脉动的影响，易断丝；热模式空气流量计和热线式空气流量计测量原理一样，但体积小，适合大规模生产，成本低。

（4）位置与角度传感器

位置与角度传感器是计算机控制的点火系统中最重要的传感器，其作用是检测曲轴转角、发动机转速、节气门的开度、车速等，并将其输入计算机，从而使计算机能按气缸的点火顺序发出最佳点火指令。

位置与角度传感器按输出形态可分为数字式、模拟式两种。数字式位置与角度传感器主要有光电式和磁性的旋转编码器。模拟式位置与角度传感器是把角度的变化由电位计转换成电阻的变化。在汽车电子控制系统中，为了能满足汽车的使用要求，位置与角度传感器的类型有很多，主要有节气门式、线性式位置传感器，防滴型、非接触型角度传感器，车高传感器，液位传感器，转向传感器，座椅位置传感器，方位传感器等几种。

为了使喷油量满足不同工况的需求，在电子控制燃油喷射系统中，节气门上装有节气门位置传感器，它可将节气门的开度转换成电信号传送给ECU，作为ECU判定发动机工况的依据。节气门位置传感器有编码式、线性式、滑动式三种。车高传感器目前均使用光电式。车高传感器把车身高度的变化成传感器轴的转动，并检测出其旋转角度，将其转换成电信号输入到ECU中，可随时对车身高度进行调节；转向传感器是用来检测轴的旋转方向及选择角度，并提供给ECU，由ECU来调节汽车悬架系统的侧倾角度。座椅位置传感器用于微机控制的动力座椅上，它是通过霍尔元件将旋转永久磁铁的变化位置引起的磁通密度变化检测出来的，并转换成电压，作为脉冲信号的形式送入计算机。方位传感器是车辆导航系统中非常重要的一种传感器，从电磁的角度来看，它是利用地磁产生电信号而进行检测的传感器，以指示方向的偏差。

（5）气体浓度传感器

目前汽车上用于电子控制燃油喷射装置进行反馈控制的传感器是氧传感器，它安装在发动机的排气管上，主要是用于检测排放气体中氧气的含量、空燃比的浓度，并将检测结果转换为电压或电阻信号,反馈给计算机,计算机根据氧传感器的信号,不断调整燃油时间和喷油量,使混合气浓度保持在理想范围内,实现空燃比反馈控制。使用氧传感器对混合气体的空燃比进行控制后,能够使发动机得到最佳浓度的混合气,从而降低有害气体的排放量,减少汽车排放污染。相对于普通氧传感器而言,有一种传感器能连续检测混合气体从浓到稀的整个过程的空燃比,称为全范围空燃比传感器。在稀燃发动机领域的空燃比反馈控制系统中,采用了稀燃传感器,这种传感器能够在混合气极稀薄的领域中,连续测出稀薄燃烧区的空燃比,实现了稀薄领域的反馈控制。

在不装氧传感器的燃油喷射系统中,可使用可变电阻器为主元件的传感器来改变混合气的浓度,故称之为可变电阻器型传感器。此外,还有与空气净化器配合使用的烟雾浓度传感器,通过监测烟雾浓度后,可使空气净化器自动运行或停止,从而达到净化驾驶室内空气的目的。

为了降低柴油发动机排出的黑烟导致周围空气的污染,在柴油机的电子控制系统中,采用一种能检测发动机排气中形成的炭烟或未燃烧炭粒的传感器,并将其信号反馈给计算机,实现自动调节空气与燃油的供给,达到接近完全燃烧以免形成过多的炭烟。

(6)爆燃传感器

爆燃是指燃烧室中本应该逐渐燃烧的部分混合气突然自燃的现象。为了最大限度地发挥发动机功率而不产生爆燃,点火提前角应控制在爆燃产生的临界值。当发动机产生爆燃时,保障传感器将爆燃产生的振动转变为电信号,并传给电子控制单元。可以通过检测爆燃有检测气缸压力、发动机机体振动和燃烧噪声等三种方法来检测爆燃。

爆燃传感器有磁致伸缩式和压电式。磁致伸缩式爆燃传感器的使用温度为 $-40\sim125℃$,频率范围为 $5\sim10kHz$;压电式爆燃传感器在中心频率 $5.417kHz$ 处,其灵敏度可达 $200mV/g$,在振幅为 $0.1g\sim10g$ 范围内具有良好线性度。发动机控制系统传感器给发动机的电子控制单元提供各种信息,电子控制单元处理这些信息并向发动机提供精确的指令,对发动机进行控制,使发动机能在各种工况下正常的工作,利用这类传感器可提高车辆的动力性能和舒适性、降低油耗、减少废气排放,正确反应行驶故障。

12.2.3 传感器在底盘控制系统的应用

汽车底盘(图12-20)的主要功能是让汽车能根据驾驶员的意愿做相应的运动,像加速、减速和转向运动等。驾驶员是通过操纵汽车里的转向盘、油门和制动踏板等元件来表达自己意愿的,相应于这些操纵的执行量是前轮的转向角以及车轮上的驱动力矩或制动力矩,而真正起作用的是轮胎的纵向力和侧向力。影响汽车轮胎力的主要因素有路面的附着系数、车轮的法向力、车轮滑动率和车轮侧偏角。汽车底盘控制设计的基本原理就是在给定了路面附着系数和车轮法向力的前提下,对车轮滑动率和车轮侧偏角进行适当的调整和控制,从而达到间接调控轮胎的纵向力和侧向力的目的,最大限度地利用轮胎和路面之间的附着力,达到提高汽车的主动安全性、机动性和舒适性的目的。

随着汽车电子控制系统集成化程度的提高和 CAN-BUS 技术的广泛应用,同一传感器不仅可以给发动机控制系统提供信号,也可为底盘控制系统提供信号。自动变速器系统用传感器主要有车速传感器、

图12-20 汽车底盘示意图

加速踏板位置传感器、加速度传感器、节气门位置传感器、发动机转速传感器、水温传感器、油温传感器等。制动防抱死系统用传感器主要有轮速传感器、车速传感器。悬架系统用传感器主要有车速传感器、节气门位置传感器、加速度传感器、车身高度传感器、方向盘转角传感器等。动力转向系统用传感器主要有车速传感器、发动机转速传感器、转矩传感器、油压传感器等。

汽车底盘的电子控制是一个多系统相互影响，相互作用的复杂系统工程，具体表现如下。

① 同一个控制系统可能会拥有多个执行机构、并对多个变量同时进行控制；

② 同一个控制目标可以由不同的控制系统单独控制或者多个系统共同控制；

③ 同一个控制目标同时被不同的控制系统所控制；

④ 不同的控制系统可能共用同一传感器或者控制单元。

底盘控制用传感器是指用于悬架控制系统、动力转向系统、制动防抱死系统、变速器控制系统等底盘控制系统中的传感器。

（1）传感器在动力转向系统中的应用

在动力转向系统（图12-21）中，传感器的控制对象是车轮转向角，通过对车轮转向角的电子控制，达到控制动力转向系统的目的。常见的动力转向系统有主动前轮叠加转向系统AFS、主动前轮助力转向系统ESP和主动后轮转向系统RWS。所用的传感器主要有发动机转速传感器、车速传感器、转矩传感器等。车速传感器检测电控汽车的车速，控制电脑用这个输入信号来控制发动机怠速，自动变速器的变扭器锁止，自动变速器换挡及发动机冷却风扇的开闭和巡航定速等其他功能。通过这些传感器发挥作用，动力转向电控系统在实现转向操纵轻便、提高了响应特性的同时增大输出功率、减少发动机损耗，从而也节省了燃油。

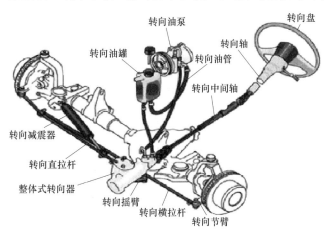

图12-21　动力转向系统原理示意图

所有的动力转向系统ESP、AFS及RWS的工作原理都是由驾驶员发出指令，由传感器感知路面的状况，并以电信号的形式将路面状况通过网络传递给电子控制器及执行器。比如在EPS系统中，这种微机控制的转向助力系统具有部件少、质量小、体积小等特点。在系统工作时，如果我们选择最佳传动比，就可以得到最快的反应。即当汽车高速行驶时，转向速度比就会变小，而转向力度会逐渐增大，这会使汽车方向更稳定、行车更安全。而当以很低的行驶速度驾驶时，转向速度比会变大，此时只需轻轻地小角度打转向盘，车身位移就会发生大幅度变化，这会使得很多工作变得轻松，比如停车入位工作。该系统的特点在于它提高了汽车的转向能力和转向响应特性，同时它也增加了汽车高速行驶时的稳定性和低速行驶时的机动性。另外，由于 EPS 可根据需要给转向盘施加一个额外力矩，驾驶员可以根据这个力矩的提示信号才去转向措施，这就是此系统的转向建议的功能。该系统主要有电子控制器、电动机及运动传动机构、电机转速传感器、转向力矩传感器和转向盘转角传感器组成。其它系统也都和 EPS 系统一样，各自发挥了不可替代的重要的功能。

（2）传感器在悬架系统控制中的应用

悬架系统控制（图 12-22）中的传感器的工作，是对汽车悬挂元件特性进行干预和调节，从而达到实现汽车动力学控制的目的。工作的时候，系统综合汽车的运动状况和这些传感器检测到的信息，通过计算得出每个车轮悬挂阻尼器的最优阻尼系数，然后做出自动调整

图 12-22　汽车悬架系统示意图

车高、抑制车辆姿势的变化等工作指令，从而实现了对操纵稳定性、行车稳定性和车辆舒适性的控制。

在机器人自动化技术中，旋转运动速度测量较多，而且直线运动速度也经常通过旋转速度间接测量。目前广泛使用的速度传感器是直流测速发电机，可以将旋转速度转变成电信号。测速机要求输出电压与转速间保持线性关系，并要求输出电压陡度大，时间及温度稳定性好。测速机一般可分为直流式和交流式两种。直流式测速机的励磁方式可分为他励式和永磁式两种，电枢结构有带槽的、空心的、盘式印刷电路等形式，其中带槽式最为常用。

（3）传感器在汽车防抱死制动系统 ABS 中的应用

防抱死制动系统 ABS（图 12-23、图 12-24）是汽车电子装置中一种开发时间最长、推广应用最为迅速的重要的安全性部件。它的工作原理是，控制防止汽车制动时车轮的抱死，保证车轮与地面之间达到最佳滑动率（5%～20%）。这样汽车无论在何种路面上制动时，车轮与地面之间都能达到纵向的峰值附着系数和较大的侧向附着系数，从而可以保证车辆制动时不会发生车轮抱死抱滑、失去转向能力等不安全的工况，减小制动距离，提高了汽车的操纵稳定性和安全性。发挥作用的传感器是防抱制动传感器，它主要是通过利用车轮角速度传感器，检测车轮转速，在各车轮的滑移率为 20% 时对制动油压进行控制，改善其制动性能，达到确保车辆操纵性和稳定性的目的。其中，轮速传感器是 ABS 十分重要的器件。它的主要工作是向 ECU 及时地提供可靠精确的车轮转速，如果没有轮速传感器，该系统的工作是无法完成的，同时轮速传感器的精确程度将直接影响该系统的工作，轮速传感器主要有电磁式、霍尔式、磁阻式几种。

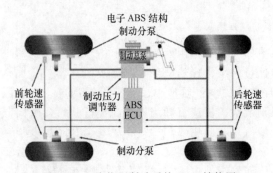

图 12-23　防抱死制动系统 ABS 结构图

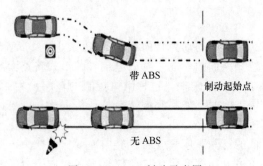

图 12-24　ABS 制动示意图

12.2.4　传感器在车身控制系统的应用

在车身控制系统（图 12-25）中，人们为了提高汽车的安全性、可靠性和舒适性。传感器可分为车身控制用传感器和车身用传感器。

图 12-25　车身控制系统部分示意图

车身控制用传感器主要包括：
① 用于自动空调系统的温度传感器、湿度传感器、风量传感器、日照传感器等；
② 用于安全气囊系统中的加速度传感器；
③ 用于倒车控制的超声波传感器、红外传感器和激光传感器；
④ 用于亮度自动控制中的日照传感器、闪光传感器和微光传感器；
⑤ 用于消除驾驶员盲区的图像传感器等；
⑥ 用于门锁控制中的车速传感器；
⑦ 用于保持车距的距离传感器。

车身用传感器主要包括防撞加速度传感器、超声近距离传感器、红外热成像传感器、毫米波雷达和环境气电化学传感器等。

12.3　传感器在机器人中的应用

12.3.1　概述

从工业革命开始之后的两百年时间里，人们一直不断改善机器的设计理念和制造工艺。尤其是自 20 世纪中期以来，大规模生产的迫切需求推动了自动化技术的发展，进而衍生出三代机器人产品。第一代机器人是遥控操作的机器，工作方式是人通过遥控设备对机器进行指挥，而机器本身并不能独自控制运动。第二代机器人通过程序控制，可以使其自动重复完成某种方式的操作。第三代机器人被称为智能机器人。这种机器人装有多种传感器，能根据客观环境自行规划作业，并具有自学、适应、推理、判断、决策、自治的能力，有些还会行走。这种机器人随着服务机器人的发展，将走向实用化。在机器人技术的研发过程中，人们尝试利用传感器提高机器人的可操作性，具备感知能力的第三代智能机器人渐成研发热点。由此看来，目前的机器人可称为"三代同堂"。当然这些机器人无论具有怎样的功能，它们还是无生命的。科学家们正在研究生物记忆细胞和制造神经，假如这些成果都能附加在机器人身上，将使机器人具有生命。这也许就是第四代机器人了，它可能会在 21 世纪降生。近年来，机器人产业发展迎来了巨大爆发，不少国家都积极投入到"机器换人"的大潮之中，机器人逐渐成了全球新一轮科技和产业变革的关键切入点，以及衡量国家创新力与竞争力的重要标志。

12.3.2　机器人常见的分类

按其性质的不同，可以分为工业机器人、特种机器人、智能机器人等。

按其构成机构的不同，可以分为直角坐标机器人、圆柱坐标机器人、极坐标机器人、多关节型机器人等。

按其驱动方式的不同，可以分为液压机器人、气动机器人、全电动机器人等。

按其工作方式的不同，可以分为弧焊机器人、点焊机器人、装配机器人、喷漆机器人、搬运机器人等。

（1）智能机器人

智能机器人具备形形色色的内部信息传感器和外部信息传感器，如视觉、听觉、触觉、嗅觉。除具有感受器外，它还有效应器，作为作用于周围环境的手段。这就是筋肉，或称自整步电动机，它们使手、脚、长鼻子、触角等动起来。由此也可知，智能机器人至少要具备三个要素：感觉要素、反应要素和思考要素。

扫地机器人（图 12-26），又称自动打扫机、智能吸尘、机器人吸尘器等，是智能家用电器的一种，能凭借一定的人工智能，自动在房间内完成地板清理工作。一般采用刷扫和真空方式，将地面杂物先吸纳进入自身的垃圾收纳盒，从而完成地面清理的功能。一般来说，将完成清扫、吸尘、擦地工作的机器人，也统一归为扫地机器人。

送餐机器人（图 12-27），在餐厅内行走的机器人服务员不仅可以与顾客打招呼，而且可以为顾客点菜。机器人可以连续工作 5h，再充 2h 的电后，还可以继续工作。它们的脸上可以呈现十多种表情，而且还会说基本的迎客用语。

图 12-26　扫地机器人

图 12-27　送餐机器人

快递分拣、配送机器人（图 12-28、图 12-29）。快递行业用机器人来帮助人们来完成快递分拣和配送的任务。

智能教育人形机器人（图12-30），它是孩子学习的伙伴。内置了部分小学语文、英语课程。同时配置系统化的编程课程，让孩子轻松学编程，日常交流对话唱歌跳舞，讲故事、完成各类复杂运算、查询天气、时间、诗词、百科类知识性问题，还可以设定闹钟提醒等。

图 12-28　快递分拣机器人　　　　　　图 12-29　快递配送机器人

图 12-30　智能教育人形机器人

（2）工业机器人

工业机器人（图12-31），它是面向工业领域的多关节机械手或多自由度的机器装置，它能自动执行工作，是靠自身动力和控制能力来实现各种功能的一种机器。它可以接受人类指挥，也可以按照预先编排的程序运行，现代的工业机器人还可以根据人工智能技术制定的原则纲领行动。

图 12-31　工业机器人

（3）特种机器人

军用机器人（图12-32），它是一种用于军事领域的具有某种仿人功能的自动机。从物资运输到搜寻勘探以及实战进攻，军用机器人的使用范围广泛。

图 12-32　海陆空军用机器人　　　　　　图 12-33　航空航天机器人

航空航天机器人（图 12-33），它没有脚，但它的躯干、手和头却像人类。手是仿照人类制成 5 个手指，戴有专用手套，但其运动幅度却比航天员大，它能够帮助人在开阔的宇宙空间进行实际工作。航天机器人在完成具有一定难度的任务时没有专用的夹子，也不用设计程序。这一工作由地面处于遥测操控状态的操纵员来控制。

12.3.3　机器人传感器

机器人传感器是一种能将机器人目标物特性（或参量）变换为电量输出的装置，机器人通过传感器实现类似于人类的知觉作用。将机器人自身的相关特性或相关物体的特性转化为机器人执行某项功能时所需要的信息。根据传感器在机器人上应用的目的和使用范围不同，可分为内部传感器和外部传感器。

（1）内部传感器

内部检测传感器是在机器人中用来感知它自己的状态，以调整和控制机器人自身行动的传感器（如手臂间角度、机器人运动工程中的位置、速度和加速度等）。

① 位置（位移）传感器　直线移动传感器有电位计式传感器和可调变压器两种。角位移传感器有电位计式、可调变压器（旋转变压器）及光电编码器三种，其中光电编码器有增量式编码器和绝对式编码器。增量式编码器一般用于零位不确定的位置伺服控制，绝对式编码器能够得到对应于编码器初始锁定位置的驱动轴瞬时角度值，当设备受到压力时，只要读出每个关节编码器的读数，就能够对伺服控制的给定值进行调整，以防止机器人启动时产生过剧烈的运动。

② 速度和加速度传感器　速度传感器有测量平移和旋转运动速度两种，但大多数情况下，只限于测量旋转速度。利用位移的导数，特别是光电方法让光照射旋转圆盘，检测出旋转频率和脉冲数目，以求出旋转角度，及利用圆盘制成有缝隙，通过二个光电二极管辨别出角速度，即转速，这就是光电脉冲式转速传感器。

应变仪即伸缩测量仪，也是一种应力传感器，用于加速度测量。加速度传感器用于测量机器人的动态控制信号。一般有由速度测量进行推演、已知质量物体加速度所产生动力，即应用应变仪测量此力进行推演，还有就是下面所说的方法：与被测加速度有关的力可由一个已知质量产生。这种力可以为电磁力或电动力，最终简化为对电流的测量，这就是伺服返回传感器，实际又能有多种振动式加速度传感器。

（2）外部传感器

外界检测传感器是机器人用以感受周围环境、目标物的状态特征信息的传感器，从而使机器人对环境有自校正和自适应能力。如抓取对象的形状、空间位置、有没有障碍、物体是否滑落等。外界检测传感器通常包括触觉、接近觉、视觉、听觉、嗅觉、味觉等传感器。

① 触觉传感器　触觉是接触、滑动、压觉等机械刺激的总称。触觉传感器的主要功能是检测功能和识别功能。检测功能包括对操作对象的状态、机械手与操作对象的接触状态、操作对象的物理性质进行检测。识别功能是在检测的基础上提取操作对象的形状、大小、刚度等特征，以进行分类和目标识别。

机器人感知能力的技术研究中，触觉类传感器极其重要。触觉类的传感器研究有广义和狭义之分。广义的触觉包括触觉、压觉、力觉、滑觉、冷热觉等。狭义的触觉包括机械手与对象接触面上的力感觉。从功能的角度分类，触觉传感器大致可分为接触觉传感器、力-力矩觉传感器、压觉传感器和滑觉传感器等。

② 视觉传感器　视觉传感器是整个机器视觉系统信息的直接来源，主要由一个或者两个图形传感器组成，有时还要配以光投射器及其他辅助设备。视觉传感器的主要功能是获取足够的机器视觉系统要处理的最原始图像。

机器人视觉是使机器人具有视觉感知功能的系统。机器人视觉可以通过视觉传感器获取环境的一维、二维和三维图像，并通过视觉处理器进行分析和解释，进而转换为符号，让机器人能够辨识物体，并确定其位置及各种状态。

二维视觉传感器主要就是一个摄像头，它可以完成物体运动的检测以及定位等功能，二维视觉传感器已经出现了很长时间，许多智能相机可以配合协调工业机器人的行动路线，根据接收到的信息对机器人的行为进行调整。最近几年三维视觉传感器逐渐兴起，三维视觉系统必须具备两个摄像机在不同角度进行拍摄，这样物体的三维模型可以被检测识别出来。相比于二维视觉系统，三维传感器可以更加直观地展现事物。

小贴士：机器人视觉技术

如同人类视觉系统的作用一样，机器人视觉系统将赋予机器人一种高级感觉机构，使得机器人能以智能和灵活的方式对其身边的环境作出反应。由于对机器人系统应用领域提出的要求越来越高，机器人视觉将越来越复杂。现阶段我们可以将机器人视觉看作从三维环境的图像中抽取、描述和解释信息的过程，它可以划分为六个主要部分，这六部分分别是感觉、预处理、分割；推述、识别以及解释，再根据实现上述各种过程所涉及的方法和技术的复杂性将它们归类，可分为三个处理层次：层次一为低层视觉处理；层次二为中层视觉处理；层次三为高层视觉处理。

③ 听觉传感器　人的听觉感官是耳，耳的适应刺激是一定频率范围内的声波振动，听觉传导通路始于内耳的毛细胞，它与螺旋神经节内双极细胞的外周支神经纤维相联系。神经纤维对声音信息进行编码，传送到大脑皮层的听觉中枢，产生听觉。

机器人的听觉，从应用的目的来看，可以分为两大类：

a. 发生人识别系统；

b. 语义识别系统。

听觉传感器的基本形态与传声器相同，多为利用压电效应、磁电效应等。

④ 嗅觉传感器　人们知道，动物是凭借灵敏的鼻子来闻出各种各样不同的气体，并做出相应的生理反应的。我们的鼻腔内壁上虽然只有大约 1000 个类似于气敏传感器体接受细胞组，但它却能辨别出种类达数以千计的不同气味（嗅觉一般的人能闻出 4000 多种气体，嗅觉灵敏的人可以闻出 10000 多种气体）。最新的研究表明嗅觉的产生是由多个嗅觉细胞组合起来共同对某种气味进行"探测"的结果。每一种不同的组合，感知一种不同的气味，由于组合方式多种多样，因此动物能辨别大量不同的气味。目前仿生嗅觉的研究趋势是利用具

有交叉式反应的气敏元件组成一定规模的气敏传感器阵列来对不同的气体进行信息提取，然后将这些大量复杂的数据交由计算机进行模式判别处理。根据不同的工作原理和材料，目前嗅觉传感器主要分成六类：导电型传感器，压电型传感器，电容-电荷耦合型传感器，光学嗅觉传感器，基于图谱方法的传感器和新型的纳米气敏传感器。

⑤ 味觉传感器　有研究人员给味觉传感器定义为：味觉传感器是由具有非专一性、弱选择性、对溶液中不同组分（有机和无机，离子和非离子）具有高度交叉敏感特性的传感器单元组成的传感器阵列，结合适当的模式识别算法和多变量分析方法对阵列数据进行处理，从而获得溶液样本定性定量信息的一种分析仪器。

根据不同的原理，味觉传感器的类型主要有膜电位分析的味觉传感器、伏安分析味觉传感器、光电方法的味觉传感器、多通道电极味觉传感器、生物味觉传感器、基于表面等离子共振原理制成的味觉传感器、凝胶高聚物与单壁纳米碳管复合体薄膜的化学味觉传感器、硅芯片味觉传感器等。

膜电位分析味觉传感器基本原理是在无电流通过的情况下测量膜两端电极的电势，通过分析此电势差来研究样品的特性。这种传感器的主要特点是操作简便、快速，能在有色或混浊试液中进行分析，适用于酒类检测系统。因为膜电极直接给出的是电位信号，较易实现连续测定与自动检测。其最大的优点是选择性高，缺点是检测的范围受到限制，如某些膜电极只能对特定的离子和成分有响应，另外，这种感应器对电子元件的噪声很敏感，因此，对电子设备和检测仪器有较高的要求。

生物味觉传感器是由敏感元件和信号处理装置组成，敏感元件又分为分子识别元件和换能器两部分，分子识别元件一般由生物活性材料，如酶、微生物及 DNA 等构成。

⑥ 接近觉传感器　接近觉传感器，就是当机器人手接近对象物体的距离约为数毫米至数十毫米时，就可检测出对象物体表面的距离、斜度和表面状态的传感器。这种传感器，是有检测全部信息的视觉和力学信息的触觉的综合功能的传感器。它对于实用的机器人控制方面，具有非常重要的作用。接近觉传感器的检测有如下几种方法：

a. 触针法　检测出安装于机器人手前端的触针的位移；

b. 电磁感应法　根据金属对象物体表面上的涡电流效应，来检测出阻抗的变化、进而测出线圈的电压的变化；

c. 光学法　通过光的照射，检测出反射光的变化、反射时间等；

d. 气压法　根据喷嘴与对象物体表面之间的间隙的变化，检测出压力的变化；

e. 超声波、微波法　检测出反射波的滞后时间、相位偏移。

这些方法，可依据对象物体的性质、操作内容来选择。由于触针式在上述触觉传感器中已作了说明，这里仅介绍非接触式的接近觉传感器。

以金属表面为对象的焊接机器人大多采用电磁感应法，图 12-34 所示为利用涡电流原理的接近觉传感器的原理图，在励磁线圈 L_0 中有高频电流通过，用连接成差动的测量线圈 L_1、L_2，就可测出由涡电流引起的磁通变化。这种传感器具有优良的温度特性，抗干扰性强。当温度在 200℃ 以下时，其测量范围为 0～8mm，精度为 4% 以下。

在处理一般物体的情况下，当有必要将敏感头小型化时，可以应用光学法，如图 12-35 所示。利用图像传感器和工业电视摄像信号的检测包含了视觉方面的内容，在这里仅介绍利用光电二极管等的接近觉传感器，将发光元件和感光元件的光轴相交而构成的传感器。反射光量（亦即接收信号的大小）表示了某一距离的点（光轴的交点）的峰值特性。利用这种特性的线性部分来测定距离，测出峰值点就可确定物体的位置。

这种传感器中，为了将发光和接收部分置于机器人手前端的盒子中，使用光纤来传输光信号。对于这种直接测量反射光量的传感器，如图所示，将几个发光元件沿横向排列，并使

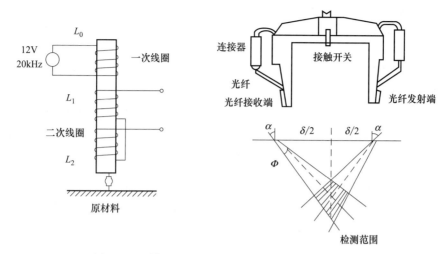

图 12-34 利用涡电流原理的接近觉传感器的原理图

其按一定顺序发光，根据反射光量的变化及其时间，就可求出发射角，这种传感器有测定距离的角度型传感器。

⑦ 力-力矩觉传感器　力-力矩觉传感器用于测量机器人自身或与外界相互作用而产生的力或力矩的传感器。它通常装在机器人各关节处。刚体在空间的运动可以用 6 个坐标来描述，例如用表示刚体质心位置的三个直角坐标和分别绕三个直角坐标轴旋转的角度坐标来描述。可以用多种结构的弹性敏感元件来检测机器人关节所受的 6 个自由度的力或力矩，再由粘贴其上的应变片将力或力矩的各个分量转换为相应的电信号。常用弹性敏感元件的形式有十字交叉式、三根竖立弹性梁式和八根弹性梁的横竖混合结构等。在每根梁的内侧粘贴张力测量应变片，外侧粘贴剪切力测量应变片，从而构成 6 个自由度的力和力矩分量输出。

⑧ 压觉传感器　压觉传感器测量接触外界物体时所受压力和压力分布的传感器。它有助于机器人对接触对象的几何形状和硬度的识别。压觉传感器的敏感元件可由各类压敏材料制成，常用的有压敏导电橡胶、由碳纤维烧结而成的丝状碳素纤维片和绳状导电橡胶的排列面等。

图 12-35 是以压敏导电橡胶为基本材料的压觉传感器。在导电橡胶上面附有柔性保护层，下部装有玻璃纤维保护环和金属电极。在外压力作用下，导电橡胶电阻发生变化，使基底电极电流相应变化，从而检测出与压力成一定关系的电信号及压力分布情况。通过改变导电橡胶的渗入成分可控制电阻的大小。例如渗入石墨可加大电阻，渗碳、渗镍可减小电阻。通过合理选材和加工可制成高密度分布式压觉传感器。这种传感器可以测量细微的压力分布及其变化，故有人称之为"人工皮肤"。

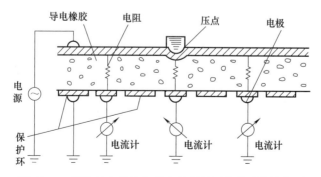

图 12-35 压敏导电橡胶为基本材料的压觉传感器结构图

⑨ 滑觉传感器　滑觉传感器用于判断和测量机器人抓握或搬运物体时物体所产生的滑移。它实际上是一种位移传感器。两电极交替盘绕成螺旋结构，放置在环氧树脂玻璃或柔软纸板基底上，力敏导电橡胶安装在电极的正上方。在滑觉传感器工作过程中，通过检测正负电极间的电压信号并通过 ADC 将其转换成数字信号，采用 DSP 芯片进行数字信号处理并输出结果，判定物体是否产生滑动。

滑觉传感器按有无滑动方向检测功能可分为无方向性、单方向性和全方向性三类。

a.无方向性传感器有探针耳机式，它由蓝宝石探针、金属缓冲器、压电罗谢尔盐晶体和橡胶缓冲器组成。滑动时探针产生振动，由罗谢尔盐转换为相应的电信号。缓冲器的作用是减小噪声。

b.单方向性传感器有滚筒光电式，被抓物体的滑移使滚筒转动，导致光敏二极管接收到透过码盘（装在滚筒的圆面上）的光信号，通过滚筒的转角信号而测出物体的滑动。

c.全方向性传感器采用表面包有绝缘材料并构成经纬分布的导电与不导电区金属球。当传感器接触物体并产生滑动时，球发生转动，使球面上的导电与不导电区交替接触电极，从而产生通断信号，通过对通断信号的计数和判断可测出滑移的大小和方向。

12.4　传感器在生活电器中的应用

12.4.1　概述

现代家用电器中普遍应用着传感器。传感器在电子炉灶、自动电饭锅、吸尘器、空调器、电子热水器、热风取暖器、风干器、报警器、电熨斗、电风扇、游戏机、电子驱蚊器、洗衣机、洗碗机、照相机、电冰箱、彩色电视机、录像机、录音机、收音机、电唱机及家庭影院等方面得到了广泛的应用。

随着人们生活水平的不断提高，对提高家用电器产品的功能及自动化程度的要求极为强烈。为满足这些要求，首先要使用能检测模拟量的高精度传感器，以获取正确的控制信息，再由微型计算机进行控制，使家用电器的使用更加方便、安全、可靠，并减少能源消耗，为更多的家庭创造一个舒适的生活环境。

目前，家庭自动化的蓝图正在设计之中，未来的家庭将由作为中央控制装置的微型计算机，通过各种传感器代替人监视家庭的各种状态，并通过控制设备进行着各种控制。家庭自动化的主要内容包括安全监视与报警、空调及照明控制、耗能控制、太阳光自动跟踪、家务劳动自动化及人身健康管理等。家庭自动化的实现，可使人们有更多的时间用于学习、教育或休息娱乐。

12.4.2　传感器在生活电器中的应用分类

(1) 按工作机理　物理型、化学型、生物型。
(2) 按构成原理　结构型、物性型。
① 结构型传感器是利用物理学中场的定律构成的，包括动力场的运动定律，电磁场的电磁定律等；这类传感器的特点是传感器的工作原理是以传感器中元件相对位置变化引起场的变化为基础，而不是以材料特性变化为基础。
② 物性型传感器是利用物质定律构成的，如胡克定律、欧姆定律等。这种法则，大多

数是以物质本身的常数形式给出。这些常数的大小，决定了传感器的主要性能。因此，物性型传感器的性能随材料的不同而异。

（3）按能量转换情况 能量控制型、能量转换型。

① 能量控制型传感器在信息变化过程中，其能量需要外电源供给（无源传感器）；

② 能量转换型传感器主要由能量变换元件构成，不需外加电源（有源传感器）。

（4）按测量原理分 电参量式传感器（电阻式、电感式、电容式）；磁电式传感器（电感应式、霍尔式、磁栅式）；压电式传感器；光电式传感器；气电式传感器；热电式传感器；波式传感器；射线式传感器；半导体式传感器；其他原理的传感器。

（5）按传感器用途分（输入量） 温度传感器；湿度传感器；压力传感器；位移传感器；转速传感器；流量传感器；火灾传感器。

（6）按传感器输出信号形式分 模拟传感器和数字传感器。

这些分类方法，按输入量分类优点是比较明确地表达了传感器的用途，便于使用者根据用途选用；缺点则是没有区分每种传感器在转换机理上的共性和差异，不便于使用者比较各种传感器的原理异同点。按原理分类优点是对传感器的工作原理比较清楚，类别少，有利于传感器专业工作者对传感器的深入研究分析；缺点则是不便于使用者根据用途选用。

12.4.3 家用电器中传感器应用案例

（1）传感器在手机中的应用

① 智能手机近距离传感器的应用　手机中应用的是近距离传感器，它一般设置在听筒的两侧或者是听筒的凹槽中，这样当用户接听电话时，距离传感器通过头部与手机之间距离的多少，来熄灭背景灯，拿开手机时，背景灯再次亮起，这样不仅方便用户使用，也节省了电量。

距离传感器工作原理：利用各种元件检测对象物的物理变化量，通过将该变化量换算为距离，来测量从传感器到对象物的距离位移的机器。根据使用元件不同，分为光学式位移传感器、线性接近传感器、超声波位移传感器等。手机使用的距离传感器是利用测时间来实现距离测量的一种传感器。位移传感器如图 12-36 所示。

图 12-36 位移传感器

图 12-37 重力传感器

② 智能手机中重力传感器的应用　重力传感器现在在大部分智能手机中的应用比较广泛，它的作用是在手机横竖的时候屏幕会自动旋转，特别是在玩游戏的时候更加的方便，赛车游戏中，可以将手机平放来代替按键，通过左右摇摆的方式的代替游戏机左右的移动，使

用户体验更加的良好。其中，手机重力感指的是手机内置摇杆芯片，支持手机摇晃切换所需的界面和功能，翻转静音，甩动切换视频等，总的来说是一种兼具便利与趣味的功能。重力传感器如图 12-37 所示。

重力传感器工作原理：它采用弹性敏感元件制成悬臂式位移器，与采用弹性敏感元件制成的储能弹簧来驱动电触点，完成从重力变化到电信号的转换。一般重力传感器是根据压电效应的原理来工作的，所谓的压电效应，就是对于不存在对称中心的异极晶体加在晶体上的外力，除了使晶体发生形变以外，还将改变晶体的极化状态，在晶体内部建立电场，这种由于机械力作用使介质发生极化的现象称为正压电效应。重力传感器就是利用了其内部的由于加速度造成的晶体变形这个特性。由于这个变形会产生电压，只要计算出产生电压和所施加的加速度之间的关系，就可以将加速度转化成电压输出。简单来说是测量内部一片重物（重物和压电片做成一体）重力正交两个方向的分力大小，来判定水平方向。通过对力敏感的传感器，感受手机在变换姿势时，重心的变化，使手机光标变化位置从而实现选择等功能。

③ 智能手机中的陀螺仪传感器的应用　陀螺仪又叫角速度传感器，是不同于加速度计的，它的测量物理量是偏转、倾斜时的转动角速度。在手机上，仅用加速度计没办法测量或重构出完整的 3D 动作，测不到转动的动作的，加速度计只能检测轴向的线性动作。但陀螺仪则可以对转动、偏转的动作做很好的测量，这样就可以精确分析判断出使用者的实际动作。而后根据动作，可以对手机做相应的操作。目前主要应用在一些大型手机射击游戏中，如现代战争 3、狂野飙车等。

陀螺仪传感器（图 12-38）工作原理：一个旋转物体的旋转轴所指的方向在不受外力影响时，是不会改变的。人们根据这个道理，用它来保持方向，制造出来的东西就叫陀螺仪。陀螺仪在工作时要给它一个力，使它快速旋转起来，一般能达到每分钟几十万转，可以工作很长时间。然后用多种方法读取轴所指示的方向，并自动将数据信号传给控制系统。陀螺仪传感器内部有一个陀螺，

图 12-38　陀螺仪传感器

它的轴由于陀螺效应始终与初始方向平行，通过与初始方向的偏差来计算实际的方向。手机中陀螺仪传感器是一个含有超微小陀螺的芯片，它的测量标准是设备与陀螺的夹角的大小，陀螺仪传感器的检测结果是十分准确而且误差很小的，它不仅能够满足一些分辨率高和反应速度快的应用软件，其中最经典的应用当属陀螺仪和加速计之间的配合，在没有卫星和网络的情况下进行导航，不仅准确，而且符合现实的需要。

④ 智能手机中的光线传感器的应用　光线传感器通常用于调节屏幕自动背光的亮度，白天提高屏幕亮度，夜晚降低屏幕亮度，使得屏幕看得更清楚，并且不刺眼。也可用于拍照时自动白平衡。还可以配合下面的距离传感器检测手机是否在口袋里防止误触。

光传感器工作原理：光电感应器是由两个组件即投光器及受光器所组成，利用投光器将光线由透镜将之聚焦，经传输而至受光器之透镜，再至接收感应器，感应器将收到之光线信号转变成电器信号，此信号可进一步做各种不同的开关及控制动作，其基本原理即对投光器受光器之间光线做遮蔽动作所获得的信号加以运用以完成各种自动化控制。

⑤ 智能手机中的指纹传感器的应用　指纹传感器是实现指纹自动采集的关键器件，目前主要分为两类，光学指纹传感器和半导体指纹传感器。半导体指纹传感器，无论是电容式或是电感式，其原理类似，在一块集成有成千上万半导体器件的"平板"上，手指贴在其上

与其构成了电容（电感）的另一面，由于手指平面凸凹不平，凸点处和凹点处接触平板的实际距离大小就不一样，形成的电容/电感数值也就不一样，设备根据这个原理将采集到的不同的数值汇总，也就完成了指纹的采集。目前手机中使用的主流的技术是电容式指纹传感器，然而超音波指纹传感器也有逐渐流行起来趋势。主要可用作手机解锁、支付、加密等，通常被用作一种安全措施。

指纹传感器工作原理：电容式指纹传感器作用时，手指是电容的一极，另一极则是硅晶片阵列，透过人体带有的微电场与电容传感器之间产生的微电流，指纹的波峰波谷与传感器之间的距离形成电容高低差，来描绘出指纹的图形。超声波指纹识别的原理也相同，就是直接扫描并测绘指纹纹理，甚至连毛孔都能测绘出来。因此超声波获得的指纹是 3D 立体的，而电容指纹是 2D 平面的。超声波不仅识别速度更快，而且不受汗水油污的干扰、指纹细节更丰富难以破解。

（2）传感器在吸油烟机中的应用

气敏传感器是用来检测气体的类别、浓度和成分的传感器。现代家用电器多采用二氧化锡（SnO_2）半导体气敏传感器，用于检测煤气、液化石油气、汽油、酒精、一氧化碳等多种气体。其中气敏元件主要有烧结型、薄膜型和厚膜型三种。烧结型气敏传感器制作工艺简单、使用寿命长，但机械强度不高，电极材料贵重，电性能一致性较差，使应用受到一定的限制；薄膜型气敏传感器采用蒸发或溅射工艺，在石英基片上形成氧化物半导体薄膜。实验证明，SnO_2 半导体薄膜的气敏性好；厚膜型气敏传感器离散性小，机械强度高，适宜于批量生产。

吸油烟机上常用 QM 型半导体气敏传感器，它采用旁热式结构，陶瓷管内装有高阻抗加热丝，管外涂有梳状金属电极，金属电极之外涂有 SnO_2 材料，使 SnO_2 烧结体位于两电极之间。图 12-39 为气敏控制电路框图，气敏传感器工作时，加热器通电加热，若无被检气体侵入时，气敏元件的阻值基本不变。当气敏元件表面产生吸附作用，其阻值将随气体浓度的变化而变化。当被检气体浓度增大到一定值时，气敏元件的阻值将随之下降到某一值，使电压比较器的状态发生变化，输出控制信号经电流放大后，控制继电器或双向晶闸管接通电动机电源，使吸油烟机工作。气敏传感器外观图如图 12-40 所示。

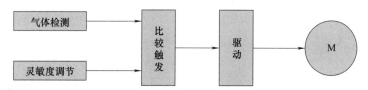

图 12-39　气敏控制电路框图

图 12-40　气敏传感器外观图

12.5 传感器在航空航天中的应用

12.5.1 概述

（1）传感器的定义

传感器是一种检测装置，能感受到被测量的信息，并能将检测感受到的信息，按一定规律变换成为电信号或其他所需形式的信息输出，以满足信息的传输、处理、存储、显示、记录和控制等要求。它是实现自动检测和自动控制的首要环节。

（2）航空航天用传感器的特点

① 飞机用传感器能在−60～50℃正常工作，火箭用传感器应能在−80～70℃正常工作。

② 航空航天用传感器应具有良好的空气压力特性。

③ 航空航天用传感器应有良好的表面保护、密封和绝缘强度。

④ 航空航天用传感器应有良好的抗振强度和耐冲击性能，安装时还应采取一定的减振和隔振措施。

⑤ 航空航天用传感器应其有耐恶劣环境的良好性能。

（3）陀螺仪

① 概念　陀螺仪是一种用来传感与维持方向的装置，基于角动量守恒的理论设计出来的。陀螺仪主要是由一个位于轴心且可旋转的轮子构成，陀螺仪一旦开始旋转，由于轮子的角动量，陀螺仪有抗拒方向改变的趋向。陀螺仪多用于导航、定位等系统。陀螺仪的装置，一直是航空和航海上航行姿态及速率等最方便实用的参考仪表。

图 12-41　陀螺仪外形图

陀螺仪基本上是一种机械装置，其主要部分是一个对旋转轴以极高角速度旋转的转子，转子装在一支架内，在通过转子中心轴上加一内环架，那么陀螺仪就可环绕飞机两轴做自由运动，然后，在内环架外加上一外环架，这个陀螺仪有两个平衡环，可以环绕飞机三轴做自由运动，就是一个完整的太空陀螺仪（space gyro）。陀螺仪的外形图如图 12-41 所示。

② 陀螺仪的分类　陀螺仪分为定轴陀螺仪和偏轴陀螺仪，如图 12-42 所示。

12.5.2 各种传感器在航空航天中的应用

加速度传感器与陀螺仪一同使用于惯性导引系统中。惯性导引系统是利用惯性来控制和导引运动物体驶向目标的制导系统。早期的惯性引导系统如图 12-43 所示。

① 线加速度传感器　飞行器在惯性空间运动时，其中心沿行迹方向的运动加速度称为飞行器的线加速度。

惯性制导系统通过线加速度传感器敏感飞行器的加速度，从加速度数据的一次和两次积分可得到飞行器的速度和位移，通过计算可得到飞行器的航程、距离、角度和方向。

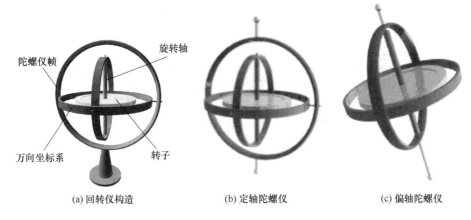

(a) 回转仪构造　　　　　　(b) 定轴陀螺仪　　　　　　(c) 偏轴陀螺仪

图 12-42　陀螺仪的分类

线加速度传感器有多种，下面主要介绍液浮摆式加速度传感器和挠性加速度传感器。

a.液浮摆式加速度传感器　为了提高摆式加速度传感器的精良，将其摆放在液体中，使其受到的浮力准确地等于摆的重力。这样，由于摆在液体中处于全浮状态，即摆的密度等于液体的密度，支撑摆的负荷几乎为零，从而大大降低了作用在摆上的干扰力矩。液浮摆式加速度传感器结构原理图如图 12-44 所示。

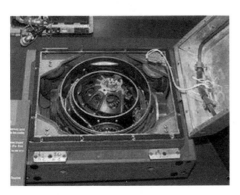

图 12-43　早期的惯性引导系统

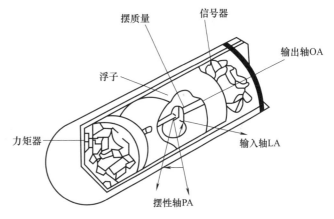

图 12-44　液浮摆式加速度传感器结构原理图

b.挠性加速度传感器（图 12-45）

② 振动加速度传感器　飞行器各部位产生的振动可用振动加速度传感器检测，根据检测信号判断飞行器工作是否正常。因此，各种飞行器，特别是飞行发动机，都用振动加速度传感器监视振动状态，并根据检测结果改进设计或排除故障。

由图 12-46 可知，检测到的振动加速度信号进行一次和二次积分即可得到振动速度和位移，即用振动加速度传感器可同时敏感振动加速度、速度和位移。振动加速度传感器有很多种，常用的是磁电式和压电式两种。如图 12-47 所示。

磁电式振动加速度传感器是利用振动导致线圈运动，运动线圈切割磁力线而使磁通量发生变化，从而线圈中产生电压。

压电式振动加速度传感器是利用压电效应，即压电元件受振动加速度作用时，其输出电

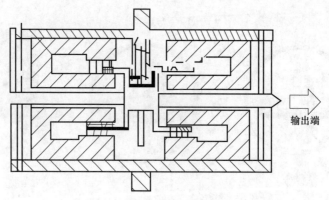

图 12-45　位移式单敏感轴挠性加速度传感器

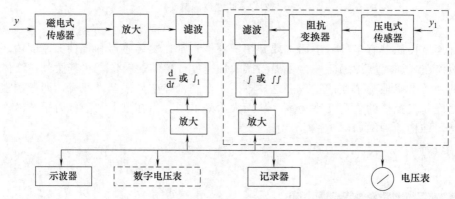

图 12-46　振动测试系统

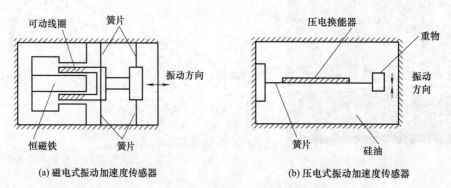

(a) 磁电式振动加速度传感器　　　　(b) 压电式振动加速度传感器

图 12-47　振动加速度传感器

压跟加速度大小成正比。

　　③ 转速传感器　在发动机等热力机械的运行中，转速是一个重要参数。转速传感器分机械式和电气式两类，前者有离心式、钟表式等，后者有交流电压表式、直流电压表式、磁电式和脉冲数字式。通常被测转轴的转速较高，且要求远距离检测，故一般用电气式转速传感器。电气式转速传感器将敏感到的转速转换成电信号，电信号经导线传至远距离显示被测转速的大小。

　　④ 高度传感器　检测飞机相对于地面某一预定地点的高度，这是飞机飞行时十分重要的工作。

检测高度的主要方法有通过测量大气压强来检测高度；通过测量大气密度来检测高度；利用无线电波的反射性来检测高度；通过测量飞机垂直方向的加速度来检测飞行高度。随着科学技术的发展，还出现了一些新的测高方法，如利用激光器功率随高度增加而急剧增大的原理，研制了激光高度传感器。在重力场中，大气压强随高度增加而减小，故可通过测量大气压强间接地检测高度。利用这种方法检测高度的传感器可称气压式高度传感器。

⑤ 空速传感器 飞行速度是飞机的一个重要参数。在飞行过程中，空速传感器敏感的信息不断提供给驾驶员和有关控制系统，这样才能合理地操纵和控制飞行姿态、导航，以及照相、轰炸瞄准和武器发射等。

敏感空速传感器有压力式（通过测量气流的动压和大气密度实现）和热力式两种。

⑥ 迎角和侧滑角的传感器 迎角为飞机机翼的弦线（或飞机纵轴）与迎面气流之间的夹角。迎角是决定飞机升力和阻力的重要参数，它对控制飞机的速度和起飞着陆，以及防止飞机失速极为重要。

在现代飞机中，迎角传感器主要用于给出失速警告和大气数据测量系统、自动控制和领航系统中控制与补偿信号。

测量迎角的传感器主要有旋转风标式、差压管式和零差压式三种。

⑦ 水平线传感器 地球的水平线是确定人造卫星姿态的重要因素，检测水平线可用热敏电阻式热辐射计，亦可用 $PbTiO_3$、$LiNbO_3$ 构成的热电型红外传感器（可称红外水平线传感器）。

12.6 传感器在环境监测中的应用

随着社会经济发展和人们环保意识的提高，公众对环境污染问题日趋关注，对各种环保信息和资料的获得要求也日益强烈。环境监测是环境科学领域中重要的一项分支，其目的是为环境的管理、污染控制和环境的保护等提供及时、准确的环境质量状况信息。而在实际的环境检测过程中，人们往往需要方便携带，并能在各种复杂的现场情况下实现对监测对象的各种连续动态监测分析。因此应用于环境监测方向的传感器应用逐渐呈现系统化和智能化趋势。

应用于环境监测方向的传感器主要由两部分组成，即对测试的响应部分和实现信号转换的转换器部分。传感器技术中的信号传感器主要由电或光信号来表示。根据信号传感器的类型，可分类为光学传感器和电化学传感器；而根据反应原理，可分类为免疫传感器和酶生物传感器；根据检测对象的形态，可分类为液体传感器和气体传感器；而根据传感器技术在环境监测中的应用方向，则分类为大气环境监测传感器、水环境监测传感器和土壤污染监测传感器。

12.6.1 大气环境监测传感器

大气环境监测传感器（图12-48）可以对大

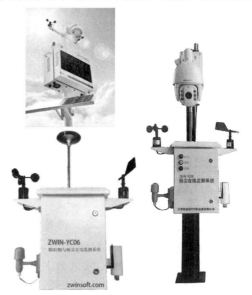

图 12-48 大气环境监测传感器

气环境中的污染物进行监测，如氮氧化合物、含硫氧化物等；也可以对企业空气环境质量进行检测，尤其是出现污染的房屋或楼道，均可采用传感器快速方便地进行检测。最常见的影响大气环境的污染因子有 TSP、SO_2、CO_2 和 NO_x 等，其中危害最大的是 SO_2 和 NO_x，这两种因子是形成酸雨和酸雾的主要成分，同时，NO_x 还是主要的光化学污染引发因素。

采以含氮氧化物（NO_x）为例，大部分的含氮氧化物来源于企业排放的烟，随着国内消费水平的提高和企业的发展，企业废气排放呈逐年上升趋势。采用金属氧化物半导体，可以对企业排放气体中的 NO 进行直接检测。如采用 Pt 为电极，YSZ（铂-氧化钇-氧化锆）为氧离子转换器，将其安装到企业废气排放口，可以检测含量为 $1 \times 10^{-4} \sim 1 \times 10^{-3}$ 范围的 NO。但该装置也存在一定弊端，其中 CO 和 NO_2 存在一定的交叉反应性，有可能出现重现性差的检测结果。因此近期的大气环境监测方面已经开始广泛装备生物传感器。

生物传感器采用的是抗体与功能基因等生物材料的一种敏感性材料，运用信号采集设备，把生物化学中的相关信息替换成对电信号的分析装置，生物活性物质通常可当作一种敏感性材料，针对环境当中含有的污染物进行辨别，其中，敏感材料的不同其能够适应的传感元件也会存在一定的差异性。这与以往传统的传感器对比来看，生物传感器所具有较强的选择性、测试速度也是非常快的、操作起来比较便捷，能够持续性的完成一系列的监测。

（1）对 SO_2 的监测

采用氧电极和肝微粒体（需含有亚硫酸盐氧化酶）制成的生物传感器应用于 SO_2 的监测。通过对雨水中的亚硫酸盐浓度进行测定来体现 SO_2 的含量。依靠传感器里面的微粒体对亚硫酸盐进行氧化，与此同时还消耗一定的氧，降低氧电极周围溶解氧浓度，引起传感器电流的相同变化，间接反应亚硫酸盐浓度，具有很高的准确度以及很好的重现性。

（2）对 NO_x 的监测

采用氧电极与固定化硝化细菌、多孔气体渗透膜组合制成的生物传感器应用于 NO_x 的监测。利用亚硝酸盐作唯一的硝化细菌能源，亚硝酸盐增加就会增加传感器的呼吸活性。呼吸过程中采用氧电极进行溶解氧浓度降低量的检测，以此间接将亚硝酸盐含量反映出来，体现大气所含的 NO_x 含量。0.01mmol/L 是最低检测限，亚硝酸盐浓度＜0.59mmol/L 时，亚硝酸盐浓度和传感器电流成正比关系，具有较强的抗干扰能力，选择性较好。

（3）在水环境监测中的应用

水中的污染物，大自然自然产生的非常少，没有受到严重污染，我们关心的是人工倾倒的无机物质和有机物。在无机材料的检测中，重金属离子作为主要的试验对象，采矿、冶金、印染废水是重金属离子在水中的主要来源，常见重金属离子有汞、铅、锰、镉、铬等。有机污染物主要是代谢产物和多环芳烃的农药和激素，在生物生存环境中，一旦这些污染物的含量超过了标准，就会对机体的健康和安全产生很大的影响。水质检测系统如图 12-49 所示。

12.6.2 对生物需氧量（BOD）的监测

水体有机污染程度的衡量可以依据生物需氧量（BOD）的监测。传统采用 5d 生化需氧量标准稀释测定法进行 BOD 的检测，不但操作烦琐、需很长时间，而且准确度相对较差。通过从废水处理厂污泥中提取出微生物，经培养制成胶原膜，结合氧电极组成了一种微生物传感器，主要用于 BOD 的测定。其工作原理为：生物敏感元件采用微生物混合菌种或单一菌种，一旦 BOD 物质发生加入、降解代谢现象，就会转化微生物内外源呼吸方式，耦联输

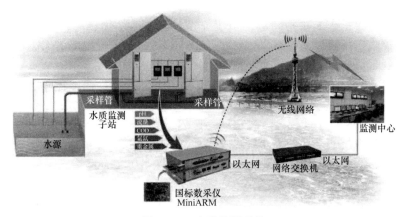

图 12-49 水质检测系统

出电流发生强弱变化，传感器输出电流值处于某种条件下和 BOD 浓度呈线性关系。它不但满足了实际监测对于精度的要求，而且灵敏、快速，因此应用在水质在线分析方面前景广阔。目前不但有应用于天然淡水、城市污水的 BOD 监测传感器，还有能适应海洋高盐度水体特点的传感器。

（1）对芳香族类化合物的监测

环境污染严重的污染物之一就是含苯化合物，因为很多芳香类化合物都会引起癌症。近些年电化学传感器先后产生了以漆酶、酪氨酸酶、过氧化物酶和苯酚羟化酶作生物敏感材料的传感器，最常应用的是酪氨酸酶为生物敏感材料的传感器，原理为：基于分子氧存在基础下，依靠酪氨酸酶将单酚类物质进行氧化，使其生成二酚，从而将其氧化成苯醌类物。由于苯醌能利用电化学途径将电子吸收转换成邻苯二酚，所以对苯醌类物质生成情况及氧的消耗程度进行监测，就可以实现苯酚类物质监测目的。这种监测方法具有较高的灵敏度和较强的选择性。

（2）对重金属离子的监测

人类生产活动，如矿冶、机械制造、化工、电子制造等工业过程，会产生含重金属的废水，如果这些废水未经处理进入环境，会造成环境污染并给人类健康造成极大的危害。目前，铬、镉、铅、汞、砷类重金属污染较为严重，其中铬会使人四肢麻木，精神异常，镉会引起心脑血管疾病，铅可造成胎儿智力低下，汞对大脑视力神经破坏极大，而砷则会使皮肤色素暗沉。

水中重金属检测技术有原子吸收分光光度法、电化学分析法及发射光谱法等，这些方法理论依据十足，但在实际中的可操作性不是很强。且其中的一些方法在实际监测中需要耗费大量成本，一些方法也不能满足在线监测和分析需求，所以目前应用在重金属在线监测的技术只有两种：比色法和电化学分析法。相对来说，这两种方法可操作性强，也比较经济。

比色法需要应用到很多化学原理和知识，所以其属于化学分析法，其符合 Lam-bert-Beer 原理，在该种原理中，将水中重金属与化学试剂融合在一起，重金属离子会发生化学反应，性质也会发生变化，最后变成其他的化学物质，该种物质可以吸收波长光，其吸光度会影响反应后新生化学物质的浓度，在监测中，还要对透过溶液的单色光进行选择，使其满足重金属在线监测要求。该原理验证了重金属组分浓度与吸光度的关系，所以可以将其应用在重金属在线监测中。但在实际操作中，困难比较大，一方面检验人员需要合理选择化学试剂，使其能与重金属类型相适应，才能有效显色；另一方面，还需要选择合适的掩蔽剂或氢化物发生剂，使其可以保证重金属待测组分反应的独立性，使其它重金属隔离在外，不参与反应，不造成干扰。

电化学检测水中重金属包括阴极溶出伏安法、阳极溶出伏安法、极谱法、电位溶出法等，目前应用比较广泛的为阳极溶出伏安法及催化极谱法。阳极溶出伏安法包括电解富集和电解溶出两个过程，电解富集是将还原电势施加于工作电极，溶液中的金属离子会还原为金属电镀在工作电极表面。而电解析出则是金属镀在工作电极表面足够多时，会以恒定的速度向工作电极增加电势，金属会在电极上溶出。该方法可以测定40余种重金属含量，且多种金属的检出限可达到$0.1\mu g/L$。关于极谱法，国家曾颁布标准利用极谱法来测量铅的含量，该标准适用硝化甘油系列火炸药工业废水中铅含量的测定，测定范围$0.10\sim10.0mg/L$，最低检测浓度为$0.02mg/L$。由于硝化甘油系列火炸药废水中含有的二硝基甲苯影响铅还原峰的测定，因此采用铅的氧化峰进行测定。而测定其它工业废水时，可根据水质情况选用还原峰或氧化峰进行测定。电化学检测法精度较好，和比色法相比，测量精度较高，能够同时测量水样中多种重金属的含量，但是电化学检测法则容易受有机物干扰，必要时需要进行前处理，消除干扰项。

12.6.3 在土壤污染环境监测中的应用

土壤是陆地表面能生长植物的疏松表层，具有肥力，即持续和全面地提供植物生长所需的水、肥、气、热的能力。从结构上来说，土壤是一个十分复杂的体系，农业生产、环境监测中常常会涉及各种性状的监测。习惯上，土壤性状可分为物理性状、化学性状和生物学性状，相应地，土壤检测传感器也大致可分为物理、化学、生物等3类。物理类传感器能感知被测对象的物理参数的变化，如温度传感器、湿度传感器、压力传感器等；化学类传感器能感知被测对象元素离子的变化，如pH电极；生物类传感器主要基于生物电化学理论，能感知生物信息的变化，如酶传感器等。由于土壤物理性状比较适合用物理方法测定，因此一直以来土壤传感器研究中最为关注的是物理性状的检测，其中，土壤湿度（水分）和温度的监测最受人们的重视，相应的技术较为成熟。化学性状的传感器研究也已有一定的进展，关注较多的主要为土壤酸碱度、氧化还原电位和盐分，土壤养分和有机质等的传感器技术的研究较为薄弱；而生物学传感器在土壤检测上应用的研究至今仍非常欠缺。

土壤水分检测的传感器技术研究是所有土壤性状研究中报道最多的、也最为成熟的。按照测量原理，可分为时域反射型仪器（TDR）、时域传输型仪器（TDT）、频域反射型仪器（FDR）、中子水分仪器（neutron probe）、负压仪器（tension meter）、电阻仪器（resister method）等类型。TDR技术是基于土壤中水和其他介质介电常数之间的差异来测定土壤中的水分，具有快速、便捷和能连续观测土壤含水量的优点。TDT技术也是基于土壤介电常数的差异性来测定土壤含水率的，但其主要考虑了电磁波在介质中的单程传播特点，通过检测电磁波单向传输后的信号来达到检测的目的。FDR技术的原理是插入土壤中的电极与土壤之间可形成电容，通过在某个频率上测定相对电容（即介电常数）的方法可测量土壤水分含量。频域法比时域法结构更简单，测量更为方便。中子仪应用历史已久，其由高能放射性中子源和热中子探测器构成，在土壤中快中子可迅速被水中的氢原子等介质减速为慢中子，并在探测器周围形成密度与水分含量相关的慢中子"云球"，探测器根据慢中子产生电脉冲来测定土壤含水量。电阻法常用多孔介质块石膏电阻块测量土壤水分，因灵敏度低，当前应用较少。土质检测仪如图12-50所示。

温度传感器主要利用对温度较敏感的电阻器件或半导体器件来进行非电量-电量转换，实现土壤温度的连续测量，分为接触式和非接触式两大类。接触式温度传感器的检测部分与被测对象有良好的接触，又称温度计；非接触式的敏感元件与被测对象互不接触。温度传感器主要有热电偶传感器、热敏电阻传感器、电阻温度检测器（RTD）、IC 温度传感器，其中 IC 温度传感器又包括模拟输出和数字输出两种类型。热电偶传感器是由两种不同导体或半导体的组合而成，热电势是由接触电势和温差电势合成的，与两种导体或半导体的性质及在接触点的温度有关。热敏电阻是敏感元件的一类，其电阻值会随着温度的变化而改变，可指示温度的变化。电阻温度检测器是以电阻随温度的上升而改变电阻值的原理来进行温度测量的。模拟温度传感器是一类电压输出型温度传感器；数字式温度传感器采用硅工艺生产的数字式温度传感器，后者具与温度相关的良好输出特性。

图 12-50　土质检测仪

此外，土壤紧实度的传感器技术研究也较早，其主要基于压力计原理来测定土壤紧实度，最后以电信息的方式表达结果。

过去几十年，离子敏感器件也有一定的发展，其由离子选择膜（敏感膜）和转换器两部分组成，敏感膜用以识别离子的种类和浓度，转换器则将敏感膜感知的信息转换为电信号。离子敏场效应管在绝缘栅上制作一层敏感膜，不同的敏感膜所检测的离子种类也不同，从而具有离子选择性。在实际测量时，含有各种离子的溶液与敏感膜直接接触，在待测溶液和敏感膜的交界处将产生一定的界面电位，其强度与溶液中离子的活度有关。该类技术可用于钾、硝氮、氨氮、磷、钙、镁、氯等离子的检测。但由于土壤溶液中存在许多离子，相互之间存在干扰作用，其检测的灵敏度还有待完善。目前，离子传感器技术比较适合含水量较高的水田和沼泽地，旱地土壤中离子的测定还存在一定的技术问题。

近年来，随着社会各界对农田土壤重金属污染的重视，有关土壤重金属检测的传感器技术也有了一定的发展，涉及的方法包括激光诱导击穿光谱法、X 射线荧光光谱法、酶抑制法、免疫分析法和生物传感器等。其中，激光诱导击穿光谱技术是基于物质等离子体发光来探测物质成分的分析方法；X 射线荧光光谱技术在重金属快速监测中具有优势明显，但其具有较强的电离性，相关工作人员必须预先配备防护设备，以避免受到 X 射线的伤害。目前，光谱检测技术尚不能实现现场土壤重金属的快速检测。土壤重金属的酶抑制法、免疫分析法、生物传感器等技术尚在探索之中。

参考文献

[1] 胡向东.传感器与检测技术 [M].北京：机械工业出版社，2018.

[2] 高成.传感器与检测技术 [M].北京：机械工业出版社，2015.

[3] 刘传玺等.自动检测技术 [M].3版.北京：机械工业出版社，2015.

[4] 梁森.自动检测技术及应用 [M].北京：机械工业出版社，2018.

[5] 马西秦等.自动检测技术 [M].北京：机械工业出版社，2003.

[6] 何希才等.传感器及应用实例 [M].北京：机械工业出版社，2004.

[7] 徐爱钧.智能化测量控制仪表原理与设计 [M].北京：北京航空航天大学出版社，1995.

[8] 林金泉.自动检测技术 [M].北京：化学工业出版社，2003.

[9] 刘迎春等.现代新型传感器原理与应用 [M].北京：国防工业出版社，1998.

[10] 强锡富.传感器 [M].北京：机械工业出版社，2000.

[11] 侯国章.测试与传感技术 [M].哈尔滨：哈尔滨工业大学出版社，1998.

[12] 陶时澍.电气测量 [M].哈尔滨：哈尔滨工业大学出版社，1997.

[13] 丁镇生.传感器及传感技术应用 [M].北京：电子工业出版社，1998.

[14] 严钟豪等.非电量电测技术 [M].北京：机械工业出版社，1988.

[15] 王家相等.传感器与变送器 [M].北京：清华大学出版社，1996.

[16] 张国忠.检测技术 [M].北京：中国计量出版社，1998.

[17] 刘榴梯等.实用数字图像处理 [M].北京：北京理工大学出版社，1998.

[18] 刘迎春等.现代新型传感器原理与应用 [M].北京：国防工业出版社，2002.

[19] 王元庆.新型传感器原理与应用 [M].北京：机械工业出版社，2002.

[20] 朱名拴.机电工程智能检测技术与系统 [M].北京：高等教育出版社，2002.

[21] 蔡萍等.现代检测技术与系统 [M].北京：高等教育出版社，2002.

[22] 何友等.多传感器信息融合及应用 [M].北京：电子工业出版社，2000.

[23] 李科杰.新编传感器技术手册 [M].北京：国防工业出版社，2002.